Ziegenbein
Kompakt-Training
Controlling

 umweltfreundlich
... weil auf chlor- und säurefrei
gefertigtem Papier gedruckt

Sie finden uns im Internet unter: www.kiehl.de

Kompakt-Training
Praktische Betriebswirtschaft

Herausgeber Prof. Dipl.-Kfm. Klaus Olfert

Kompakt-Training

Controlling

von

Prof. Dr. Klaus Ziegenbein

3., überarbeitete Auflage

Herausgeber:

Prof. Dipl.-Kfm. Klaus Olfert
Hochschule für Technik, Wirtschaft und Kultur Leipzig
Fachbereich Wirtschaftswissenschaften
Postfach 66, 04251 Leipzig

ISBN 13: 978 3 470 49773 0
ISBN 10: 3 470 **49773** 7 · 2006
© Friedrich Kiehl Verlag, Ludwigshafen (Rhein) 2001
Druck: Druckpartner Rübelmann –mü

Kompakt-Training
Praktische Betriebswirtschaft

Das *Kompakt-Training Praktische Betriebswirtschaft* ist aus der Notwendigkeit entstanden, dass Wissen immer häufiger unter erheblichem Zeit- und Erfolgsdruck erworben oder reaktiviert werden muss. Den vielfältigen betriebswirtschaftlichen Fakten und Zusammenhängen, die aufzunehmen sind, stehen eng begrenzte Zeit-budgets gegenüber.

Die vorliegende Fachbuchreihe ist darauf ausgerichtet, die Leser darin zu unterstüt-zen, rasch und fundiert in die verschiedenen betriebswirtschaftlichen Themenbereiche einzudringen sowie diese aufzufrischen. Sie eignet sich in besonderer Weise für:

❑ Studierende an Fachhochschulen, Akademien und Universitäten
❑ Fortzubildende an öffentlichen und privaten Bildungsinstitutionen
❑ Fach- und Führungskräfte in Unternehmen und sonstigen Organisationen.

Das *Kompakt-Training Praktische Betriebswirtschaft* ist auch zum Selbststudium sehr gut geeignet, nicht zuletzt wegen seiner besonderen Gestaltungsmerkmale. Jeder einzelne Band der Fachbuchreihe zeichnet sich u. a. aus durch:

❑ Kompakte und praxisbezogene Darstellung
❑ Systematischen und lernfreundlichen Aufbau
❑ Viele einprägsame Beispiele, Tabellen, Abbildungen
❑ 50 praxisbezogene Übungen mit Lösungen
❑ MiniLex mit 150 - 200 Stichworten.

Für Anregungen, die der weiteren Verbesserung dieses Lernkonzeptes dienen, bin ich dankbar.

Prof. Klaus Olfert
Herausgeber

Vorwort zur 3. Auflage

Zur Bewältigung der ihnen übertragenen Aufgaben müssen Controller viel von *Zahlen* (insbesondere Kennzahlen) verstehen, weshalb sie mitunter auch als das „Zahlengewissen des Unternehmens" bezeichnet werden. Ebenso wichtig wie Zahlen sind *Methoden* (Verfahren), mit denen steuerungsrelevante Zahlen ermittelt, aufbereitet und so zu Informationen verdichtet werden. Hinzu kommt, dass Entscheidungen und die daraus folgenden Handlungen sowie Ergebnisse in der Regel mit *Risiken* verbunden sind. Da aber gerade riskante Entscheidungen die strategisch wichtigen Erfolgspotenziale des Unternehmens als Vorsteuerungsgrößen für den kurzfristigen (operativen) Erfolg schaffen, ist die Mitwirkung von Controllern bei der betrieblichen Risikosteuerung unerlässlich.

Das vorliegende Buch bietet dem Leser einen aktuellen Überblick in die viel beachtete und weit verbreitete Disziplin des Controlling. Ausführlich beschrieben werden *Innovationen* und *Investitionen* als Werttreiber der Erfolgspotenziale und Treiber für den Wert des Unternehmens. Die dem Verständnis dienenden und für die fachliche Kommunikation relevanten *Begriffe* werden klar definiert und anschauliche *Grafiken* sowie leicht nachvollziehbare *Rechenbeispiele* ergänzen die Beschreibungen der für ein wirkungsvolles Controlling empfohlenen *Werkzeuge*. Zur Versachlichung der Diskussion um die Steigerung des Shareholder Value als Zielsetzung wirtschaftender Unternehmen wird gezeigt, wie sich ökonomische, soziale und ökologische Aspekte unter dem Sachverhalt der *Nachhaltigkeit* miteinander vereinbaren lassen. Behandelt wird auch das gesetzlich vorgeschriebene interne *Überwachungssystem*, dessen Auf- und Ausbau sowie tatsächliche Nutzung im Unternehmen für das Controlling eine Herausforderung darstellt.

Trier, im Herbst 2006   Klaus Ziegenbein

Inhaltsverzeichnis

D. Informationsversorgung als Aufgabe des Controlling

E. Koordinationsaufgabe des Controlling

G. Instrumente des strategischen Controlling <span></span>173

H. Instrumente des operativen Controlling 209

Abkürzungsverzeichnis

BSC	Balanced Scorecard
CRM	Consumer Relationship Management
DAX	Deutscher Aktienindex
DCF	Discounted Cash-flow-Methode
DV	Datenverarbeitung
EBIT	Earnings before Interest and Taxes
EVA	Economic Value Added
FCF	Free Cash-flow
FIS	Führungs-Informations-System
F&E	Forschung und Entwicklung
GE	Geldeinheiten
IFRS	International Financial Reporting Standards
IT	Informationstechnologie
Mio	Millionen
M&A	Mergers and Acquisitions
OLAP	On-Line Analytical Processing
PIMS	Profit Impact of Market Strategies
PLZ	Produktlebenszyklus
ROI	Return on Investment
SCM	Supply Chain Management
SEM	Strategic Enterprise Management
SGE	Strategische Geschäftseinheit
SGF	Strategisches Geschäftsfeld
SOA	Sarbanes-Oxley Act
SVA	Shareholder Value-Ansatz
Tsd	Tausend
WACC	Weighted Average Cost of Capital
WWW	World Wide Web

A. Grundlagen

1. Unternehmen als Wirtschaftseinheit

Ein erwerbswirtschaftliches Unternehmen ist eine planmäßig organisierte **Einzelwirtschaft**, die über knappe Güter und Dienstleistungen disponiert, um Wünsche und Bedürfnisse von Menschen zu erfüllen.

Die **Leistungserstellung** im Unternehmen geschieht durch Kombination elementarer Produktionsfaktoren, wie z.B. Material (Roh-, Hilfs- und Betriebsstoffe sowie Zukaufteile), Personal (Arbeitskräfte), Betriebsmittel (Grundstücke, Gebäude, Maschinen, maschinelle Anlagen, Büro- und Geschäftsausstattung), Dienstleistungen und Informationen.

Bevor die Produktionsfaktoren kombiniert werden können, müssen sie **beschafft** werden.

Nach erfolgter Produktion sind die erstellten Leistungen am Markt **abzusetzen** und aus den erzielten Erlösen sind u. a. die verbrauchten Produktionsfaktoren zu entlohnen.

Damit ergibt sich ein **Wertumlaufmodell**, das folgendes (vereinfachtes) Aussehen hat:

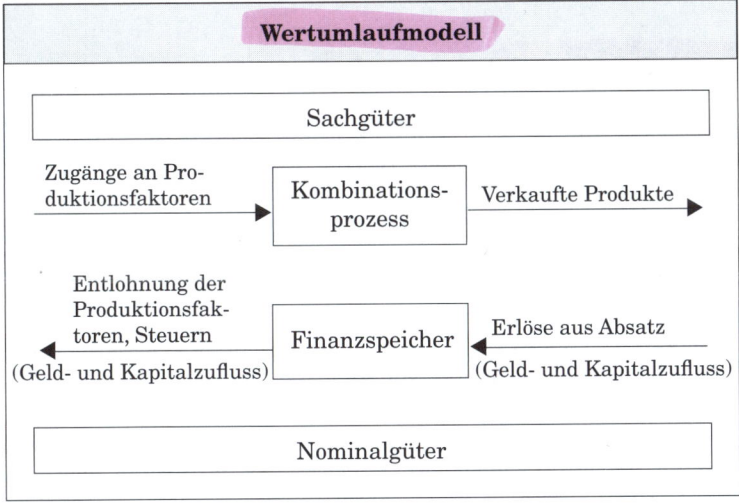

2. Geschäftsmodell

Für die Erstellung von Leistungen und deren marktliche Verwertung entwickelt und verfolgt der **dispositive Faktor**, verstanden als Träger von Führung, Verantwortung und Selbstverpflichtung für die Planung, Realisation (Umsetzung der Planung) und Kontrolle im Unternehmen, ein **Produkt-/Markt-Konzept** (Geschäftsmodell).

2.1 Produkt

Als Produkt lässt sich eine zur Bedürfnisbefriedigung Dritter geeignete Leistung bezeichnen, die als **Sachgut** (Gebrauchs- oder Verbrauchsgut) materieller, d.h. realer (physischer) Natur ist. Damit angesprochen sind

- **Konsumgüter** als Güter für den *persönlichen* Bedarf, wie etwa Nahrungsmittel, Kleidung, Möbel oder elektrische Hausgeräte. Die Wahl dieser Güter erlaubt es den Endabnehmern, Eindrücke emotional zu bewältigen, Kontinuität bzw. Modernität in das eigene Leben zu bringen sowie Werte zu finden und Wertvorstellungen in den einzelnen Phasen des Lebens nach außen hin sichtbar werden zu lassen.

- **Produktionsgüter** als Güter für den *betrieblichen* Bedarf, wie Betriebsmittel (etwa Anlagen, Maschinen, Werkzeuge) und Material. Abnehmer dieser Produkte sind professionelle Einkäufer, die häufig im Team entscheiden, und dabei, was besonders wichtig ist, diese Produkte nicht für sich selbst erwerben und auch nicht mit eigenem Geld bezahlen.

2.2 Dienstleistung

Ergänzen lassen sich Sachgüter durch **Dienstleistungen**, die immaterieller Natur sind. Abgesehen von *produktbegleitenden* Dienstleistungen (wie z.B. Inbetriebnahme von Geräten und Maschinen, Bedienung, Wartung, Reparatur, Modernisierung, Handel mit Gebrauchtgeräten und Transport) gibt es auch *persönliche* Dienstleistungen (etwa Beratung, Schulung, Service-Hotlines), deren Bezugsobjekt eine natürliche Person ist.

Die in der globalen Wirtschaft an Bedeutung zunehmenden Dienstleistungen lassen sich durch folgende **Merkmale** kennzeichnen:

- Dienstleistung heißt dienen und leisten, was ein besonderes **Vertrauensverhältnis** in der Beziehung zwischen Dienstleister und Kunde erfordert.

- Dienstleistungen sind **physisch nicht greifbar**, d.h. das Leistungsversprechen, der Dienstleistungsprozess selbst und sein Ergebnis sind für Kunden bezüglich der Qualität vor der Produktion einer Dienstleistung kaum möglich.

- Dienstleistungen lassen sich nicht auf Vorrat produzieren, d.h. sie sind im Gegensatz zu materiellen Gütern **nicht lagerbar**.

❑ Während für Sachgüter im Zeitablauf die Möglichkeit von **Nachbesserungen** besteht, ist das für Dienstleistungen bedingt möglich, sodass diese gleich beim ersten Mal *richtig*, d.h. fehlerfrei zu erbringen sind.

Häufig werden Sach- und Dienstleistungen gemeinsam als **Leistungspakete** (Bundles, Sets) am Markt angeboten.

2.3 Markt

Als **Markt** wird der Ort des Zusammentreffens von Angebot und Nachfrage bezeichnet. Aus den Wünschen und Bedürfnissen der Kunden nach entsprechenden Leistungen ergibt sich die Nachfrage, begleitet von der Fähigkeit (Kaufkraft) und Bereitschaft zum Kauf. Da sich Kunden in vielen Aspekten voneinander unterscheiden, lässt sich jeder Markt nach bestimmten Kriterien segmentieren, d.h. voneinander abgrenzen. Ändern sich die Kundenwünsche, was durch Messung von Merkmalen festgestellt werden kann, ist eine Neubestimmung der Marktsegmente erforderlich.

Ein Markt wird als *offen* bezeichnet, wenn keine besonderen **Markteintrittsbarrieren** bestehen, sodass der Markteintritt neuer Anbietern weit gehend ungehindert geschehen kann (andernfalls liegt ein *geschlossener* Markt vor). Einen generellen Abbau von Markteintrittsbarrieren bei gleichzeitiger Erhöhung der Wettbewerbsintensität bezweckt die **Globalisierung**, d.h. das grenzüberschreitende Zusammenwachsen von Märkten und der Abbau von Handelsbeschränkungen.

Kennzeichen von **Massenmärkten** sind preissensible Kunden und ein hoher *Preiswettbewerb* der Anbieter untereinander. Diejenigen Anbieter, die im Preiswettbewerb nicht mitzuhalten in der Lage ist, können Kooperationen mit anderen Partnern eingehen oder sie müssen ihr Unternehmen teilweise oder ganz veräußern bzw. liquidieren. Dadurch findet eine Marktbereinigung und -konzentration statt. Im Unterschied dazu steht auf **Premiummärkten** der *Qualitätswettbewerb* im Vordergrund, weshalb hier die Preise meistens nur eine untergeordnete Rolle spielen.

Eine Sammelbezeichnung für Unternehmen, die auf gleichen oder ähnlichen Märkten tätig sind, ist die **Branche** (Wirtschaftszweig). Im Rahmen der Branchenanalyse sind das Reifestadium und die Attraktivität der Märkte oder Marktsegmente zu beurteilen, in denen das Unternehmen bereits tätig ist oder künftig tätig sein möchte. Die Attraktivität einer Branche wird üblicherweise anhand von Kriterien bewertet, wie etwa dem Volumen und dessen Wachstum, der erreichbaren Rendite, der bestehenden Risiken und/oder der Zukunftsaussichten.

2.4 Preis

Unter dem **Preis** versteht man diejenige Geldsumme (Betrag), die der Anbieter (Verkäufer) einer Ware verlangt und die der Käufer beim Erwerb dieser Ware zu zahlen hat. In der Regel bezieht sich der Preis auf eine Mengeneinheit eines Produkts oder einer Dienstleistung. Ist der Preis für alle Käufer gleich verbindlich, wird von *Preisbindung* gesprochen. Im Fall der unverbindlichen Preisempfehlung bildet der *Listenpreis* den Ausgangspunkt für Preisverhandlungen.

> Die Festlegung des vom Unternehmen am Markt geforderten Preises ist Gegenstand der **Preispolitik**. Beeinflusst wird die Preispolitik durch interne Daten (z.B. die Kostenstruktur des Unternehmens), externe Daten (z.B. die Marktstruktur oder -form) sowie rechtliche Einschränkungen (etwa das „Gesetz gegen Wettbewerbsbeschränkungen" oder das „Gesetz gegen den unlauteren Wettbewerb").

Da es mehrere Faktoren gibt, die Einfluss auf die Preishöhe haben, werden folgende **Arten der Preisbildung** unterschieden:

- **Kostenorientierte Preisbildung** auf Basis der eigenen Selbstkosten. Handelt es sich bei den Selbstkosten um die Vollkosten je Mengeneinheit (z.B. pro Stück), wird ein bestimmter Gewinnzuschlag addiert (Cost-plus-pricing). Wird dagegen der Preis auf der Grundlage nur der variablen Stückkosten (Marginal-cost-pricing) ermittelt, wird über den Gewinnaufschlag hinaus noch ein bestimmter Betrag zur Abdeckung der Fixkosten addiert. *Liquiditätsorientierte Preisbildung*

- **Nachfrageorientierte Preisbildung** auf der Grundlage der durch eine Reihe von Preistests ermittelten Preis-Absatz-Funktion, die den funktionalen Zusammenhang zwischen der Höhe des Preises und der dazugehörigen Absatzmenge angibt. In der Regel ist die Preis-Absatz-Funktion fallend, d.h. mit sinkendem Preis steigt die Absatzmenge. Die mit einer Preisänderung zusammenhängende relative Änderung der nachgefragten Menge wird als *Preiselastizität* bezeichnet.

- **Nutzenorientierte Preisbildung**, bei der die Preisbereitschaft der Kunden für bestimmte Produkte explizit berücksichtigt wird. Relativ hoch sind *Premiumpreise*, die auf Exklusivität ausgerichtet sind und eine hohe Produktqualität versprechen. Umgekehrt liegen *Promotionspreise* unter den Preisen vergleichbarer Produkte, um bei den Kunden das Image eines Niedrigpreisanbieters zu erzeugen. Schließlich sind relativ niedrige *Penetrationspreise* dazu geeignet, um mit neuen Produkten den Markt schnell zu durchdringen und Marktanteile zu gewinnen bzw. den Markteintritt potenzieller Wettbewerber zu erschweren.

- **Konkurrenzorientierte Preisbildung**, bei der sich das Unternehmen an einem Leitpreis orientiert, der dem Preis des Marktführers oder dem Durchschnittspreis der Branche entspricht.

Sichtbarer Ausdruck der Preispolitik sind mittel- bis langfristig wirkende **Preisstrategien**, die unter Berücksichtigung vorwiegend ökonomischer Größen, wie etwa Umsatz, Gewinn oder Marktanteile, sowohl das Preisniveau der am Markt angebotenen Produkte und Dienstleistungen als auch den Rahmen für Preisverhandlungen festlegen.

$$\text{Preiselastizität} = \frac{\%\ \Delta MA}{\%\ \Delta PA}$$

3. Anspruchsgruppen des Unternehmens

Die nach ihren Beiträgen (Stakes) zu unterscheidenden **Gruppen**, die als Gegenleistung für ihre Beiträge entsprechende Ansprüche an das Unternehmen stellen sowie ein generelles Interesse an dessen Fortbestand haben, sind in nachstehender Abbildung enthalten.

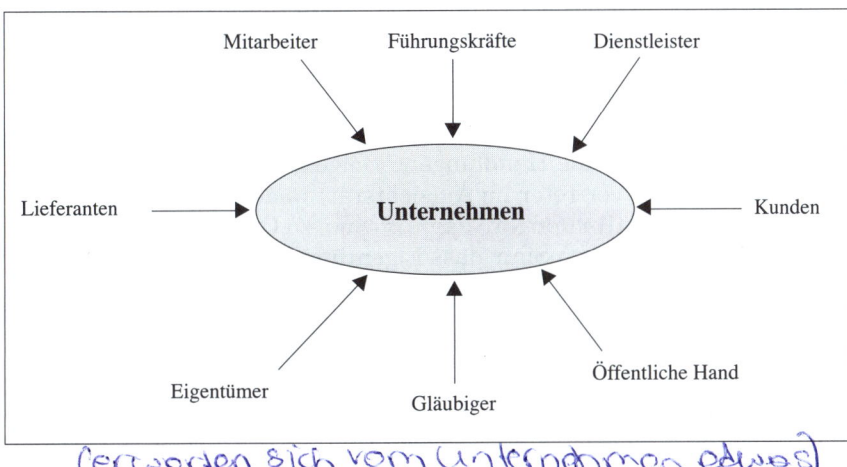

(erwerten sich vom Unternehmen etwas)

Nach dem **Stakeholder-Ansatz** werden mit den Anspruchs- bzw. Interessengruppen (außer den Eigentümern und der öffentlichen Hand) üblicherweise **Verträge** mit gegenseitigen Ansprüchen geschlossen.

Die Gruppe der **Eigentümer** (Eigenkapitalgeber, Shareholder, Anteilseigner) trägt das unternehmerische Risiko und macht Residualansprüche geltend, denen allerdings erst dann entsprochen werden kann, nachdem alle vertragsbedingten Ansprüche der übrigen Anspruchsgruppen erfüllt sind.

Die **öffentliche Hand** erlässt Gesetze und Verordnungen, die unter anderem den Anteil des Staates am Unternehmenserfolg, also die Ertragsteuern, festlegen.

01 ▷ Welche konkreten Zielvorstellungen haben die verschiedenen Stakeholder eines Unternehmens? ▷ Seite 237

(Eigentümer) *Wert des Unternehmens erhöhen*

Nach dem **Shareholder Value-Ansatz** (SVA) entsteht dann Wert für die Eigenkapitalgeber, wenn die zukünftigen und auf die Gegenwart abgezinsten Rückflüsse aus einer Kapitalanlage (Investition) größer sind als der ursprüngliche Kapitaleinsatz. Daher versuchen die Eigentümer in der Weise Einfluss auf das Unternehmen zu nehmen, dass das Unternehmen selbst nur in solche Betätigungsfelder (Geschäftsgebiete, Arbeitsbereiche) investiert, bei denen periodisch eine bestimmte Mindestrendite erwirtschaftet wird. Lässt sich in einem Betätigungsfeld des Unternehmens auf Dauer nicht genügend Wert erzeugen, muss dieses restrukturiert, verkauft oder stillgelegt werden. Kommt es im Unternehmen zu einer Desinvestition, können die aus der Kapitalfreisetzung erzielten Erlöse entweder in rentablere Betätigungsfelder fließen oder an die Eigentümer ausgeschüttet werden, die diese Mittel dann woanders anlegen können.

Nach dem **Principal Agent-Ansatz** beauftragt der Principal durch Vertrag einen oder mehrere Agents mit der Unternehmensleitung. Sind im Unternehmen das Eigentum und die Verfügungsgewalt über das Eigentum getrennt (wie z.B. bei Publikumsaktiengesellschaften), besteht eine Principal Agent-Beziehung zwischen den **Eigentümern** und dem **Management**.

Die Handlungen des Agent (Manager, Führungskräfte) und die unsicheren Umweltbedingungen, unter denen die Handlungen erfolgen, kann der einzelne Principal (Eigentümer oder seine Vertreter im Aufsichtsrat) weder vollständig überblicken noch messen, weil eine **Informationsasymmetrie** zu Gunsten des Agent besteht. Deshalb macht es auch keinen Sinn, dass Eigentümer dem Management konkrete Handlungen vorschreiben.

Aus dem für das Management wegen der Nähe zum Geschäft resultierenden Informationsvorsprung ergibt sich die Gefahr, dass die Manager nicht unbedingt im **Interesse der Eigentümer** handeln (Moral Hazard), sondern in opportunistischer Weise auch oder gerade eigene Interessen verfolgen (wie z.B. Arbeitsplatzsicherheit, Karriere, Machterhalt oder Einkommensverbesserungen). Des Weiteren haben Manager die Möglichkeit, Informationen bewusst vor den Eigentümern zu verbergen (Hidden Information) oder Erfolg versprechende, allerdings nicht gewählte Handlungsalternativen, zu verheimlichen (Hidden Action).

Schwierig, wenn nicht gar unmöglich, ist es für die Eigentümer, bei einer **Gruppenentscheidung des Management** den Erfolgsbeitrag einer einzelnen Führungskraft zu erkennen.

Damit sich Manager dennoch im Interesse der Eigentümer verhalten, können ihnen **finanzielle Anreize** in Aussicht gestellt werden, die sich am Erfolg des Unternehmens orientieren.

Ergänzt wird der Principal Agent-Ansatz durch die **Corporate Governance**. Darunter versteht man allgemein anerkannte und selbstverpflichtende Leitlinien für eine verantwortungsvolle und transparente Unternehmensführung. Inhaltlich geht es bei dem jährlich überarbeiteten und freiwillig zu befolgenden **Deutschen Corporate Governance-Kodex** um das ethische und moralische Verantwortungsbewusstsein der Unternehmensführung, die Unabhängigkeit der Aufsichtsräte, die Offenlegung der Entlohnungskomponenten von Vorstands- und Aufsichtsratsmitgliedern sowie das Verhalten der beauftragten Abschlussprüfer (*Ringleb*). Außerdem müssen die Organe börsennotierter Gesellschaften gemäß § 161 AktG einmal im Jahr (meistens im Geschäftsbericht) erklären, welche der im Verhaltenskodex enthaltenen Empfehlungen sie tatsächlich umgesetzt haben.

Die bislang stärkste Regulierung der Corporate Governance erfolgt durch den **Sarbanes-Oxley Act** (SOA), ein amerikanisches Gesetz, das für Unternehmen und deren Tochtergesellschaften gilt, die der US-amerikanischen Börsenaufsicht unterstehen. Die **Bestimmungen des SOA** zur Verbesserung der „Corporate Control" sehen vor (*Menzies*):

❑ **Ethikrichtlinien** im Sinne vertrauensbildender Verhaltensregeln, die ein Fehlverhalten im Unternehmen verhindern sollen. Hinzu kommt die Verpflichtung zur Einhaltung gesetzlicher Vorschriften und behördlicher Verordnungen, wie z.B. Sicherheitsbestimmungen, Standards der Rechnungslegung und des Umweltschutzes.

❑ **Kontrollen und Verfahren** bezüglich der Ordnungsmäßigkeit veröffentlichungspflichtiger und tatsächlich veröffentlichter Informationen.

❑ **Eidesstattliche Erklärungen** des Vorstandsvorsitzenden und des Finanzvorstands, dass ein internes Überwachungssystem als Teil des Risikomanagement nicht nur existiert, sondern auch genutzt und laufend gepflegt wird. Der Abschlussprüfer muss im Jahresabschluss testieren, dass das interne Überwachungssystem von der Unternehmensleitung auf seine Effizienz hin überprüft wurde.

❑ **Unabhängigkeit des Abschlussprüfers**, die dann gegeben ist, wenn der Abschlussprüfer keine prüfungsfremden Dienstleistungen (z.B. Rechts- oder Steuerberatung) für das zu prüfende Unternehmen erbringt. Außerdem muss der Abschlussprüfer spätestens alle fünf Jahre gewechselt werden.

❑ **Schutz von Informanten**, die Delikte (z.B. Verdacht auf Zahlung von Schmiergeldern, Gewährung geldwerter Vorteile, unerlaubte Insidergeschäfte, Untreue oder Korruption) an den oder die Ethik-Beauftragten im Unternehmen melden, und zwar über speziell dafür eingerichtete Hotlines. Die Aufgabe der Ethik-Beauftragten (Ombudsleute) ist es, den gemeldeten Fällen nachzugehen, ohne dabei jedoch die Namen der Informanten zu nennen.

Einige der im SOA genannten Maßnahmen wurden bereits vom **deutschen Gesetzgeber** „als vertrauensbildende Maßnahmen" umgesetzt. Dazu gehören das „Anlegerschutzverbesserungsgesetz" (mit Regelungen für frühzeitige Pflichtveröffentlichungen/Ad-hoc-Publizität), das „Vergütungsoffenlegungsgesetz" (über die Entlohnung und Altersversorgung der Vorstände und Aufsichtsräte), das „Bilanzrechtsreformgesetz" (über die Rolle der Abschlussprüfer) und das „Bilanzkontrollgesetz" (bezüglich der externen Prüfung einer als Bilanzpolizei genannten Behörde des Bundesaufsichtsamts für Finanzdienstleistungen/BaFin auf Einhaltung der geltenden Vorschriften zur Rechnungslegung in bereits veröffentlichten Jahresabschlüssen).

Für das Controlling ist die Umsetzung der Corporate Governance und der damit verbundenen Gesetze und Verordnungen eine große **Herausforderung** (*Middelmann*).

4. Investitionen als Werttreiber

Eine **Investition** ist die Umwandlung von Geld in anderes Vermögen (Assets), das üblicherweise dem Unternehmen über Jahre hinweg zur Verfügung steht. Je höher der Wertbeitrag einer Investition ist, desto attraktiver ist diese für das Unternehmen.

Investiert werden kann **bilanzwirksam** in

☐ **Sachgüter**, wie Grundstücke, Gebäude, Maschinen und maschinelle Anlagen, Betriebsausstattung, Fahrzeuge und Leitungsnetze. Dabei geht es vor allem darum, die leistungswirtschaftliche Kapazität (Betriebsgröße) zu erhalten bzw. zu erweitern, das IT-System dem technischen Fortschritt anzupassen und/oder den Umweltschutz auszubauen.

☐ **Finanzgüter**, wie Wertpapiere des Anlage- und Umlaufvermögens.

☐ **Immaterielle Güter**, soweit diese käuflich erworben werden.

Die übliche **Klassifizierung von Sachinvestitionen** ist wie folgt:

☐ **Ersatzinvestition**, wenn ein verbrauchtes Betriebsmittel durch ein Ähnliches ersetzt wird.

☐ **Erweiterungsinvestition**, wenn aus Gründen der Kapazitätserweiterung über die Ersatzbeschaffung hinaus weitere Betriebsmittel angeschafft werden.

☐ **Rationalisierungsinvestition**, wenn Betriebsmittel mit neuer Technologie gegen solche mit überholter Technologie ausgewechselt werden. Auch Ersatz- und Erweiterungsinvestitionen haben meistens Rationalisierungspotenziale.

Bezüglich der **Finanzinvestitionen** kann danach unterschieden werden, ob diese dazu dienen, durch längerfristige Beteiligungen die Möglichkeit zur Einflussnahme auf andere Unternehmen zu schaffen, oder ob zurzeit nicht benötigte Gelder nur vorübergehend geparkt werden sollen (z.B. in eigenen Aktien).

Zunehmende Bedeutung haben **Investitionen in immaterielle Vermögenswerte** (Intangible Assets), die nicht käuflich erworben, sondern selbst geschaffen werden. Intangible Assets sind Werte, die beim Verkauf des Unternehmens unter der Bezeichnung „Goodwill" (Geschäfts- oder Firmenwert) zusammengefasst werden, der sich als Differenz zwischen dem Marktwert (Kaufpreis) und Buchwert (Substanz- bzw. Liquidationswert) ergibt. Zu den Intangible Assets gehören (ohne die dahinter stehenden und im Anlagevermögen bilanzierten Sachgüter):

☐ Innovationen (Forschung und Produkt-, Verfahrens- oder Softwareentwicklung, einschließlich Patente),

☐ Infrastrukturen (Informations- und Kommunikationstechnologien, Netzwerke),

❑ Arbeitsabläufe (Prozesse und deren Beziehungen),

❑ Marken, Patente und sonstige Rechte,

❑ Beziehungen zu Stammkunden und -lieferanten,

❑ Humankapital,

❑ Unternehmenskultur und -reputation (Image).

Mit Ausnahme des Humankapitals gehören die genannten immateriellen Güter dem Unternehmen. Warum das Humankapital nicht dem Unternehmen gehört, lässt sich wie folgt begründen: Beim Eintritt in das Unternehmen verfügen Arbeitnehmer über ein bestimmtes Wissen (Basiswissen, Erfahrungen). Während ihrer Tätigkeit im Unternehmen vermehren sie dieses Wissen durch weitere Erfahrungen, die Schaffung von Beziehungen innerhalb persönlicher Netzwerke sowie durch das Wissen ihrer Kollegen, Geschäftspartner und Kunden. Verlassen Arbeitnehmer das Unternehmen, nehmen sie dieses vermehrte Wissen mit, weil es ihnen gehört.

Grundsätzlich besteht ein **Aktivierungsverbot für selbst geschaffene Intangible Assets** in der Bilanz als „Kräftespeicher des Unternehmens", und zwar in Anbetracht der

❑ Schwierigkeiten ihrer Bewertung (Preisermittlung), denn objektive Messungen sind hier kaum möglich.

❑ Gefahr der Flüchtigkeit, wenn ein qualifizierter Arbeitnehmer das Unternehmen verlässt, ein Key Account zur Konkurrenz abwandert oder der Markenwert durch unerwünschte Vorkommnisse vernichtet wird.

Allerdings kann daran gedacht werden, die in einer Periode selbst geschaffenen immateriellen Vermögenswerte nicht unmittelbar als Aufwand zu verbuchen, sondern dann mit ihren Herstell(ungs)kosten in vorläufig nur zu Führungs- und Controllingzwecken erstellten **Planbilanzen** zu aktivieren, wenn deren Stabilität nachgewiesen wurde, d.h. die Wahrscheinlichkeiten dafür gestiegen sind, dass sich daraus Erlöse mit entsprechendem Mehrwert erzielen lassen. Die aktivierten immateriellen Güter sollten dann periodisch einer Beurteilung unterzogen und entweder im ursprünglichen Wertansatz beibehalten, oder bei Verschlechterung der Aussichten, vorübergehend wertberichtigt bzw. dauerhaft abgeschrieben werden (*Daum, Müller*).

Das Gegenstück einer Investition ist die **Desinvestition**. Darunter versteht man die Wiedergeldwerdung eines Vermögensobjekts, sei es durch Abschreibungen oder den Verkauf (Liquidation) des Vermögensobjekts.

5. Controlling - ein Subsystem der Unternehmensführung

Um den Begriff **Führung** (Management) zu konkretisieren, wird das Unternehmen gedanklich in ein Führungssystem und ein Ausführungssystem zerlegt. Während letzteres alle notwendigen Handlungen (Transaktionen) umfasst, die der Herstellung und Verwertung von Leistungen dienen, hat das Führungssystem als dispositiver Faktor die Aufgabe, die Handlungen im Ausführungssystem festzulegen, zu strukturieren und aufeinander abzustimmen.

Die aus dem angelsächsischen Sprachraum stammende **Bezeichnung „control"** ist mit Begriffen wie „Steuern", „Lenken", „Beeinflussen", aber auch mit „Unter-Kontrolle-Halten" übersetzbar und bedeutet, eine Sache im Griff zu haben, also über Handlungen und deren Ergebnisse informiert zu sein, sowie beraten, koordinieren und eingreifen zu können, um die Vorstellungen der Unternehmensführung und seiner Interessengruppen zu verwirklichen.

Damit ist **Controlling**

❏ ein **Steuerungssystem**, das führungsunterstützend arbeitet und für Transparenz von Handlungen sorgt,

❏ eine **Servicefunktion,** derzufolge die Führung beraten und entlastet wird,

❏ eine **Querschnittsfunktion** über alle Bereiche und Ebenen des Unternehmens hinweg.

Grundsätzlich sollte jedes zu steuernde System (darunter auch das wirtschaftende Unternehmen) über mindestens drei **Merkmale** verfügen:

❏ **Modularisierung** im Sinne der Zerlegung einer Gesamtheit in mehrere voneinander unabhängige Komponenten, die über Schnittstellen miteinander verbunden sind.

❏ **Regelungsstrukturen** für die Koordination der einzelnen Komponenten.

❏ **Diversifität** als das Zulassen von Vielfalt, Unterschiedlichkeit (Asymmetrien) oder Einzigartigkeit als Differenzierungsmerkmale.

Durch **Festlegung typischer Aufgaben** kann Controlling wie folgt abgegrenzt werden (*Ziegenbein*):

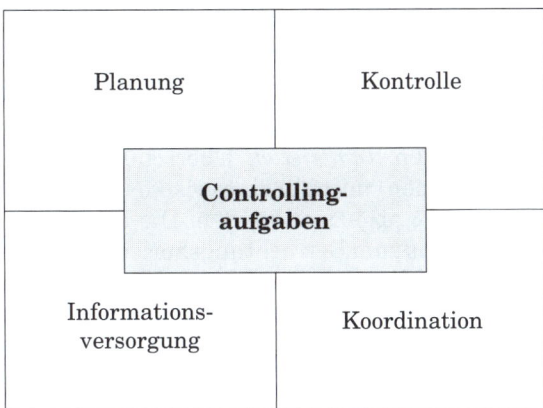

Da im Unternehmen nur das gesteuert werden kann, was auch zu messen (quantifizieren) ist, gelten als Voraussetzung für jede Steuerung die **Messung** relevanter Sachverhalte durch Zahlen. Als Kriterien der Messung gelten:

❑ **Übereinstimmung**, derzufolge das gemessen wird, was gemessen werden soll. Ist eine Größe nicht direkt messbar, kann ersatzweise ein Indikator gewählt werden, der maßgeblichen Einfluss auf die eigentlich zu messende Größe hat.

❑ **Zuverlässigkeit**, die dann gegeben ist, wenn eine wiederholte Messung das vorherige Resultat bestätigt.

❑ **Objektivität**, wonach die Messung auch durch eine andere Person zum selben Ergebnis führen sollte. Das ist relativ unproblematisch, wenn es wertfrei um Zahlungen geht, also Einnahmen und Ausgaben, weshalb in Unternehmen versucht wird, Handlungen nach Möglichkeit in Zahlungsgrößen auszudrücken.

❑ **Wirtschaftlichkeit**, wonach der Nutzen der Messung größer sein sollte als die dadurch verursachten Kosten. Nicht davon betroffen sind Fluss- oder Bestandsgrößen, deren Quantifizierung zwingend vorgeschrieben ist (z.B. bei der Inventur oder der Bilanzierung). In den übrigen Fällen kann vereinfachend auch nur geschätzt werden.

Eng verbunden mit der Messung ist die **Bewertung**, die in Abhängigkeit von der (subjektiven) Sichtweise der jeweiligen Personen unterschiedlich sein kann und meistens auch ist. In Anbetracht des Vorhandenseins von Interpretationsspielräumen ist Objektivität in der Wissenschaft ein kaum zu erreichendes Ideal, weshalb dort auch von „Intersubjektivität" oder „intersubjektiver Erkenntnis" gesprochen wird. Übertragen auf das wirtschaftende Unternehmen bedeutet das, dass Bewertungsmethoden transparent zu machen sind, damit sie von anderen Sachverständigen nachvollzogen werden können Das gilt auch für Schätzungen und diesen zu Grunde liegenden Methoden. Im Mittelpunkt gängiger **Bewertungsmethoden** stehen der

❑ **Marktwert**, der aus Preisen abgeleitet wird, die der Markt als fair ansieht. Existieren keine Marktpreise (z.B. bei Zwischenprodukten), ist ein Wert zu ermitteln, den ein neutraler Dritter dem Gut beimessen würde.

❏ **Kostenwert**, der aus Kosten (oder dem Aufwand) abgeleitet wird, der entstehen würde, wenn das Gut reproduziert (Herstellungswert) oder wieder beschafft (Anschaffungs-, Tages- oder Wiederbeschaffungswert) werden müsste.

❏ **Barwert**, zu dessen Ermittlung die mit einem Bewertungsobjekt verbundenen und in Zukunft erwarteten *finanziellen* Überschüsse (sofern die Einnahmen größer sind als die Ausgaben) mithilfe eines risikoangepassten Diskontierungsfaktors auf die Gegenwart abgezinst werden. Die Abzinsung (Kapitalisierung) der mehrperiodigen, d.h. bis zum Betrachtungshorizont prognostizierten Einnahmeüberschüsse ist erforderlich, um den *Zeitwert des Geldes* zu berücksichtigen, der darin besteht, dass eine Geldeinheit heute mehr wert ist als eine Geldeinheit später, weil sich diese Geldeinheit in der Zwischenzeit zinsbringend und damit wertsteigernd anlegen lässt.

Bezüglich der Bewertung der in der Bilanz ausgewiesenen **Vermögensobjekte** sehen die für börsennotierte Unternehmen geltenden Regeln der internationalen Rechnungslegung IFRS (International Financial Reporting Standards) vor *(Ditges/Arendt)*:

❏ **Beizulegender Zeitwert** (Fair Value), der jenem Betrag entspricht, zu dem zwischen sachverständigen, vertragswilligen und voneinander unabhängigen Geschäftspartnern ein Vermögensobjekt getauscht werden könnte.

❏ **Wertminderungstests** (Impairment Tests), mit denen die Werthaltigkeit von Sach- bzw. Finanzanlagen, immateriellen Vermögenswerten und Verbindlichkeiten mindestens einmal im Jahr zu überprüfen sind. Eine Wertminderung des jeweils betrachteten Vermögensobjekts ist gegeben, wenn sein Buchwert höher ist als der über die Dauer der betrieblichen Nutzung berechnete Barwert der Einnahmeüberschüsse. Eine Wertminderung darf aber nur dann als Aufwand (Abschreibung) gebucht werden, wenn sie dauerhaft ist. Wird später allerdings festgestellt, dass eine in der Vergangenheit gebuchte Wertminderung nicht mehr besteht oder sich verringert hat, ist eine Wertaufholung vorzunehmen.

Controlling im Unternehmen setzt **Controllingbewusstsein** voraus, d.h. Führungskräfte und Mitarbeiter sollten davon überzeugt sein, dass Unternehmen mit Controlling erfolgreicher geführt werden können als ohne. Ist ein solches Bewusstsein beim Personal vorhanden, kann es zum **Selbstcontrolling** der Beteiligten kommen, was allerdings immer mit den Gefahren der subjektiven Überbewertung eigener Aufgaben und Leistungen, des manipulierenden Verhaltens und der Vernachlässigung der Abstimmung (Koordination) innerhalb des Unternehmens verbunden ist. Um diesen Gefahren des Selbstcontrolling entgegenzuwirken, sollte Controlling **institutionalisiert**, d.h. in der Organisation des Unternehmens als eigenständiger Bereich mit genau festgelegten Zuständigkeiten und Befugnissen vorgesehen, werden.

Als Subsystem der Führung muss das institutionalisierte Controlling **unabhängig und neutral** arbeiten. Hat Controlling bei Entscheidungen keine unmittelbare Verantwortung, sondern ist nur dessen unterstützende Mitwirkung gefragt, arbeitet es eher prozessbegleitend und mehr im Hintergrund.

Träger des institutionalisierten Controlling sind der oder die (männlichen bzw. weiblichen) **Controller**. Sofern die Mitglieder des Controllingbereichs ähnliche Aufgaben ausüben wie der Zentral- oder Chef-Controller, lassen sich diese auch als **Subcontroller** bezeichnen.

Ohne **Softwareunterstützung** ist Controlling allerdings nicht möglich. Immer fortschrittlichere Systeme der Datenhaltung und -verarbeitung für Einzellösungen (etwa gängige Office-Softwareprodukte) bis hin zu integrierten, d.h. schnittstellenarmen Gesamtlösungen (z.B. auf der Grundlage von SAP-Softwarepaketen) werden entwickelt, die es erlauben, dass Analyse- und Auswertungsmodelle immer komplexer werden können.

6. Entscheidungen im Unternehmen

Laufende Handlungen im Unternehmen dienen der **Anpassung** an die sich ändernden Umweltbedingungen (passives Anpassen oder adaptives Reagieren) und/oder der **Beeinflussung** der Umwelt selbst (proaktives Anpassen oder Agieren).

> Handlungen erfordern **Entscheidungen**, worunter man die Wahl zwischen Alternativen (Optionen) versteht.

6.1 Strukturierung von Entscheidungen

Jede Entscheidung im Unternehmen ist ein **Ausschnitt** aus dem Gesamtkomplex aller möglichen und notwendigen Entscheidungen. Um die Komplexität des Entscheidungsfeldes zu reduzieren, empfiehlt sich dessen Zerlegung in **Teilaspekte**, wie

☐ **Handlungsalternativen**: Im Vorfeld der Bestimmung (Suche, Generierung) von möglichen Alternativen, von denen dann eine gewählt wird, ist zu klären, ob nach weiteren Alternativen gesucht werden soll. Dabei ist zu beachten, dass die Suche nach weiteren Alternativen immer Zeit erfordert und mit Transaktionskosten verbunden ist.

☐ **Umwelteinflüsse**: Hierbei handelt es sich um Ereignisse oder Zustände der Umwelt, die Auswirkungen auf die Entscheidung haben. Ein Entscheidungsträger kann diese Auswirkungen in den meisten Fällen kaum oder gar nicht beeinflussen.

☐ **Konsequenzen**: Dieses sind Zustände, die sich aus den erwarteten Wirkungen von Handlung und Umwelt ergeben. Wegen der Unsicherheit der Zukunft ergibt sich üblicherweise für jede Handlung eine endliche Menge sich gegenseitig ausschließender Konsequenzen, denen jeweils (subjektive) Wahrscheinlichkeiten zugeordnet werden sollten.

❑ **Ziele und Präferenzen**: Ziele legen die Eigenschaften der Konsequenzen einer Entscheidung fest. Existieren mehrere, miteinander konfligierende Ziele, ergibt sich das Problem, dass es keine Alternative gibt, die hinsichtlich jeder Zielvariablen besser ist (oder zumindest nicht schlechter) als jede andere. Demgegenüber sind Präferenzen die Einstellungen der Entscheidungsträger zu den Sachverhalten einer Entscheidung.

Wegen ihrer Zukunftsbezogenheit und um Zufälle auszuschalten, brauchen Entscheidungen eine vorausschauende **Planung**, wobei der Planungsprozess als ein mehrstufiger Prozess der Entscheidungsfindung anzusehen ist.

6.2 Gefahr von Fehlentscheidungen

Da unternehmerisches Handeln immer mit **Entscheidungen unter Unsicherheit** verbunden ist, können Fehler gemacht werden. Weil man aber aus Fehlern lernen kann, sind **Fehler** nicht zu tabuisieren, zu vertuschen oder zu bestrafen, sondern sie sollten vielmehr antizipiert, und wenn sie tatsächlich eingetreten sind, offen diskutiert werden.

Ein System der Fehlerprävention (Zusammenhang zwischen Handlung und dem Fehlermachen) und des Fehlermanagement (Zusammenhang zwischen gemachten Fehlern und Fehlerkonsequenzen) ist das nachfolgend beschriebene **Risikomanagement-System**.

6.2.1 Risikogefahr

Die Gefahr von Fehlern, des Misslingens einer Leistung bzw. der Verfehlung geplanter Ziele, wird herkömmlich als **Risiko** bezeichnet. Nach dieser *engen* „asymmetrischen" Definition ist Risiko etwas Negatives, dessen positives Gegenteil als Chance bezeichnet wird.

Eine andere Begriffsfassung versteht unter Risiko die Streuung (Schwankung) einer Größe (Variable). Danach umschreibt Risiko die Möglichkeit, dass es anders, d.h. sowohl schlechter als auch besser kommen kann als erwartet. Risiko in dieser *weiten* „symmetrischen" Definition entspricht auch der Bezeichnung **Volatilität**, womit der Tatsache Rechnung getragen wird, dass Zukunftserwartungen grundsätzlich mehrwertig sind, was bedeutet, dass im Voraus nicht genau festzustellen ist, ob eine Entwicklung günstig oder ungünstig verlaufen wird.

Die Gesamtheit aller Unternehmensrisiken bildet das **Bedrohungspotenzial**, das sich unter Betrachtung der Existenzgefahr (Insolvenz) wie folgt aufspalten lässt:

❑ **Marktrisiko** als Abhängigkeit des Absatzes (mengenmäßig) und Umsatzes (wertmäßig) von den *Schwankungen* der Nachfrage nach den vom Unternehmen am Markt angebotenen Sach- und Dienstleistungen,

- **Leistungswirtschaftliches Risiko** als *Gefahr*, dass der mit dem Einsatz von Produktionsfaktoren verbundene Werteverzehr, insbesondere der durch die Anlagen- bzw. Kapitalintensität der betrieblichen Leistungserstellungsprozesse determinierte Fixkostenblock, nicht wieder über den Umsatz in das Unternehmen zurückfließt und damit ein Verlust entsteht. Übersteigen die kumulierten Verluste des Unternehmens das risikotragende Eigenkapital, liegt **Überschuldung** vor. Überschuldung führt dann zur Insolvenz, wenn sich das Unternehmen kein frisches Eigenkapital beschaffen kann und/oder die Gläubiger im Rahmen eines Vergleichs nicht auf einen Teil ihrer Ansprüche (Fremdkapital) verzichten.

- **Finanzwirtschaftliches Risiko** als *Gefahr*, dass der mit der Aufnahme von Fremdkapital erforderliche Kapitaldienst pro Periode, bestehend aus Zins- und Tilgungszahlungen, nicht oder nicht rechtzeitig erfolgen kann. Ist das der Fall, liegt **Illiquidität** vor, was immer ein Insolvenzgrund ist.

- **DV-Sicherheitsrisiken,** die im Zusammenhang mit der im Unternehmen eingesetzten Informationstechnologie (IT) stehen.

Jedes Risiko hat zwei **Dimensionen**, und zwar

- den meistens in Geldeinheiten ausgedrückten **Umfang des möglichen Schaden** (Verlust) und

- die **Wahrscheinlichkeit des Schadeneintritts**.

Aus der multiplikativen Verknüpfung dieser beiden Größen ergibt sich die **Risikohöhe,** wobei gilt, dass ein kleiner Schaden mit hoher Wahrscheinlichkeit zum selben Resultat führt wie ein großer Schaden mit kleiner Wahrscheinlichkeit.

Darstellen lässt sich eine **zufallsabhängige Größe** (Zufallsvariable) durch eine Wahrscheinlichkeitsverteilung mit folgenden Parametern:

- Der wichtigste **Lageparameter** ist der *Erwartungswert* μ, der sich in Abhängigkeit von verschiedenen Umweltzuständen aus der Summe der mit den Eintrittswahrscheinlichkeiten gewichteten Ausprägungen der Zufallsvariable ergibt.

- Als **Risikoparameter**, der die Schwankung (Volatilität) um den Erwartungswert ausdrückt, wird meistens die *Standardabweichung* σ gewählt, die sich ergibt, wenn aus der Summe der quadratischen Abweichungen vom Erwartungswert (Varianz) die Wurzel gezogen wird.

Bezogen auf die häufig verwendete **Normalverteilung einer Zufallsvariablen** haben deren Dichte- und Verteilungsfunktion das in den nachstehenden Abbildungen gezeigte Aussehen.

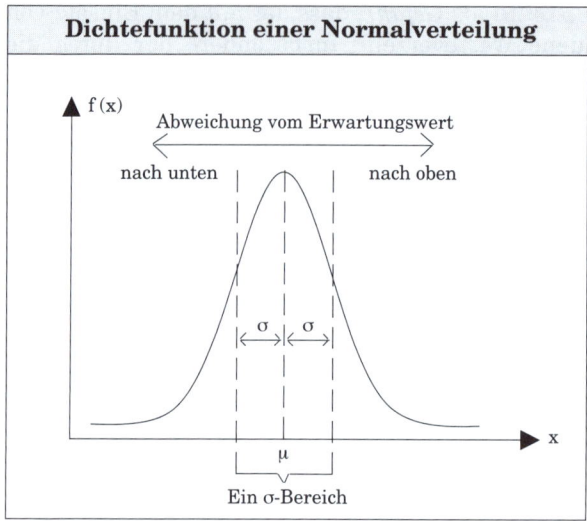

Als **Dichtefunktion** f(x) einer Zufallsvariablen X bezeichnet man die Funktion, die die Wahrscheinlichkeit dafür angibt, dass die Zufallsvariable X den Ausprägungswert x annimmt.

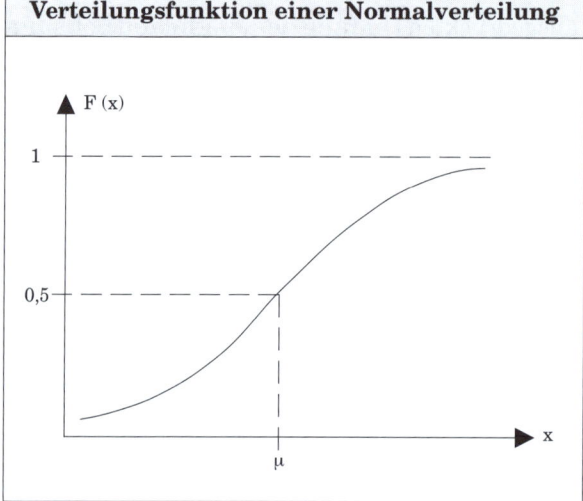

Als **Verteilungsfunktion** F(x) einer Zufallsvariablen X bezeichnet man die Funktion, die die Wahrscheinlichkeit dafür angibt, dass die Zufallsvariable X höchstens den Ausprägungswert x annimmt.

6.2.2 Risikoneigung des Management

Die Risikoeinstellung, -präferenz, -neigung oder -bereitschaft lässt sich am Verhalten eines Entscheidungsträgers gegenüber dem Erwartungswert und der Standardabweichung einer Zufallsvariable erkennen:

❑ Bei der Entscheidung nur nach dem **Erwartungswert** bleibt das Risiko unberücksichtigt, d.h. es liegt **Risikoneutralität** vor.

❑ Wird bei der Entscheidung auch die **Standardabweichung** berücksichtigt, und wird bei gleichem Erwartungswert die Alternative mit der kleinsten Standardabweichung gewählt, liegt **Risikoscheu** (Risikoaversion) vor. Andernfalls spricht man von **Risikofreude** (Risikovorliebe).

Um die **Risikoneigung der Entscheidungsträger** im Unternehmen zu fördern, sind von Bedeutung:

❑ **Offenheit gegenüber Risiken**, d.h. Entscheidungsträger sind zu ermutigen, Risiken nach entsprechender Bewertung bewusst einzugehen und damit korrespondierende Chancen auszuschöpfen.

❑ **Belohnung bei Risikoübernahme**, was bedeutet, dass denjenigen Entscheidungsträgern finanzielle Anreize in Aussicht gestellt werden, die etwas unternehmen und wagen, anstatt zu unterlassen.

❑ Die **Risikopräferenz einer Gruppe**, d.h. einer kollektiven Entscheidungsinstanz, kann größer, kleiner oder gleich dem Durchschnitt der Risikobereitschaft ihrer Mitglieder sein. Durch Experimente konnte nachgewiesen werden, dass Gruppen im Allgemeinen risikofreudiger entscheiden als der Durchschnitt ihrer Gruppenmitglieder. Dieser Sachverhalt wird als **Risikoschub** (Risk Shift) bezeichnet.

> | 02 | Nennen und erläutern Sie die möglichen Ursachen für den Risikoschub von Gruppenentscheidungen im Unternehmen! | Seite 237 |

6.2.3 Risikomanagement und -controlling

Die systematische Auseinandersetzung mit den Risiken des Unternehmens sowie die bewusste Offenlegung der Beziehung zwischen Risikobereitschaft und Zielerwartung wird als **Risikomanagement** bezeichnet, das idealtypisch die folgenden Aufgaben vorzieht (*Ehrmann*):

Unterstützung bei der Durchführung dieser Aufgaben erhält das Risikomanagement durch das **Risikocontrolling.**

6.2.3.1 Risikoidentifikation

Hierbei geht es um die **Bestandsaufnahme** aller oder zumindest der wichtigsten Einzelrisiken, denen das Unternehmen gegenwärtig und künftig ausgesetzt ist:

❏ Unterschieden werden **interne Risiken**, die sich auf Störungen innerbetrieblicher Abläufe beziehen, und **externe Risiken**, die sich durch Störungen bei den Umweltvariablen (Märkte, Partner, Ökologie, Gesetze) ergeben.

❏ Geht es um das Erkennen **spezieller Risiken**, sind die jeweiligen Entscheidungsträger dafür verantwortlich. Geht es dagegen um das **allgemeine Unternehmensrisiko**, kann das Controlling dafür zuständig sein.

❏ Den **Aktionsrisiken**, die durch betriebliche Entscheidungen hervorgerufen werden, stehen **Bedingungsrisiken** gegenüber, die sich durch die Veränderung jener Rahmen- oder Randbedingungen ergeben, unter denen Entscheidungen getroffen werden.

❏ Bezüglich der Wirkungsweise treten **schlagende Risiken** überraschend auf, wobei die Intensität innerhalb eines kurzen Zeitraums schnell zunehmen kann. Dagegen kommt es bei **schleichenden Risiken** eher zu einer im Zeitablauf langsamen und kontinuierlichen Steigerung der Intensität.

❏ Nach den **Risikoursachen** ist zu unterscheiden, ob diese vom Unternehmen beeinflusst (kontrolliert) werden können oder nicht.

Ein großes Problem sind die **Verbundwirkungen** (Korrelationen) zwischen Einzelrisiken, wobei die folgenden Fälle denkbar sind:

Verbundwirkungen von Einzelrisiken	
Fälle	Darstellung
Risiko A und B sind unabhängig voneinander	Risiko A Risiko B
Risiko B ist eine Untermenge von Risiko A	Risiko A Risiko B
Risiko A und Risiko B sind voneinander abhängig	Risiko A Risiko B

Die rein additive Verknüpfung setzt eine **Unabhängigkeit der Einzelrisiken** voraus, die in der Realität aber nicht immer gegeben sein dürfte. Vielmehr gibt es sowohl kompensierende Verflechtungen (durch Risikostreuung) als auch kumulierende Verflechtungen (im Sinne von Risikoverstärkung), die sich einigermaßen zuverlässig nur mit komplizierten statistischen Methoden berechnen lassen. Jede

Wertgröße, die sich additiv aus vielen kleinen und zufälligen Beiträgen zusammensetzt, die unabhängig voneinander sind, kann beispielsweise nach dem *Zentralen Grenzwertsatz* durch eine **Normalverteilung** beschrieben werden.

An **Methoden zur Risikoidentifikation** kommen infrage: Beobachtungen, Interviews (Fragebögen), Checklisten, Besichtigungen, Workshops, Benchmarking, Dokumentenanalysen und die Auswertung von Schadenstatistiken.

Die Gesamtheit aller erfassten und auf Konsistenz bzw. Plausibilität geprüften Risiken ergibt - nach der Eliminierung von Doppel- und Mehrfachnennungen - das **Risikoinventar**.

6.2.3.2 Risikobewertung

Die identifizierten Risiken sind hinsichtlich ihrer Höhe, der Eintrittswahrscheinlichkeiten und des Zeitbezugs zu bewerten.

Eine Möglichkeit, das Risiko einzelner Positionen (Unternehmensvariable, wie z.B. ein Vermögensobjekt, eine Verbindlichkeit, eine Erfolgsgröße oder der Unternehmenswert) zu quantifizieren, bietet die **Methode des Exposure**, wobei unter einem (ökonomischen) Exposure derjenige Betrag verstanden wird, der - in Abhängigkeit vom betrachteten Zeitraum - aufgrund unerwarteter Schwankungen eines aktuellen bzw. potenziellen Risikofaktors mit Unsicherheit behaftet ist. Zur Berechnung von Exposures sind nach Möglichkeit Regressionsgeraden zu verwenden, die den Einfluss von identifzierten Risikofaktoren auf Positionen bestimmen. Das Exposure kann aber auch auf *einfachere* Weise wie folgt quantifiziert werden *(Bartram):*

$$\text{Exposure} = \frac{\text{Unerwartete relative Wertänderung einer Position}}{\text{Unerwartete relative Änderung des Risikofaktors}}$$

Ein Verfahren zur **Bewertung von Verbundrisiken**, bei dem weder Korrelationen, bezogen auf die Beeinflussungen der Faktoren untereinander, noch Eintrittswahrscheinlichkeiten berücksichtigt werden, beruht auf dem **Gesetz über die Fehlerfortpflanzung**. Das soll an einem Beispiel erläutert werden: Bei den in Geldeinheiten (GE) bewerteten Einzelrisiken X (30 GE), Y (50 GE) und Z (20 GE) ist das unverbundene, d.h. additiv zu ermittelnde Gesamtrisiko 100 GE. Da es aber unwahrscheinlich ist, dass diese Einzelrisiken gleichzeitig und dann auch noch in voller Höhe eintreten, werden zunächst eine Quadrierung der Einzelwerte und deren Addition empfohlen. Wird dann aus der Summe dieser Werte die Wurzel gezogen, ergibt sich das verbundene Gesamtrisiko in Höhe von $\sqrt{3.800} \approx 62$.

Für **komplexe Risiken** im Sinne ganzer Bündel interdependenter Effekte (Störungen), für die nur ein geringes oder überhaupt kein empirisches Datenmaterial verfügbar ist, empfiehlt sich deren Zerlegung in Komponenten, die Analyse und Bewertung dieser Komponenten anhand des verfügbaren Datenmaterials und die Verknüpfung der Wertgrößen zur Berechnung des Exposure.

Die für eine Risikoposition (Risikovolumen) zu berechnende Kennzahl, aus der hervorgeht, wie hoch unter sonst üblichen Bedingungen der mit einer vorgegebenen Wahrscheinlichkeit maximale Verlust (Höchstschaden) sein wird, ist der **Value at Risk**. Zur Berechnung dieser Kennzahl wird jeweils eine unabhängige Risikoposition mit einem Risikofaktor gewichtet, um festzustellen, mit welchem potenziellen Verlust gerechnet werden muss. Die Höhe des Risikofaktors richtet sich nach der Wahrscheinlichkeit des Risikoeintritts und der subjektiven Risikoeinschätzung (in %). Geschieht das für alle betrieblichen Risikopositionen, ergibt die Summe aller gewichteten Risikopotenziale den für das Unternehmen erwarteten Maximalbelastungsfall (Existenzrisiko), der durch (haftendes) Eigenkapital zu unterlegen ist (vgl. dazu ausführlicher *Hager*).

Ist das alles nicht machbar, besteht immer die Möglichkeit der Anwendung **heuristischer Verfahren**, wie z.B. Versuch und Irrtum oder Bildung von Analogien.

> Ein Unternehmen kalkuliert seine voneinander unabhängigen Einzelrisiken anhand folgender Erwartungswerte:
>
> | | |
> |---|---|
> | Kleine Schäden | = 5 Tsd €/pro Woche |
> | Mittlere Schäden | = 720 Tsd €/pro Jahr |
> | Große Schäden | = 9,6 Mio €/alle 10 Jahre |
>
> Der Zeitraum, für den der Gesamterwartungswert dieser Schäden berechnet werden soll, ist der Monat. Da die Schäden selbst getragen werden sollen, ist eine entsprechende Rückstellung für Wagnisse zu bilden. Wie hoch ist die monatliche Rückstellung?

Seite 237

6.2.3.3 Risikobewältigung

Dieses geschieht durch die Festlegung geeigneter Maßnahmen zur Steuerung eines für das Unternehmen **tragbaren Risikoniveaus** mit möglichst geringen Kosten.

Der Einsatz folgender, allerdings nicht immer genau voneinander abgrenzbarer **Instrumente**, kann dazu beitragen, die Risikolage des Unternehmens zu verbessern:

☐ **Risikovermeidung** durch Unterlassen allzu riskanter Handlungen (z.B. sind gefährliche oder stark Umwelt belastende Produkte aufzugeben), Exportverzicht bei hohen Länderrisiken, Ablehnung von Aufträgen bonitätsmäßig schlecht dastehender Kunden.

☐ **Risikoverminderung** durch Einstellung qualifizierter Mitarbeiter, Abschluss langfristiger Lieferverträge, Eigentumsvorbehalte, Mehrfachverwendbarkeit des Materials (Gleichteile), frühzeitige Produktrückrufe.

☐ **Risikostreuung** durch Diversifikation in Bezug auf Produkte, Kunden, Lieferanten und Standorte.

☐ **Risikoüberwälzung** durch Vertragsvereinbarungen (Allgemeine Geschäftsbedingungen mit entsprechenden Preis-, Währungs- und Lieferklauseln), Garantien ökologischer Unbedenklichkeit der Vorprodukte, Absicherung von Risiken gegen

Zahlung vertraglich vereinbarter Prämien an Versicherungsunternehmen oder Hedging zur Absicherung unvorhersehbarer Preisveränderungen (z.B. bei Rohstoffen, Wechselkursen oder Zinssätzen).

❑ **Risikoselbsttragung** durch Bildung von Rückstellungen (Selbstversicherung) oder Stärkung der offenen Rücklagen.

> Weil sich Risiken im Unternehmen niemals ganz ausschalten lassen, ist der Gewinn als Prämie für die Übernahme von **Restrisiken** anzusehen.

Für die Verringerung der Störpotenziale im Rahmen einer **ursachenbezogenen Risikopolitik** gilt der *Grundsatz der Angemessenheit*.

Hinsichtlich der Verringerung der Schadenwirkung durch eine **wirkungsbezogene Risikopolitik** geht es um die Frage, ob und welche Schäden fremdversichert bzw. selbst getragen werden sollen:

❑ Abgesehen von Fällen der gesetzlichen Pflichtversicherung (z.B. Kfz-Versicherung) dürfte das primäre Kriterium für eine **Fremdversicherung** die mutmaßliche Schadenshöhe sein. Da zwischen Schadenshöhe und Schadenswahrscheinlichkeit eine (negative) Korrelation besteht, sollten Groß- und Katastrophenrisiken mit geringer Wahrscheinlichkeit grundsätzlich fremdversichert werden. Durch einen Versicherungsvertrag werden neben dem Versicherungsschutz und der zu zahlenden Prämie auch die Laufzeit der Versicherung und das Kündigungsrecht geregelt. Aus Gründen der Risikoteilung können Selbstbehalte der Versicherungsnehmer (etwa bei der Produkt- und Umwelthaftung) vorgesehen werden.

❑ Mit steigender Schadenshäufigkeit kann der Fremdversicherungsbedarf sinken, weil regelmäßig eintretende Schäden ihre Zufälligkeit verlieren, kalkulierbar werden und damit eine **Selbstversicherung** ermöglichen. Entsprechende Risiken sollten intern so behandelt werden, dass sich im Zeitablauf die erwarteten und tatsächlichen Schadenkosten in etwa ausgleichen. Das kann in der Weise geschehen, dass die in der Kalkulation der Produktpreise verrechneten (kalkulatorischen) Wagniskosten den Rückstellungen zugeführt werden, deren Auflösung dann in Höhe der tatsächlich eingetretenen (monetären) Schäden erfolgt. Darüber hinaus können offene Reserven (Rücklagen) geplant werden, was zentral und sehr restriktiv geschehen sollte, da Reserven brachliegen und unwirtschaftlich sind.

Selbstversicherungen betreffen auch solche **Spezialrisiken**, die sich zu annehmbaren Prämien nicht fremdversichern lassen oder für die überhaupt keine Möglichkeit der Fremdversicherung besteht (z.B. Risiken der Forschung und Entwicklung oder das bereits angesprochene allgemeine Unternehmensrisiko).

Bezüglich der Absicherung von Risikopositionen hat mittlerweile das **Hedging** eine große Bedeutung erlangt. Dabei wird ein Hedge genau entgegengesetzt zum bestehenden Exposure aufgebaut. Die dazu geeigneten risikopolitischen Instrumente (Derivate) wie Futures, Swaps und Options haben ihren Schwerpunkt zwar im Finanzbereich des Unternehmens, jedoch gibt es schon vielversprechende Ansätze, diese Instrumente – wie etwa Realoptionen – auch auf den leistungswirtschaftlichen Bereich des Unternehmens zu übertragen (*Hommel*).

6.2.3.4 Risikokontrolle

Die zunehmende Volatilität auf den (internationalen) Märkten erfordert eine regelmäßige **Überprüfung des Risikomanagement-Systems**.

Um das Bedrohungspotenzial einzugrenzen, kann die Führung Richtlinien (Regeln) erlassen, wonach die mit Einzelgeschäften und Projekten verbundenen Verlustrisiken zu quantifizieren, in Exposures zu dokumentieren und auf vorgegebene Limits anzurechnen sind (Value at Risk). Die Höhe solcher an der **Risikotragfähigkeit** des Unternehmens ausgerichteten Limitierungen sollte sich dabei am Verlust entsprechend der im Voraus nicht auszuschließenden ungünstigsten Änderungen der jeweiligen Risikofaktoren orientieren. Das nach entsprechenden Vorsorgemaßnahmen vom Unternehmen selbst zu tragende Restrisiko darf dabei aus Insolvenzüberlegungen die **Gesamthöhe des Eigenkapitals** nicht übersteigen.

7. Internes Überwachungssystem

Der Vorstand eines börsennotierten Unternehmens hat nach § 91 Abs. 2 AktG ein **Überwachungssystem** einzurichten, damit den Fortbestand der Gesellschaft gefährdende Entwicklungen früh erkannt werden. Außerdem hat der Abschlussprüfer nach § 317 Abs. 4 HGB mit seinem Testat zum Jahresabschluss zu bestätigen, dass der Vorstand des Unternehmens geeignete Maßnahmen getroffen hat und dass „das .. einzurichtende Überwachungssystem seine Aufgaben erfüllen kann". Für den Fall, dass im Unternehmen kein funktionierendes Überwachungssystem existiert, kann der Vorstand nach § 76 AktG wegen Verletzung seiner Organisationspflicht als Teil seiner Leitungsaufgaben persönlich haftbar gemacht werden.

Das vom deutschen AktG und dem amerikanischen SOA geforderte interne Überwachungssystem darf nicht mit dem **Controlling** des Unternehmens verwechselt werden. Nach § 111 AktG hat der Aufsichtsrat als oberste Kontrollinstanz den Vorstand zu überwachen, und zwar anhand derjenigen Informationen, die ihm der Vorstand unaufgefordert oder auf Anfrage zur Verfügung stellt. Daraus folgt, dass der Aufsichtrat de jure keinen direkten Einfluss auf das institutionalisierte Controlling besitzt. Das schließt allerdings nicht aus, dass das Controlling den Vorstand mit Informationen versorgt, die dieser an den Aufsichtsrat weitergibt.

8. Wahl der Organisation als konstitutive Entscheidung

Entscheidungen, die zumindest einmal (meistens in der Gründungsphase im Unternehmen) getroffen werden müssen und deren Ergebnisse infolge von Umweltänderungen gelegentlich zu überprüfen sind, werden als **konstitutive Entscheidungen** bezeichnet. Beispiele dafür sind die Wahl der Rechtsform, des Standorts, des Geschäftsmodells und der Organisation.

Arbeitsteiliges Handeln erfordert eine **Organisation**, worunter die Gesamtheit aller Bereiche, Abteilungen, Gruppen, Stellen und deren Beziehungen untereinander verstanden wird. Typisch für die Organisation ist die Pyramidenstruktur (Hierarchie) mit mehr oder weniger vielen Ebenen (Stufen).

Die **Gestaltung der Organisation** wirtschaftlicher Handlungen steht im Zusammenhang mit Antworten auf die Fragen „Wer hat was zu machen?" (als personale Zuordnung der Aufbau- oder Strukturorganisation) und „Was ist wo und in welcher Reihenfolge zu erledigen?" (als lokale und temporäre Zuordnung der Ablauf- oder Prozessorganisation).

Die **Führung innerhalb der Organisation** kann gleichermaßen zentral und dezentral sein, denn es handelt sich hierbei um keine Gegensätze, sondern um sich ergänzende Teile. Die Vorteile dezentraler Führung sind eine höhere Motivation der Beschäftigten, mehr Kundennähe und eine größere Flexibilität. Diesen Vorteilen stehen allerdings auch Nachteile gegenüber: Zu viel Dezentralisation führt zum Verlust von Synergien, zu unkoordinierten Auftritten bei den Kunden und manchmal auch zu Chaos. Die Herausforderung eines **Polaritätsmanagement** bedeutet, bei abnehmender Bedeutung der hierarchischen Führung (Command and Control) eine sinnvolle Kombination von Zentralität und Dezentralität zu finden und für alle anderen auch sichtbar zu praktizieren *(Simon)*.

8.1 Aufbauorganisation

Auf der obersten Führungsebene des Unternehmens wird üblicherweise zwischen **Funktionen** (Bereiche) und **Objekten** (Produkte, Regionen, Kunden) unterschieden. Werden diese tiefer nach Abteilungen bzw. Stellen gegliedert, entsteht im Unternehmen die bereits erwähnte **Hierarchie**.

Parallel zur instanziellen Hierarchie gibt es in Unternehmen häufig auch noch zeitlich begrenzte **Projektstrukturen**.

Durch die Neu- bzw. Ausgründung von Tochtergesellschaften, den Erwerb von Beteiligungen oder die Verschmelzung mit anderen Unternehmen kann aus einem Einheitsunternehmen ein **Konzern** entstehen.

8.1.1 Funktionsstruktur

Eine **Funktion** innerhalb der Organisation ist ein zur arbeitsteiligen Erfüllung der Unternehmensaufgabe spezialisierter Bereich der *vertikal* ausgerichteten Aufbau- oder Strukturorganisation des Unternehmens.

Ein zur **Funktionsbeschreibung und -darstellung** geeignetes Instrument ist das Organigramm mit entsprechendem Funktionsbaum, der sich dann ergibt, wenn Gesamtfunktionen in Teilfunktionen zerlegt (deduktives Vorgehen) oder Teilfunktionen zu Gesamtfunktionen zusammengefasst (induktives Vorgehen) werden.

Den funktionalen Einheiten werden aus Gründen der Spezialisierung jeweils **gleichartige Verrichtungen** (Tätigkeiten) einer Gesamtaufgabe wie folgt zugeordnet:

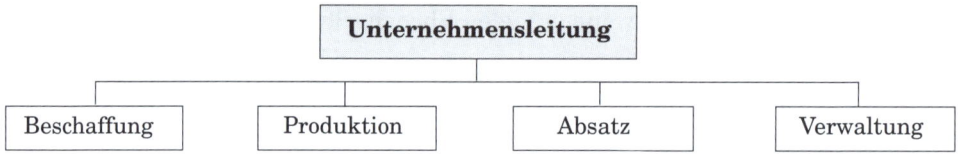

In der Praxis häufig vorzufinden ist, dass bestimmten Funktionen eine Objektebene folgt, wie etwa der **Produktionsfunktion** die Werke oder der **Absatzfunktion** die regionalen Verkaufsniederlassungen.

Die mit dem Verrichtungsmodell verbundenen **Nachteile** sind die fehlende Marktnähe und Schwierigkeiten der funktionsübergreifenden Koordination bei vorhandenen Ressortegoismen.

8.1.2 Objektstruktur

Den objektbezogenen Einheiten, auch Geschäftsbereiche, Sparten oder Divisions genannt, die wirtschaftlich zwar relativ autonom arbeiten können, aber rechtlich unselbstständig sind, werden jeweils **verschiedenartige Verrichtungen** zugeordnet.

Voraussetzung für das Objektmodell ist, dass die jeweiligen Produktgruppen (einschließlich Dienstleistungen), Kundengruppen oder Regionen untereinander hinreichende **Unterschiede** aufweisen, damit sie organisatorisch klar voneinander trennbar sind.

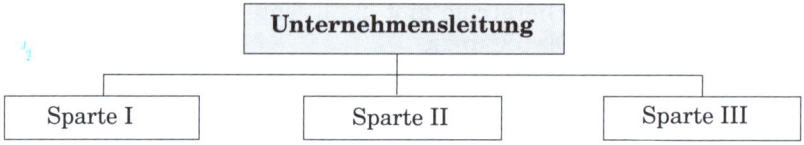

Bei der **Unterscheidung der Sparten** nach

☐ **Produkten** dominieren technische Gesichtspunkte bezüglich F&E sowie der Leistungserstellung bzw. -verwertung.

☐ **Kunden** geht es um die Bündelung ähnlicher Wünsche und Bedürfnisse von Abnehmergruppen innerhalb der Absatzmärkte.

☐ **Regionen** stehen lokale Wettbewerbsverhältnisse bezüglich Qualität, Preisgestaltung, Vertrieb und Service im Vordergrund, was insbesondere für solche Unternehmen von Bedeutung ist, die Geschäfte in Ländern mit unterschiedlichen Kulturen tätigen.

Der Objektebene können **Funktionen** auf der darunter liegenden Ebene folgen. Außerdem können Funktions- und Objektbereiche in **Mischformen der Aufbauorganisation** miteinander verbunden werden, was eine Matrixorganisation entstehen lässt, die allerdings hohe Anforderungen an die innerbetriebliche Koordination stellt.

8.1.3 Projektorganisation

Unter einem **Projekt** versteht man ein zeitlich befristetes, neuartiges, risikobehaftetes und relativ komplexes Vorhaben mit klar definierter Aufgabenstellung und Zielsetzung.

An **Projektarten** lassen sich unterscheiden:

❑ **Interne Projekte**, deren Ergebnisse im Unternehmen umgesetzt werden sollen (z. B. Entwicklung und Markteinführung neuer Produkte). Auftraggeber und -nehmer sind Mitglieder der eigenen Organisation.

❑ **Externe Projekte**, deren Ergebnisse vermarktet werden und dem Unternehmen Umsatz (Erlös) bringen sollen. Auftraggeber sind von außen kommende Dritte.

Die **Projektorganisation**, die *parallel* zur Aufbauorganisation betrieben werden kann, ist in der Regel auch hierarchisch aufgebaut. Dabei wird das Führungskonzept, das die Ziele, Aufgaben, Personen und Sach- bzw. Finanzmittel umfasst, als **Projektmanagement** bezeichnet. Kern des Projektmanagement sind die Leitung des Projektteams und die Koordination des Gesamtprojekts. Führungs- und Fachkräfte, die Aufgaben im Projektteam häufig neben ihren eigentlichen Aufgaben durchführen, können gleichzeitig mehreren Projektteams angehören.

Unterstützt wird das Projektmanagement – wie später im Zusammenhang mit Entwicklungsprojekten ausführlich beschrieben – vom **Projektcontrolling**.

Bezüglich der personellen Besetzung von Projektteams bestehen die alternativen Möglichkeiten der

❑ **Entsendung:** Personen aus den Fachbereichen und -abteilungen werden bei Bedarf in Projektteams geschickt. Wegen der meistens längeren Abwesenheit vom eigentlichen Arbeitsplatz handelt es sich hierbei eher um leistungsschwache Arbeitnehmer.

❑ **Anforderung:** Die Projektleitung fordert quer durchs Unternehmen jene Generalisten bzw. Spezialisten an, die als leistungsstark und kooperations- bzw. kommunikationsfähig gelten.

Nach **Projektabschluss** werden Projektteams meistens wieder aufgelöst und ihre Teammitglieder kehren an ihre angestammten Aufgaben zurück, sofern sie nicht in neuen Projekten tätig werden.

8.1.4 Konzernorganisation

Besondere **Kennzeichen eines Konzerns** (Group) sind die einheitliche Leitung und die rechtliche Selbstständigkeit der Konzerngesellschaften (Tochterunternehmen). Die **einheitliche Leitung** erfolgt durch eine Führungsgesellschaft, die auch als Spitzeninstanz, Ober-, Mutter- bzw. Dachgesellschaft, Zentrale oder Headquarter bezeichnet wird.

> Ein Konzern lässt sich dann als **internationales Unternehmen** bezeichnen, wenn es grenzüberschreitend mit Organisationen in mindestens zwei Ländern tätig ist und Führungspositionen in den Auslandsgesellschaften auch mit nationalen Managern besetzt.

Zu den Aufgaben der Zentrale gehören das Halten und die Verwaltung von Beteiligungen. Von **Beteiligung** wird gesprochen, wenn sich jemand auf Dauer, mit Kapital und dem Ziel der Einflussnahme an einem anderen Unternehmen beteiligt. Die Intensität der kapitalmäßigen Verflechtung und damit des möglichen Einflusses (Machtausübung) auf eine abhängige Gesellschaft wird durch die Höhe der **Beteiligungsquote** bestimmt. Diesbezüglich lassen sich unterscheiden:

❑ Bei einer **Mindestquote** von 20 % des Nennkapitals an einem anderen Unternehmen wird eine Beteiligung vermutet (§ 271 Abs.1 HGB).

❑ Von einer **Minderheitsbeteiligung** wird bei einer Quote von mehr als 25 % gesprochen.

❑ Eine *einfache* **Mehrheitsbeteiligung** ergibt sich bei einer Quote ab 50 % (§ 16 Abs.1 AktG), eine *qualifizierte* Mehrheitsbeteiligung ab 75 %.

❑ Die **Eingliederungbeteiligung** liegt bei einer Quote ab 95 % (§ 320 Abs.1 AktG).

Sofern den restlichen Anteilseignern ein **Abfindungsangebot** unterbreitet wird, das sie bei Einhaltung der im Übernahmegesetz enthaltenen Bestimmungen nicht ablehnen können, ist der Fall eines **Squeeze Out** gegeben. Der Vorteil des Squeeze Out besteht darin, dass sowohl die Erstellung eines Geschäftsberichts als auch die Durchführung einer Hauptversammlung entfallen können.

Tritt die Zentrale eigenunternehmerisch am Markt auf, wird von einem **Stammhaus-Konzern** gesprochen. Typisch für diese Organisationsform ist neben der mehr oder weniger starken Verwandtschaft der Geschäftsgebiete, dass die Töchter im Tagesgeschäft von der Mutter abhängen, weil diese meistens größer und bedeutender ist.

Betreibt die Zentrale selbst keine eigenen Geschäfte, liegt der Fall einer **Holding** vor. Kennzeichen dafür ist die organisatorische Trennung zwischen der Konzernleitung und der Leitung der Tochterunternehmen. Allerdings können seitens der Zentrale unterschiedliche Führungsansprüche bestehen:

❑ Stehen bei der Holdingspitze die Finanzinteressen im Vordergrund, spricht man von einer **Finanz-Holding**. Dadurch, dass die strategische *und* operative Zuständigkeit bei den Tochterunternehmen liegt, erhält der Konzern einerseits eine hohe Flexibilität, andererseits beeinträchtigt das aber auch die Möglichkeit der Nutzung gemeinsamer Ressourcen, und zwar wegen der Vielzahl der autonomen Funktionen und Objekte.

❑ Übernimmt die Holdingspitze über die finanzielle Führung hinaus noch Aufgaben der strategischen oder operativen Führung der Geschäfte, liegt der Fall einer **Management-Holding** vor. Die Führungsaufgaben einer Management-Holding betreffen meistens den Konzernaus- und -umbau, die strategische Steuerung, das Innovationsmanagement, die Durchführung von Investitionen und Desinvestitionen, die Realisierung von Verbund- und Synergieeffekten (Economies of Scope) zwischen den Konzernunternehmen, den Transfer von Wissen (Know-how), die Harmonisierung des internen und externen Rechnungswesens, die Steuerplanung.

Unter der Zuständigkeit der Zentrale werden häufig bereichsübergreifende **Shared Service Center** geschaffen. Darunter versteht man selbstständige Organisationseinheiten (Cost Center) des Konzerns, die bestimmte Dienstleistungen (insbesondere standardisierbare Verwaltungs- oder IT-Aufgaben) bündeln, auf die bei Bedarf die Zentrale sowie die Geschäftsbereiche und deren Abteilungen zugreifen können. Die Vorteile dieser internen Dienstleistungscenter sind: Konzentration verteilter Zuständigkeiten an günstigen Standorten, Senkung der Transaktionskosten sowie die Verbesserung der Arbeitsqualität durch zunehmende Automatisierung, der Schnelligkeit und der Transparenz. Nicht verwechselt werden darf das Shared Service Center mit dem Outsourcing, d.h. denn dort findet eine Fremdvergabe unterstützender Prozesse an externe Dienstleister statt.

Umfasst die Holding eine Vielzahl von miteinander nicht oder nur schwach verwandter Geschäftsgebiete, handelt es sich um ein diversifiziertes Unternehmen oder **Konglomerat** (Mischkonzern). Die Frage, ob *diversifizierte* Unternehmen mehr Wert schaffen als *fokussierte* Unternehmen, wird unter Experten kontrovers diskutiert:

❑ **Konglomerate schaffen Wert**, wenn der Nutzen daraus, einem Großunternehmen mit einem breiten Betätigungsfeld anzugehören, größer ist als die Summe der damit verbunden Opfer (Kosten). Nach *Funke* existiert ein **Conglomerate Premium**, wenn Verbundvorteile zwischen den Geschäftsbereichen des Unternehmens bestehen und ausgeschöpft werden. Das kann bedeuten, dass die in einem Geschäftsbereich vorhandenen Kompetenzen, wie z.B. bei der Technologie oder dem Service, auch für andere (selbst unterschiedliche) Geschäftsbereiche von Nutzen sind. Das kann aber auch bedeuten, dass irgendwo im Unternehmen vorhandene Leerkapazitäten oder Finanzüberschüsse mobilisiert und in die zukunfts- und renditeträchtigsten Geschäftsgebiete gelenkt werden. Um sich von Wettbewerbern quer über eine Vielzahl von Geschäftsgebieten zu unterscheiden, wird laufend Ausschau gehalten nach interessanten Kooperationspartnern (Strategische Allianzen) und attraktiven Übernahmekandidaten (Mergers & Acquisitions), um schnell in neue Geschäftsgebiete eintreten zu können. Umgekehrt kann mit Desinvestitionskandidaten der Ausstieg aus unattraktiv gewordenen Randgebieten geschehen.

❑ **Konglomerate vernichten Wert,** wenn der Kapitalmarkt das Gesamtunternehmen niedriger bewertet als die Summe seiner Teile, weil die Anleger die Filetstücke im Wirrwarr der Geschäfte nicht wahrnehmen können. Orientieren sich die Anleger bei der Bewertung des Unternehmens an dem Geschäftsbereich mit dem schlechtesten Risikoprofil, ergibt sich nach *Gomez* für die übrigen Geschäftsbereiche ein **Conglomerate Discount**. Um dem entgegenzuwirken, könnte das diversifizierte Unternehmen aufgespalten werden, wobei diejenigen Geschäftsgebiete verkauft bzw. stillgelegt werden, die kein Wertsteigerungspotenzial besitzen oder mit dem eigentlichen Kerngeschäft des Unternehmens nichts zu tun haben. Danach können die verbliebenen Geschäftsbereiche an die Börse gebracht werden, wo sie entsprechend ihres spezifischen Risikoprofils separat bewertet werden.

Wie geht die Praxis mit diesen kontroversen Ansichten um? Einerseits lässt sich ein Vorgehen beobachten, das durch **aufeinander folgende Zyklen** von Konzentration (Tiefe) und Diversifikation (Breite) über jeweils mehrere Jahre gekennzeichnet ist. Andererseits kann aber auch ein **paralleles Verhalten** beobachtet werden, das zu einer Art „fokussierter Mehrbereichskonzern" führt *(Hinterhuber u.a.).*

8.2 Ablauforganisation

Werden mit der **Ablauforganisation** die Prozesse innerhalb des Unternehmens und seiner Geschäftsbereiche festgelegt, geht es beim **virtuellen Unternehmen** bzw. bei **Strategischen Allianzen** um die Gestaltung der Abläufe in einem *zwischenbetrieblichen* Netzwerk.

8.2.1 Prozesse

Als **Prozess** bezeichnet man eine Tätigkeit (Vorgang, Aktivität), durch die Ressourcen und Zeit verbraucht werden. Auslöser eines Prozesses ist ein als *Trigger* bezeichnetes Ereignis (z. B. der Eingang eines Kundenauftrags).

In Abhängigkeit von der **Häufigkeit der Vorgänge** spricht man von repetitiven (wiederholbaren) oder innovativen (kreativen) Prozessen.

Jeder Prozess ist gekennzeichnet durch einen Beginn (Quelle) und ein Ende (Senke). Entsprechend sind die jeweiligen **Ressourcenparameter** zu bestimmen und zwar durch Festlegung

☐ der vom Prozess zu bewältigenden **Objektmenge** (Durchsatz, wie z.B. Material-
verbrauch oder „Anzahl" der Mitarbeitergespräche, Kundenbesuche, Standard-
bzw. Eilaufträge, Transporte, Telefonate) je Zeiteinheit,

☐ des prozessspezifischen **Ressourcenbedarfs**, getrennt nach Typ (z.B. Personal,
technische Einrichtungen, Bestände, Flächen, Kapital) und Umfang,

☐ der **Prozesszeit**, während der die Ressourcen in Anspruch genommen werden.

Wer aus einem Prozess einen Output erhält, wird als **Kunde** bezeichnet, wobei folgende Unterscheidung üblich ist:

☐ **Interne Kunden** sind Inhaber nachfolgender Teilprozesse und damit Mitglieder
der Organisation.

☐ **Externe Kunden** (Lieferanten, Partner, Abnehmer) sind nicht Teil der Organisation, jedoch versucht die Organisation deren Wünsche, Bedürfnisse und
Erwartungen bestmöglich zu erfüllen.

Endkunden erhalten den Output ganzer Prozessketten, weshalb man hier auch von **Geschäftsprozessen** spricht. Dazu als Beispiel die **Abwicklung eines Kundenauftrags**:

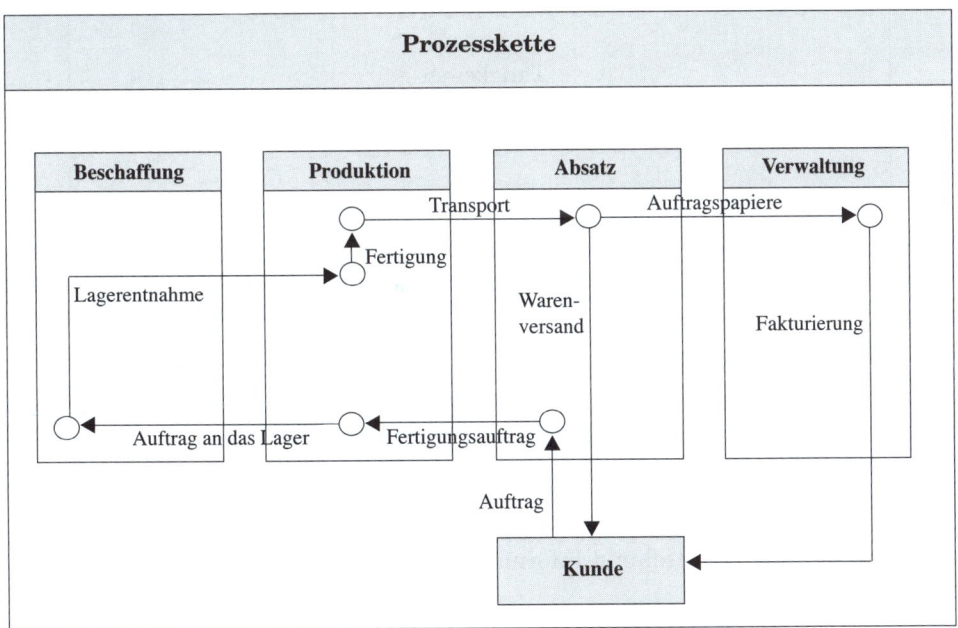

Prozesse, die kostenstellenübergreifend ablaufen, werden auch als **Hauptprozesse** bezeichnet. Dabei setzt jeweils eine Kostenstelle den von einer anderen Kostenstelle begonnenen Prozess fort, um gemeinsam eine Leistung zu erbringen.

Bezüglich aller Prozesse gibt es im Unternehmen eine **Prozesshierarchie** der nachstehenden Art:

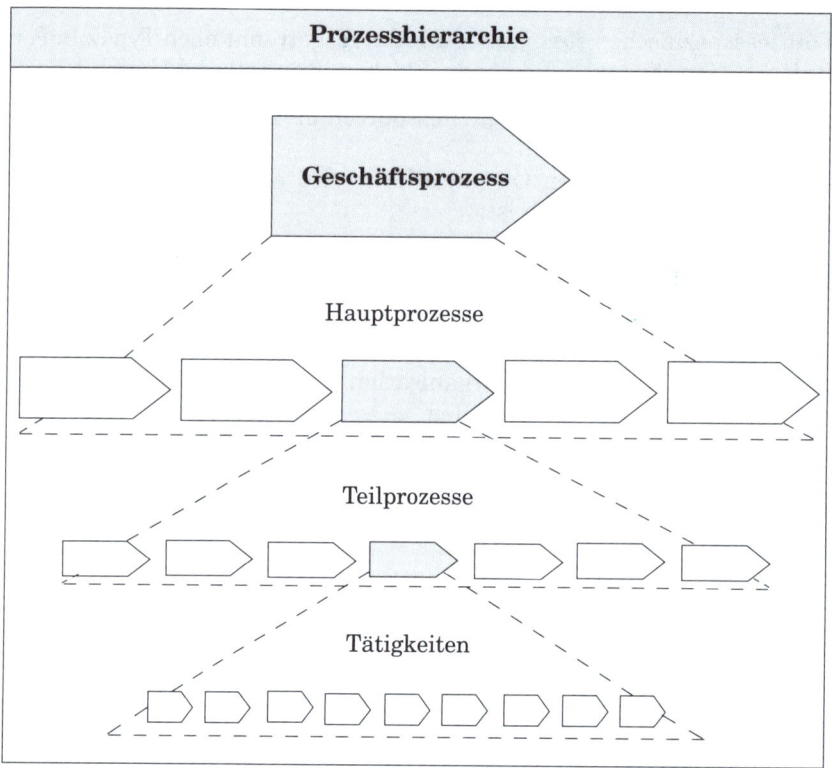

Prozesse zur Erstellung und marktlichen Verwertung von Sachgütern bzw. Dienstleistungen werden auch als **primäre Prozesse** bezeichnet. Diese sollen einen Output liefern, der nach klaren Maßstäben, wie z.B. Anzahl, Qualität, Kosten und Zeit, festgelegt ist.

Querschnittsbezogene Steuerungs- und Versorgungsaufgaben für die primären Prozesse übernehmen **unterstützende (sekundäre) Prozesse**. Dazu gehören solche Prozesse wie Bereitstellung von Lieferquellen (Beschaffung), Einsatz technischer Systeme (Technologieentwicklung) sowie der Personalbeschaffung und -entwicklung (Personalwirtschaft). Infrastrukturen ermöglichen den Transport von Ressourcen wie Material, Finanzmittel und Informationen, und zwar dorthin, wo sie benötigt werden.

Durch Aneinanderreihung von Prozessen entsteht das **Problem der Schnittstellen.** Schnittstellen zwischen den Funktionen sind Übergänge, für die niemand verantwortlich ist, d.h. die als organisatorisches Niemandsland keinen gemeinsamen Vorgesetzten haben.

Anzustreben ist eine schnittstellenarme Organisation, innerhalb derer zur **Überwindung verbliebener Schnittstellenprobleme** die folgenden Maßnahmen erfolgen können, und zwar im

❑ **Bottom-up-Vorgehen:** In kleinen Schritten werden Einzelprozesse verbessert (z.B. automatisiert) bzw. beschleunigt (z.B. parallelisiert). Neue Einzelprozesse werden in bestehende Prozessketten eingefügt. Des Weiteren kann es zur Verschmelzung (mit entsprechender Aufgabenerweiterung) oder zur Änderung der Reihenfolge von Einzelprozessen kommen.

❑ **Top-down-Vorgehen:** Durch die radikale Restrukturierung von Prozessketten sollen in einem Anlauf Verbesserungen um Größenordnungen (Quantensprünge) erreicht werden. Solches Vorgehen wird auch als *Business Reengineering* bezeichnet. Dabei wird für jede horizontal verlaufende Prozesskette ein Verantwortlicher für den ganzen Prozess bestimmt (Process Owner), der dafür zu sorgen hat, dass Abstimmungen zwischen den Betroffenen möglichst durch diese selbst erfolgen, um die Notwendigkeit der Fremdkoordination durch andere Organisationseinheiten (darunter auch das Controlling) auf ein Mindestmaß zu reduzieren.

Zum Einsatz computergestützter **Methoden des Workflow** kann es kommen, um Beschäftigte bei routinemäßigen Prozessaufgaben zu entlasten, die Durchlaufzeiten an den Arbeitsplätzen zu verringern und die internen Papier-, Kopier- und Transportkosten zu senken *(Müller/Stolp)*. Der **Ablauf des Workflow** ist dabei folgender:

❑ Zunächst werden **Vorgangsobjekte** gebildet, die sämtliche Angaben (wie z.B. Daten, Bearbeitungsschritte und Statusangaben) jeweils eines Vorgangs enthalten, um diesen unabhängig von seiner Umgebung zu machen, in der er bearbeitet wird.

❑ Danach werden die **Informationsträger** bestimmt. Dieses sind Dokumente, also formatierte Schriftstücke, wie z.B. Kundenanfragen, Bestellungen, Verträge, Rechnungen, Reklamationen, Formulare, Images (gescannte Papierdokumente bzw. Bilder) oder elektronisch gespeicherte Tabellenkalkulationen und Konstruktionszeichnungen. Handelt es sich bei dem Informationsträger um ein „intelligentes" Dokument, sind in diesem neben dem physischen Erscheinungsbild noch die Attributangaben gespeichert, welche die Beziehung zu anderen Dokumenten und die Rolle des Dokuments in der abteilungs-, bereichs- oder unternehmensübergreifenden Ablaufsteuerung beschreiben.

❑ Unter Verwendung von Workflow-Engines werden die Informationsträger schließlich in **Warteschlangen** eingesteuert, Prioritäten bestimmt und Termine überwacht.

❑ Wird ein Dokument abgeschlossen, ist eine **Archivierung digitalisierter Informationsträger** auf Mikrofilm, optischen Platten oder Magnetbändern vorzusehen, um den Zugriff auf Dokumente auch auf Jahrzehnte hinaus zu sichern.
Bei späterem Bedarf kann automatisch auf diese Speichermedien zurückgegriffen
werden, um Dokumente wieder in digitale Daten zurückzuverwandeln und an-
stehenden Workflow-Anwendungen zugänglich zu machen. Ein wichtiger Aspekt
ist hierbei das schnelle Finden (Retrieval) gesuchter Dokumente. Während sich
als Text gespeicherte Dokumente über ihre Inhalte wiederfinden lassen (Text
Mining), müssen die als Images gespeicherten Dokumente mit Hinweisen und
Stichworten versehen (indexiert) werden. Außerdem sollten Image-Dateien kom-
primiert werden, weil diese viel Speicherplatz benötigen.

Zur Unterstützung gruppenorientierter Arbeitsvorgänge kann auch auf der Basis
von computergestützter **Groupware** ein spezielles Informationssystem geschaffen
werden, das zwischen den Beteiligten eine zeitgleiche Kommunikation hinsichtlich
der Erledigung gemeinsamer Aufgaben (z.B. Planungs-, Projekt- oder Auftragsabwicklung) ermöglicht. Zur **Verbesserung der Zeitlogistik** sind die zwischen
Teilprozessen verschiedener Prozessketten bestehenden Beziehungen zu vernetzen.
Dabei handelt es sich vielfach um multilaterale Beziehungen zwischen den Inhabern
der einzelnen Teilprozesse, wobei jeder seine speziellen Partner hat, mit denen die
Arbeit online abzustimmen ist.

8.2.2 Virtuelle Unternehmen

Schließen sich rechtlich und wirtschaftlich selbstständige Unternehmen temporär
zusammen und bilden Kooperationen (Netzwerke), um Leistungen *gemeinsam* zu
erbringen, entstehen **virtuelle Unternehmen** (*Teichmann*).

In Anlehnung an die virtuelle Speichertechnik in der Informatik bedeutet **Virtualität** (Entmaterialisierung), dass etwas nicht physisch, wohl aber der Möglichkeit
nach vorhanden ist. Dabei kommt es nicht so sehr darauf an, dass die zwischen den
Netzwerkpartnern bestehenden Beziehungen permanent aktiviert sind, sondern es
reicht aus, wenn sie latent existieren und im Bedarfsfalle **ad hoc aktiviert** werden
können.

Die **Kennzeichen virtueller Unternehmen** sind, dass

❑ sie **immaterielle Gebilde** sind, deren Zusammenarbeit in erster Linie durch
Telekommunikation erfolgt.

❑ sie eine hohe **Vertrauenskultur** zwischen den Netzwerkpartnern voraussetzen,
weil neben kurzfristigen Daten möglicherweise auch Informationen ausgetauscht
werden, die für die eigene Planung von Bedeutung sind.

- ❏ die **Beziehungen** nach der Erledigung konkreter Aufträge deaktiviert werden, um das Netzwerk nicht unnötig zu blockieren.

- ❏ sie auf **wechselnde Kundenbedürfnisse** schnell, flexibel und kompetent reagieren können. Voraussetzung dafür sind ein regelmäßiger Wissensaustausch und eine gemeinsame Datenbank, die alle Bauteile und -gruppen der einzelnen Fertigungsprozesse enthält.

- ❏ die **Endkunden** nicht merken, von wem die einzelnen Teile einer für sie erbrachten Leistung stammen. Im Extremfall ist hier jede Lösung eines Kundenproblems ein Unikat.

- ❏ in der aktiven Phase die einzelnen Netzwerkpartner für die **Erledigung verteilter Controllingaufgaben** zuständig und verantwortlich sind.

- ❏ der **Standort der Netzwerkpartner** grundsätzlich keine Rolle spielt, denn im Zusammenhang mit der Telekommunikation können Arbeiten weltweit ausgelagert werden.

- ❏ die jeweiligen **Betriebsgrößen** nicht ausschlaggebend sind, denn Größe ergibt sich aus allen für die Erledigung des jeweiligen Auftrags aktivierten Netzwerkpartnern.

8.2.3 Strategische Allianzen

Von virtuellen Unternehmen unterscheiden sich Strategische Allianzen dadurch, dass mindestens zwei Kooperationspartner bestimmte und oftmals gleichartige Aufgaben gemeinsam durchführen, um auf **längere Sicht** für beide Parteien eine so genannte **Win-Win-Situation** zu schaffen.

> Es ist davon auszugehen, dass das Eingehen strategischer Kooperationen zu **Veränderungen der Organisation** des eigenen Unternehmens führt.

Die **Gründe**, die Unternehmen veranlassen, eine Strategische Allianz einzugehen, können sein:

- ❏ **Know-how-Transfer** im Sinne des Zugangs zu neuem Wissen, das alleine viel langsamer zu beschaffen wäre.

- ❏ **Zeitvorteile** durch Beschleunigung der Produktentwicklung und Markteinführung, Verkürzung von Durchlaufzeiten durch das Unternehmen oder Steigerung der Reaktionsgeschwindigkeit auf Veränderungen (Flexibilität).

- ❏ **Größenvorteile** durch Ausnutzung der später im Zusammenhang mit der Erfahrungskurve beschriebenen Economies of Scale.

- ❏ **Verringerung von Risiken** durch Vermeidung eigener Fehlentwicklungen, Erhöhung der Versorgungs- bzw. Absatzsicherheit, Teilung oder Zusammenlegung von Ressourcen, Schaffung geschlossener Stoffkreisläufe.

❑ **Einfluss auf die Konkurrenz** durch Verringerung des Wettbewerbs in den kooperierenden Bereichen, Steigerung der Marktmacht durch Erweiterung der Marktkontrolle, Überwindung von Marktbarrieren und Gebietsschutz.

Die für Strategische Allianzen geltenden **Voraussetzungen** sind *(Kabel u.a.)*:

❑ **Kommunikation** bezüglich der Anbahnung, Koordination und Nachbereitung einer Partnerschaft.

❑ **Attraktivität der Geschäftspartner**, um die eigenen fehlenden Kapazitäten auszugleichen.

❑ **Vertrauen**, um Unsicherheit und Komplexität zu reduzieren.

❑ **Zielvereinbarungen** als Grundlage einer gemeinsamen Strategie und Erfolgs-kriterium der Kooperation.

❑ **Kompatibilität der Vorgehensweisen**, festgelegt durch Pläne über die organi-satorische Umsetzung der vereinbarten Zusammenarbeit bezüglich der verteilten Aufgaben, der einzuhaltenden Termine, der zu überwindenden Schnittstellen, der Informationswege und der anzuwendenden Abstimmungsregeln.

❑ **Bereitstellung von Ressourcen**, die gemeinsam genutzt oder getauscht werden, um die zu bewältigenden Aufgaben erfüllen zu können.

❑ **Gewinnverteilung** entsprechend der in die Kooperation eingebrachten Leis-tungen und durch die in einer Kosten-/Leistungsrechnung festgestellten Ergeb-nisse.

In Abhängigkeit von der **Kooperationsrichtung** kann eine Strategische Allianz erfolgen

❑ **horizontal** mit Wettbewerbern derselben Branche (Bündelung von Wettbewerbs-kraft),

❑ **vertikal** mit Lieferanten und Kunden (zwecks Sicherstellung der Beschaffung bzw. des Absatzes) oder

❑ **diagonal** mit Partnern aus unterschiedlichen Branchen (z.B. Zusammenlegung komplementärer Kundenbedürfnisse).

Eine strategisch bedeutsame Kooperationsform ist das **Gemeinschaftsunterneh-men** (Joint Venture), das häufig länderübergreifend von rechtlich und wirtschaftlich unabhängigen Partnern gegründet wird. In ein Joint Venture, an dem die Partner häufig gleich hohe Kapitalanteile halten, werden als Direktinvestitionen sowohl Fi-nanzmittel als auch andere Ressourcen eingebracht, wie z.B. Sachmittel, Know-how, Marken oder Patente. Da ein Gemeinschaftsunternehmen auf längere Zeit angelegt ist, erhält es zweckmäßigerweise eine eigene Identität (Firmenname), wobei ein gutes Image der Partner und deren Muttergesellschaften von Vorteil wäre.

Strategische Allianzen haben aber auch **Nachteile**, wie z.B.:

- **Transaktionskosten** der Anbahnung (Partnersuche), Vereinbarung (Vertragsverhandlungen und -formulierungen), Kontrolle (Sicherstellung der Einhaltung von Vereinbarungen), Anpassung an veränderte Umwelt- und Unternehmensbedingungen und Abwicklung im Falle des Scheiterns einer Partnerschaft, weil die strategischen Gemeinsamkeiten zu klein oder nicht realisierbar sind.

- **Risiken** durch zunehmende Abhängigkeit von Geschäftspartnern, Einschränkung des eigenen Handlungsspielraums, asymmetrische Informationsverteilung, opportunistische Verhaltensweisen des Partners (Trittbrettfahrer), fehlende Kontrollmöglichkeiten oder bei Verstößen gegen Absprachen der Geheimhaltung von Know-how.

8.3 Controlling-Organisation

Das institutionalisierte Controlling muss im Unternehmen organisatorisch verankert werden. Umfasst der Controllingbereich dabei mehrere Personen, muss dieser auch *intern* strukturiert werden.

> Weitgehend unbestritten ist, dass die unabhängige und neutrale Wahrnehmung des Controlling im Unternehmen ein großes **hierarchisches Potenzial** erfordert, was eine hohe Einordnung innerhalb der Gesamtorganisation notwendig macht.

Sind Controller nur für einen bestimmten Bereich des Unternehmens zuständig, werden sie entsprechend ihres Einsatzgebiets häufig auch als Marketing-, Logistik-, Personal-, Finanz-, Anlagen-, Werks-, Sparten- oder Prozess-Controller (so genannte Bindestrich-Controller) bezeichnet. Die zunehmende Bedeutung des Internets hat das an späterer Stelle beschriebene Webcontrolling entstehen lassen.

Als **Teil der Infrastruktur** des Unternehmens muss sich Controlling immer wieder selbst auf den Prüfstand stellen. Grundsätzlich gilt, dass Controller mit gutem Beispiel vorangehen sollten, d.h. sie müssen selber das tun, was sie von anderen erwarten. Daraus folgt, dass unter Beachtung höchstmöglicher Aktualität, Flexibilität und Anpassungsfähigkeit ein übertriebener Planungs-, Kontroll- und Koordinationsaufwand vermieden wird und das betriebliche Berichtswesen sich auf die wirklich notwendigen Sachverhalte beschränkt.

8.3.1 Organisatorische Abgrenzungen

In Abgrenzung zum Controlling übernimmt das **Treasuring** die Aufgaben der externen Rechnungslegung (Finanzbuchhaltung), der Finanzdisposition (Cash Management) zum Zwecke der Liquiditätssicherung, der Finanzierung (Kapitalbeschaffung, Pflege der Eigenkapitalgeber im Sinne der Investor Relations), der Absicherung von Zinsänderungsrisiken mit derivativen (bilanzneutralen) Finanzinstrumenten sowie der allgemeinen Verwaltung (etwa Liegenschaften, Mahn-, Steuer-, Versicherungs- und Rechtswesen).

Wesentlich schwieriger vom Controlling abzugrenzen ist die **Interne Revision**. Beiden Bereichen ist die Querschnittsfunktion gemeinsam, weshalb es auch in der Praxis bezüglich der Kompetenzbestimmungen, Verantwortungsregelungen, Aufgabenzuweisungen und Instrumente zu Überschneidungen kommt. Um derartige Überschneidungen zu begrenzen ist von Bedeutung, dass Controller in Prozessketten integriert sind, dort zu *Prozessbeteiligten* werden und kostenstellenübergreifend wirken, während interne Revisoren *prozessunabhängige* Personen sind, die u.a. die Ordnungsmäßigkeit von Prozessen sowie die Einhaltung von Vorschriften und Regelungen prüfen.

8.3.2 Controlling als Linienfunktion

Controlling als **Linienstelle** kann (wie in angelsächsischen Ländern üblich) in der obersten Leitungsebene der Geschäftsbereiche bzw. des Gesamtunternehmens vorgesehen werden.

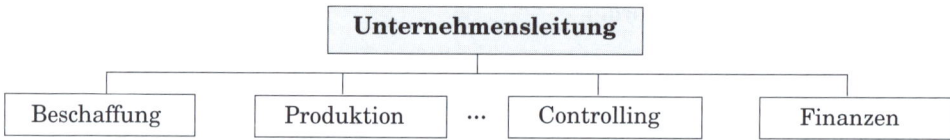

Diese Organisationsvariante ist allerdings nicht unproblematisch, wenn man bedenkt, dass der Controller aus seiner Verantwortlichkeit gegenüber der Unternehmensleitung stets mehreren Personen in gleichem Maße zur Verfügung stehen muss. Das führt oft zu **Konflikten**, weil der Controller nicht mehr nur Serviceleistungen für die Handlungsträger zu erbringen hat, sondern dass er als Mitglied der Führungsspitze selbst ein für den Vollzug verantwortlicher Handlungsträger ist. Zwar besteht die Möglichkeit, durch generelle Regelungen und Routinen das im Zusammenhang mit der **Doppelfunktion des Controllers** bestehende Konfliktpotenzial einzuschränken, allerdings sind derartige Lösungen meistens nicht besonders stabil.

8.3.3 Controlling als Stabsfunktion

Controlling kann auch, wie in Deutschland oft vorzufinden, als **Stabsfunktion** eingerichtet werden. Dabei wird Controlling zweckmäßigerweise dem Vorsitzenden oder Sprecher der Unternehmensleitung unterstellt.

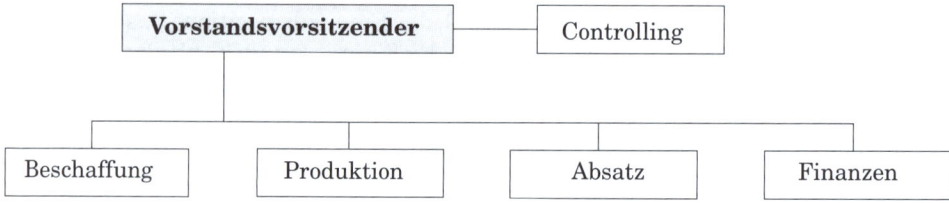

Bei dieser Organisationsvariante wird Controlling zu einem unabhängigen und neutralen **Stab mit funktionaler Weisungsbefugnis**. Dabei kann der Controller ein Entscheidungs- und Anordnungsrecht in System- und Verfahrensfragen der Planung, Kontrolle sowie des betrieblichen Rechnungswesens erhalten. Ferner kann daran gedacht werden, dem Controller in bestimmten Sachfragen ein **Vetorecht** einzuräumen.

 Warum erfordert Controlling ein hohes hierarchisches Potenzial im Unternehmen? Nennen und begründen Sie je zwei Vorteile für Controlling als Linien- und Stabstelle!

8.3.4 Binnenstruktur des Controlling

Gibt es ein Controlling der Zentrale und ein Controlling der Bereiche (z.B. bei Sparten, Tochtergesellschaften, Niederlassungen) und Projekte, müssen die **Über- und Unterordnungsverhältnisse** der Stelleninhaber klar geregelt werden.

Dem **Zentral-Controller,** auch als Chef- oder gegebenenfalls als Konzern-Controller bezeichnet, werden meistens alle übrigen Controller des Unternehmens *fachlich* untergeordnet. Zusätzlich können dem Zentral-Controller die Angehörigen des zentralen Controlling auch *disziplinarisch* unterstellt werden. Alle **sonstigen Controller** werden, wie empirische Untersuchungen zeigen, üblicherweise ihren unmittelbaren Vorgesetzten *disziplinarisch* unterstellt.

Bei weltweit tätigen Konzernen sind außerdem die **Schnittstellen zwischen den verschiedenen nationalen Controllingbereichen** zu organisieren. Die Gestaltung internationaler Planungs- und Kontrollsysteme ist dabei abhängig von Faktoren wie der Größe des Gesamtkonzerns (z.B. gemessen an der Anzahl der Beschäftigten), dem Anteil am Auslandsumsatz des Konzerns oder dem Autonomiegrad der ausländischen Konzerngesellschaften. Aus Gründen der Transparenz, der Koordinierung und der Wirtschaftlichkeit ist die Kommunikation mithilfe des internen Berichtswesens zu standardisieren und zu formalisieren. Über das formelle Instrumentarium hinaus können aber auch informelle Mittel der Steuerung (wie z.B. Besuche, Telefonate, Tele- oder Videokonferenzen) eingesetzt werden, um in den Besitz relevanter Informationen zu kommen.

Nicht komplementäre Ziele der Konzerngesellschaften, länderspezifische Kulturunterschiede und Ähnliches lassen **Störungen** erwarten, bei deren Kenntnis das zentrale Controlling eingreifen muss.

8.3.5 Anforderungen an Controller

Die Ausübung der Controllingfunktion stellt hohe Anforderungen an die **Kompetenzen** der Stelleninhaber. Dabei gilt allgemein: Erfolgreich sind Controller immer dann, wenn andere im Unternehmen Erfolg haben.

8.3.5.1 Fachliche Anforderungen

Mit den **fachlichen Eigenschaften** werden das Wissen und die Erfahrung umschrieben, wie sie die breitgefächerten Aufgaben des Controlling verlangen.

Das notwendige **Fachwissen** können am Beruf des Controllers interessierte Personen durch ein Fachstudium bzw. durch die Teilnahme an speziellen Bildungsveranstaltungen erwerben und vertiefen, die von Akademien, Instituten, Kammern oder Hochschulen angeboten werden.

Grundsätzlich sind gute **Englischkenntnisse** notwendig, um einerseits fremdsprachliche Texte (Berichte, Veröffentlichungen usw.) lesen und erstellen zu können, und andererseits auf einen vorübergehenden oder auch dauerhaften Einsatz in ausländischen Tochtergesellschaften multinationaler Unternehmen vorbereitet zu sein, wo Englisch die Umgangssprache ist.

Von grundlegender Bedeutung sind auch Kenntnisse sowohl über die **Datenverarbeitung** (insbesondere von Softwareprodukten), als auch über das **Internet**, denn Letzteres bietet Unternehmen neue Betätigungsfelder, erlaubt die Einrichtung innerbetrieblicher Netzwerke (Intranets) und ist die Plattform für Telekommunikation.

Bezüglich der **praktischen Erfahrungen** lässt sich anmerken, dass der Controller zweckmäßigerweise einige Zeit dort tätig war, wo er lernen konnte, sowohl in zahlenmäßigen Zusammenhängen zu denken, als auch das Wesentliche von Zahlenreihen und mehr oder weniger abstrakten Methoden und Modellen zu erkennen. Als die hierfür am Besten geeigneten Abteilungen im Unternehmen gelten das betriebliche Rechnungswesen und die interne Revision.

Eine gute **Firmen- und Branchenkenntnis** erleichtert die Kommunikation mit dem Management und den Mitarbeitern. Um die Firma kennen zu lernen, empfiehlt sich für Neueinsteiger die Teilnahme an einem Trainee-Programm, sofern dieses angeboten wird. Zum Erwerb von Branchenkenntnissen im Selbststudium sind entsprechende Fachbücher oder -aufsätze geeignet.

8.3.5.2 Persönlichkeitsbezogene Anforderungen

Die für den Controller wohl wichtigste Eigenschaft ist das **Verantwortungsbewusstsein** für das im Unternehmen vorhandene Kapital (Sach-, Finanz- und Humanvermögen), die Sicherung der Ertragskraft und die Steigerung des Unternehmenswerts.

Controller brauchen **kommunikative Kompetenz,** nicht zuletzt deswegen, um Informationen und Wissen anderen zugänglich zu machen (Informations- und Wissensteilung). Das Spektrum der persönlichen Kommunikation reicht vom Gespräch mit einem Partner, über Besprechungen im kleinen Kreis bis hin zu großen

Konferenzen. Kommunikative Elemente sind Einfachheit, Verständlichkeit und Beschränkung auf das Wesentliche. Interaktive Prozesse in Gruppen sollte der Controller als Moderator unter Anwendung von Spielregeln und durch Einsatz visueller Medien (wie Flip Chart, Pinnwand mit Packpapier, Tafel, Overhead-Projektor und Beamer) so steuern, dass jeder in der Gruppe die gleiche Chance, aber auch die Verpflichtung zur aktiven Beteiligung erhält, damit sich am Schluss alle Gruppenmitglieder mit einem gefundenen Ergebnis identifizieren können. Wichtig ist dabei auch, dass der Controller seine Wirkung, die er bei der Gruppe hervorruft, für sich selbst wahrnimmt, kritisch reflektiert und bei seinem weiteren Verhalten berücksichtigt. Sind gewisse kommunikative Elemente beim Controller nur lückenhaft vorhanden, müssen diese trainiert werden.

Schließlich wird vom Controller auch **Durchsetzungsvermögen** verlangt, das sich vor allem gegen jene Personen im Unternehmen richtet, die als Bremser oder Opponenten durch aktives Tun (Gegensteuern, Obstruktion) oder bewusstes Unterlassen (Gleichgültigkeit, Resignation, Blockaden, Flucht) Widerstand leisten, weil bisherige Zustände (Positionen, Verhalten) vermeintlich oder tatsächlich als bedroht angesehen werden.

Erläutern Sie, was unter folgenden Begriffen zu verstehen ist, die Sie in diesem Kapitel kennen gelernt haben:

○ Leistung	○ Zufallsvariable
○ Produkt	○ Risikoparameter
○ Dienstleistung	○ Risikoneigung
○ Markt	○ Exposure
○ Stakeholder	○ Versicherung
○ Shareholder	○ Hedging
○ Shareholder Value	○ Risikomanagement
○ Principal Agent-Ansatz	○ Organisation
○ Corporate Governance	○ Hierarchie
○ Investition	○ Funktion (betriebliche)
○ Intangible Assets	○ Sparte
○ Infrastruktur	○ Projekt
○ Führung (Management)	○ Konzern
○ Controllingaufgaben	○ Beteiligung
○ Messung	○ Holding
○ Barwert	○ Konglomerat
○ Risiko	○ Prozess
○ Value at Risk	○ Kooperation
○ Volatilität	○ Controllingorganisation

Seite 237

B. Planungsaufgabe des Controlling

Planung ist ein arbeitsteiliger und informationsverarbeitender **Prozess der Willensbildung** im Sinne einer gedanklichen Vorwegnahme künftigen Handelns. Während des Prozessablaufs werden Entscheidungen getroffen, die das weitere Vorgehen bestimmen.

Nach § 90 Abs. 1 AktG hat der Vorstand beim Bericht über die Geschäftspolitik den **Aufsichtsrat** auch über die Unternehmensplanung zu informieren. Deswegen ist Planung keine freiwillige Veranstaltung im Unternehmen, sondern eine gesetzlich geforderte Notwendigkeit.

> Das Ergebnis der Planung sind **Pläne**, die Sollgrößen und daraus resultierende Vorgaben für die Organisationseinheiten enthalten.

1. Zweck der Planung

Weil Planung versucht, Entwicklungen so zu beeinflussen, dass in Zukunft eine Situation eintritt, die den jeweiligen Vorstellungen der Führung entspricht, enthält Planung immer ein **absichtsvolles Element**, d.h. Planung

- ☐ dient der Reduzierung von Komplexität und Unsicherheit,
- ☐ setzt sich mit Veränderungen auseinander,
- ☐ bezweckt die Steigerung der Leistung bzw. Leistungsfähigkeit,
- ☐ ermöglicht die Abstimmung von Entscheidungen und
- ☐ bildet den Rahmen für die Unternehmenssteuerung.

Durch die Absicht unterscheidet sich die Planung von der **Prognose** (Vorhersage), der dieses Element fehlt, denn Prognosen sind wertfreie Wenn-Dann-Aussagen über Zustände (Ereignisse) in der Zukunft, zu deren Ableitung die folgenden **Voraussetzungen** erfüllt sein müssen:

- ☐ **Ausgangs- oder Randbedingungen** (Datenkonstellationen) sind bekannt, wie etwa das Wissen um die Kräfte, die vergangenes Geschehen bestimmt haben und Kenntnis der gegenwärtigen Zustände.

- ☐ **Prämissen** (Annahmen) über künftiges Geschehen, das vom Unternehmen kaum oder gar nicht beeinflusst werden kann, liegen vor.

Von zunehmender Bedeutung sind **rollierende Prognosen**, bei denen Vorhersagen in regelmäßigen Zeitabständen überarbeitet und aktualisiert werden. Dadurch lassen sich Veränderungen gegenüber vorangegangenen Prognosen feststellen, die Handlungen auslösen können. Wichtig dabei ist, dass eine rollierende Prognose immer dieselbe Zeitspanne hat. Sollen Vorhersagen unterschiedliche Zeitspannen abdecken, gibt es für jede Vorhersagegröße mehrere rollierende Prognosen, beispielsweise eine Blitzprognose (monatlich für das jeweils nächste Quartal), eine Halbjahresprognose (für die nächsten beiden Quartale) usw.

Prognosen können Teil der Planung werden (aber nicht umgekehrt), wobei zu beachten ist, dass mit zunehmender Zeitferne das **Prognoserisiko** steigt. Im Voraus können Prognosen weder richtig noch falsch sein, denn der Wert jeder Vorhersage ergibt sich aus ihrem Informationsgehalt über bzw. ihrem Erklärungsbeitrag für Entwicklungen, und weniger aus ihrer Treffsicherheit. Demzufolge haben auch **Fehlprognosen** einen Wert, weil sie das Wissen über tatsächliche Wirkungszusammenhänge verbessern.

Die **Qualität der Planung** richtet sich danach, wie gut und vollständig die während des Prozesses zu verarbeitenden Informationen sind. Durch die Planung selbst entstehen neue Informationen.

2. Planungsobjekte

Jede systematisch betriebene Planung beschäftigt sich mit folgenden **Sachverhalten**:

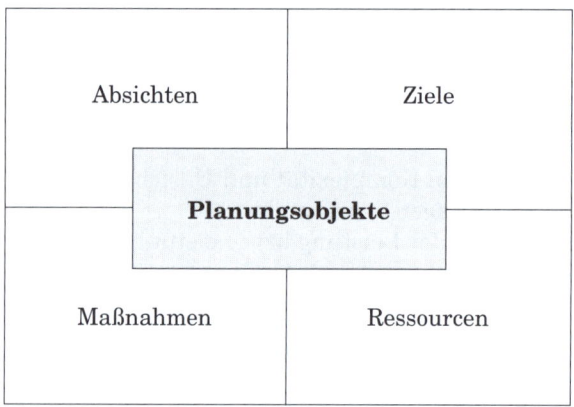

Von Bedeutung ist auch die **Metaplanung** (Planung der Planung), der zu Folge das Controlling den Planungsrahmen unter sachlichen und zeitlichen Gesichtspunkten festlegt, die Planungsträger vorschlägt sowie die anzuwendenden Planungstechniken bzw. -methoden empfiehlt und erläutert. Außerdem übernimmt das Controlling die Koordination des Planungsprozesses und die Dokumentation seiner Zwischen- und Endresultate.

2.1 Absichten

Zu den Absichten, die von der Unternehmensleitung formuliert werden und damit für das Controlling als gegeben anzusehen sind, zählen:

❑ Allgemeine Aussagen über den **Unternehmenszweck** und das **Geschäftsmodell**.

❑ Art und Richtung der angestrebten **Unternehmensentwicklung**.

❑ Grundsätzliche **Einstellungen** des Unternehmens gegenüber der Umwelt (Coporate Identity) und Natur (Corporate Ecology).

❑ Generelle **Verhaltensweisen** (Prinzipien, Normen, Spielregeln) als Grundlage
für die Zusammenarbeit der am Unternehmen beteiligten Anspruchs- bzw. Interessengruppen.

❑ Gestaltung der **Unternehmenskultur**, worunter die Gesamtheit der von den
Organisationsmitgliedern verinnerlichten bzw. vertretenen Werte und Normen
zusammengefasst werden, an denen die Beschäftigten letztendlich ihr Verhal-
ten ausrichten. Teile der Unternehmenskultur sind die Innovations-, Qualitäts-,
Service-, Kommunikations-, Konflikt-, Streit-, Führungs-, Wagnis-, Lern- oder
Vertrauenskultur.

❑ **Visionen,** die Orientierung und Richtung geben über weit entfernte Zukunftsbilder (Szenarien) von Technik, Bevölkerungsstruktur, Gesellschaftssystem und
Lebensstile.

Generell gilt für die Absichten, dass ein Unternehmen nicht denen anderer Unternehmen
folgen sollte, denn nur **Einzigartigkeit** (Spezifität) hilft, einer Vergleichbarkeit durch
Außenstehende (insbesondere Kunden) zu entgehen, die üblicherweise nur Unterschiede
wahrnehmen.

2.1.1 Vertrauenskultur

Ein wichtiger Aspekt der Absichten ist die **Schaffung und Pflege einer Vertrauenskultur** im Unternehmen.

Von **Vertrauen**, das immer auf die Zukunft ausgerichtet ist, kann dann gesprochen
werden, wenn in einer sozialen Beziehung ein Partner (Vertrauender) einem Inter-
aktionspartner (Vertrauensperson) eine einseitige Vorleistung (Vertrauensvorschuss)
erbringt, ohne dabei selbst die vollständige Kontrolle über den Interaktionspart-
ner und dessen Handlungen zu erhalten. Vertrauen ist damit sowohl ein zeitlich
versetzter sozialer Tausch, als auch eine Mischung von Wissen und Nichtwissen
(Luhmann).

In Anbetracht der Unsicherheit der Zukunft und der Komplexität der Umwelt
kann es niemals Gewissheit für partnerschaftliches Wohlverhalten geben, sodass
jeder Vertrauende immer und überall ein **Vertrauensrisiko** eingehen muss. Dieses Vertrauensrisiko nimmt zu, wenn Vertrauenspersonen bei ihrem Verhalten ein
Eigennutz (Moral Hazard) zu Lasten der Vertrauenden unterstellt wird.

Um im Unternehmen ein gutes Vertrauensklima zu schaffen, sollten **vertrauens-
relevante Faktoren** bei Interaktionen im zwischenmenschlichen Bereich beachtet
werden *(Steinle u.a.):*

❑ Vorteilhaft ist, wenn die Vertrauensperson verlässlich, glaubwürdig, aufrichtig
und nicht egoistisch ist. Als sichtbares Zeichen dafür dient die Übereinstimmung

von Ankündigungen *und* Handlungen der Vertrauensperson. In diesem Fall wird **Vertrauen vorgelebt**.

❑ Die Entwicklung von Vertrauen braucht Zeit. Vertrauen, das bislang (noch) nicht enttäuscht wurde, führt zu mehr Vertrauen (so genannte Vertrauensspirale), d.h. es steigt die **Vertrauensbasis**. Die besten Voraussetzungen findet Vertrauen also dort, wo Individuen schon seit einiger Zeit positive Beziehungen miteinander hatten.

❑ Hat ein **Vertrauensbruch** stattgefunden, wird vom Vertrauensbrecher erwartet, dass er sich nach dem Vertrauensbruch nicht sofort aus der sozialen Beziehung zum Vertrauenden löst, sondern dass der soziale Zusammenhang weiter bestehen bleibt, weil der Vertrauende zunächst annimmt, dass der Vertrauensbruch eher dem Umstand als dem Partner anzulasten ist und/oder dass der Partner einen weiteren Vertrauensbruch unter allen Umständen zu vermeiden sucht.

❑ Die Abhängigkeit aufeinander angewiesener Partner erhöht die **Vertrauensbereitschaft**. Personen, die sich selbst als kooperativ ansehen, bringen anderen Personen meistens von vornherein mehr Vertrauen entgegen als solche, die sich als wettbewerbsorientiert oder karrieresüchtig verstehen.

2.1.2 Generische Wettbewerbsstrategien

Die Absichten werden konkretisiert durch Aussagen der Unternehmensleitung über Sachverhalte wie Kernkompetenzen, Vielfalt (Diversifikation), Qualität, Grundausstattung mit Ressourcen und Internationalisierung. Das alles sind Elemente der **generischen Wettbewerbsstrategie** des Unternehmens.

Nach dem **Positionsansatz** von *Porter* sollte ein Unternehmen bzw. jedes seiner Geschäftsgebiete zur gleichen Zeit eine von zwei möglichen Wettbewerbsstrategien verfolgen:

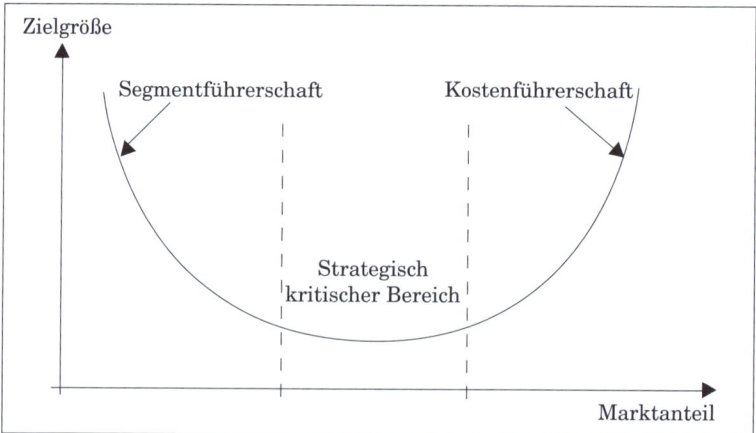

Dabei ist der Zweck der

❑ **Kostenführerschaft** die Minimierung der realen Stückkosten, und zwar bei angemessener Qualität der Leistung. Voraussetzung dafür ist jeweils ein weitgehend homogenes Produkt, weshalb hier auch der „Preis" als ausschlaggebender Auslöser (Trigger) für Kaufentscheidungen angesehen wird.

❑ **Segmentführerschaft** die Erlangung einer einzigartigen Position, und zwar unter besonderer Berücksichtigung von Verbundeffekten. Da hier der Preis eine eher untergeordnete Rolle spielt, ist es dem Unternehmen möglich, innerhalb eines preispolitischen Spielraums vor allem mit dem Wettbewerbsfaktor „Qualität" zu agieren.

Wechseln sich alternative Wettbewerbsstrategien im Zeitverlauf ab, wird von **Outpacing** gesprochen. Durch Outpacing erhält der Positionsansatz zwar eine dynamische Komponente, jedoch lässt sich im Voraus der Zeitpunkt für einen Strategiewechsel nicht bestimmen.

Nach neuerem Verständnis kann eine der beiden genannten Wettbewerbsstrategien sehr wohl auch Elemente der anderen Wettbewerbsstrategie enthalten. Das Ergebnis wäre eine **hybride Strategie** *(Corsten, Jenner)*.

2.1.3 Kapitalstruktur

Um das aus den Absichten abgeleitete Geschäftsmodell realisieren zu können, benötigt das Unternehmen Kapital. Dabei handelt es sich nach der **Kapitalherkunft** um Geldkapital (Eigen- und Fremdkapital) und nach der **Kapitalverwendung** um Vermögen (Anlage- und Umlaufvermögen).

> Die **Kapitalstruktur** als Relation von Eigen- zu Fremdkapital drückt in bilanziellen Bestandsgrößen die finanzielle Beziehung des Unternehmens zu seiner Umwelt aus. Der reziproke Wert der Kapitalstruktur ist der **Verschuldungsgrad**.

2.1.3.1 Eigenkapital

Nominal ist das **Eigenkapital** (Equity) die auf der Passivseite der Bilanz ersichtliche Differenz zwischen der Bilanzsumme und dem Fremdkapital. Bei einem Unternehmen in der **Rechtsform der Aktiengesellschaft** (AG) sind das Grundkapital und die variablen Rücklagen durch drei Kriterien gekennzeichnet: Die zeitlich unbegrenzte Überlassung, der fehlende verbindliche Anspruch auf irgendwelche Zahlungen daraus (z.B. Gewinnausschüttungen) und die Haftung bei Verlusten. Als Gegenleistung verbrieft die Aktie das Eigentum am Unternehmen und das Recht am Gewinn. Reicht das Eigenkapital zur Deckung realisierter Verluste nicht aus, d.h. liegt *Überschuldung* vor, wird das Eigenkapital negativ und muss als solches auf der Aktivseite der Bilanz ausgewiesen werden. Bei Kapitalgesellschaften (und damit auch bei der AG) führt ein negatives Eigenkapital immer zur Insolvenz und – falls eine Sanierung nicht gelingt – zur Liquidation des Unternehmens, während bei Personengesellschaften die Überschuldung dadurch abgewendet werden kann, dass die Eigentümer aus ihrem Privatvermögen frisches Kapital an das Unternehmen transferieren. Wird das Unternehmen liquidiert, müssen erst die Ansprüche der übrigen Stakeholder bedient werden, bevor die Eigentümer das bekommen, was noch übrig bleibt (Residualanspruch). Von der Rechtform unabhängig bilden das von außen zugeführte und intern durch Gewinneinbehaltung (Selbstfinanzierung als Teil der Innenfinanzierung) gebildete Eigenkapital das Risikokapital des Unternehmens, das die Grundlage zur Beurteilung der Bonität (Kreditwürdigkeit) des Unternehmens bildet und für risikobehaftete Investitionen verwendet werden kann.

Bei der Bilanzierung nach den Regeln der internationalen Rechnungslegung IFRS sind im Konzernabschluss die **Veränderungen des Eigenkapitals** zu erläutern. In einer als Eigenkapitalspiegel bezeichneten Veränderungsrechnung wird das Eigenkapital in seine Unterpositionen (darunter das gezeichnete Kapital und die Kapital- bzw. Gewinnrücklagen) zerlegt, die dann in ihrer Entwicklung intersubjektiv nachprüfbar dargestellt werden müssen. In der Veränderungsrechnung auszuweisen sind das Periodenergebnis, Transaktionen mit den Anteilseignern (z.B. Kapitalerhöhung bzw. -herabsetzung, Aktiensplitts, Gewinnausschüttung und -einbehaltung, Rückkauf eigener Aktien), Transaktionen mit den Gläubigern bei Wandel- und Optionsanleihen sowie Transaktionen, die ohne Berührung der Erfolgsrechnung direkt gegen das Eigenkapital gebucht werden (wie z.B. Unterschiede aus Währungsumrechnungen sowie unrealisierte Gewinne/Verluste aus aktienorientierter Vergütung bzw. aus derivativen Finanzinstrumenten).

2.1.3.2 Fremdkapital

Typisch für das ebenfalls auf der Passivseite der Bilanz ersichtliche **Fremdkapital** (Debt) ist die vertraglich geregelte Verpflichtung des verschuldeten Unternehmens zur periodischen Verzinsung des geliehenen Geldes sowie zur Rückzahlung der Schulden nach Ablauf der vereinbarten Überlassungsdauer. Zusammen bilden die Zins- und Tilgungsraten den (periodischen) Kapitaldienst des Schuldners. Kann der Schuldner diesen Kapitaldienst nicht oder nicht pünktlich leisten, liegt *Illiquidität* vor, die immer einen Insolvenzgrund darstellt.

Als Instrument der Innenfinanzierung dürfen zum Fremdkapital zählende **Rückstellungen** nach IFRS nur dann gebildet werden, wenn aus vergangenen Ereignissen resultierende Verpflichtungen gegenüber Dritten bestehen und die Wahrscheinlichkeit der tatsächlichen Inanspruchnahme hoch ist, wie etwa bei Pensionsverpflichtungen, Urlaubsrückständen, Gleitzeitguthaben und Bonuszahlungen (gegenüber Beschäftigten) sowie Produktgewährleistungen (gegenüber Kunden). Rückstellungen für Verlustaufträge können dann gebildet werden, wenn die aktuell geschätzten Gesamtkosten die aus den jeweiligen Verträgen zu erwartenden Erlöse übersteigen. Aufwandsrückstellungen sind wegen ihrer Zukunftsbezogenheit nicht erlaubt.

Bei der Bilanzierung nach IFRS sind die **Pensionen und ähnliche Verpflichtungen** im Anhang zum Konzernabschluss zu erläutern. In einer als Pensionenspiegel bezeichneten Ergänzungsrechnung ist der Zusammenhang zwischen den betrieblichen Pensionsverpflichtungen, den zu ihrer Deckung vorhandenen Vermögenswerten (Zweckvermögen) und den Pensionszahlungen intersubjektiv nachprüfbar darzustellen. Sofern kein an einen externen Pensionsfonds ausgelagertes Zweckvermögen existiert, sind die Pensionsverpflichtungen als *Pensionsrückstellungen* zu passivieren. Der jährliche Pensionsaufwand setzt sich zusammen aus dem Dienstzeit- und Zinsaufwand, wobei in der GuV-Rechnung der im Geschäftsjahr erworbene Dienstzeitaufwand im Betriebsergebnis als „Personalaufwand" und der sich auf die Verzinsung der Pensionsrückstellungen beziehende „Zinsaufwand" im Finanzergebnis ausgewiesen werden. Unterscheiden sich im laufenden Jahr der Pensionsaufwand und die Pensionszahlungen, verändert die Differenz die Pensionsrückstellungen. Wurde im Laufe der Zeit ein *internes* Zweckvermögen zur Deckung der Pensionsverpflichtungen gebildet, muss dieses auf der Aktivseite der Bilanz gesondert ausgewiesen werden, ohne dass sich dadurch die Pensionsrückstellungen verändern. Besteht hingegen ein externes Zweckvermögen, muss dieses mit den Pensionsverpflichtungen saldiert werden, wodurch die Pensionsrückstellungen kleiner werden oder ganz entfallen. Darüber hinaus verringern die aus einem Zweckvermögen erzielten Erträge den jährlichen Pensionsaufwand.

2.1.3.3 Mischformen

Wirtschaftlich als Eigenkapital behandeln Ratingagenturen und Geschäftsbanken bei ihren Bonitätsprüfungen **gemischte Finanzprodukte** (Mezzanine), wenn diese zeitlich befristet sind, neben der periodischen Verzinsung eine erfolgsabhängige Vergütung bieten, eine Verlustbeteiligung oder Stundung der Zinszahlungen vorsehen und im Insolvenzfall erst nach den anderen Gläubigern bedient werden. Diese Kriterien erfüllen nachrangige Darlehen, stille Beteiligungen, Genussscheine sowie Wandel- und Optionsanleihen. Wegen des für die Kapitalgeber höheren Risikos sind die vom Unternehmen steuerlich abzugsfähigen Kosten gemischter (hybrider) Finanzprodukte zwar höher als die des herkömmlichen Fremdkapitals, sie liegen aber unter den sonst üblichen Eigenkapitalkosten. Der Anteil an Mezzaninen, der als Eigenkapital anerkannt wird, ist abhängig von der jeweiligen Vertragsgestaltung.

2.1.3.4 Unternehmenswert

Der **Wert des Unternehmens** ist nach dem

❑ **Bruttoansatz** (Entity Approach) der Marktwert des Eigen- *und* Fremdkapitals.

❑ **Nettoansatz** (Equity Approach) der Marktwert *nur* des Eigenkapitals.

Bezogen auf den **Marktwert des Eigenkapitals** einer AG sind zwei getrennt voneinander wirkende Sachverhalte von Bedeutung: Zum einen bezieht sich der Börsenwert des Eigenkapitals zwar auf das feste Grundkapital, schließt aber den Wert der offenen Rücklagen implizit mit ein. Zum anderen sind in der Marktkapitalisierung, berechnet aus dem Produkt von Börsenkurs je Aktie und Anzahl der Aktien, die aus der Handelsbilanz nicht ersichtlichen immateriellen Vermögenswerte und Leasingobjekte bereits eingepreist. Deshalb fallen Markt- und Buchwerte des Eigenkapitals zum Teil erheblich auseinander. Aktienrechtliche Instrumente, die dazu geeignet sind, den Differenzbetrag in Zukunft noch zu vergrößern, sind die „Kapitalerhöhung aus Gesellschaftsmitteln" (Umwandlung von offenen Rücklagen in Grundkapital), der „Aktiensplit" (um den Kurs der einzelnen Aktie leichter zu machen und dadurch die Aktien besser handelbar zu machen) sowie der „Rückkauf eigener Aktien" (weil eigene Aktien nicht gewinnberechtigt sind, fallen deren Gewinnanteile den übrigen Aktien zu).

Beim **Marktwert des Fremdkapitals** ist die Differenz zum Buchwert meistens vernachlässigbar klein. Ausnahmen können sich allenfalls bei solchen Instrumenten des Fremdkapitals ergeben, die in der Zeit zwischen der Aufnahme und Tilgung des Fremdkapitals an der Börse gehandelt werden, wie etwa Anleihen (Bonds). Da aber auch hier die Kursschwankungen eher mäßig sind und das Fremdkapital am Ende seiner Laufzeit ohnehin zum Nominalbetrag zurückgezahlt werden muss (Ausnahmen davon sind Null-Kupon-Anleihen/Zero Bonds), kann beim Fremdkapital vereinfachend davon ausgegangen werden, dass sich Buch- und Marktwert entsprechen.

2.1.4 Szenarien

Unter Szenarien versteht man die **Projektion** alternativer Zukunftsbilder und die zu ihnen führenden Entwicklungspfade *(Gausemeier u.a.)*.

Wegen ihres relativ langen Zeithorizonts lassen sich Szenarien besonders gut zur **Umsetzung der Absichten** anwenden, denn: Je weiter in die Zukunft geschaut wird, desto mehr nimmt der Einfluss gegenwärtiger Strukturen ab und die Bandbreite von Möglichkeiten öffnet sich gleichsam einem **Trichter**, auf dessen Schnittflächen die Zukunftsbilder jeweils einer Zeitstufe liegen.

Die Szenario-Technik ist ein aus mehreren Schritten bestehender **Prozess**, der idealtypisch wie folgt abläuft:

❑ Begonnen wird mit der **Analyse** der auf lange Sicht zu lösenden Aufgaben, der relevanten Einflussbereiche (Umfelder) und der externen Rahmenbedingungen.

❑ Danach erfolgen **Einschätzungen** der qualitativen und quantitativen Zusammenhänge zwischen alternativen Ausprägungen der für die Umfelder identifizierten kritischen Faktoren (Deskriptoren). Dabei sind ungewöhnliche Denkansätze und die Verwendung von Bandbreiten ausdrücklich zugelassen.

❑ Jetzt kann die eigentliche **Projektion** in die fernere Zukunft vorgenommen werden, wobei noch Annahmen (Prämissen) über zu erwartende Störereignisse möglich sind, um die bis dahin festgestellten Entwicklungslinien (Trendverläufe) gegebenenfalls noch zu korrigieren, wenn nicht gar umzulenken.

❑ Schließlich werden im Rahmen der **Ergebnisbeurteilung** die Folgen der Szenarien auf die Absichten hin ausgewertet und die zur Umsetzung der Szenarien erforderlichen Maßnahmen abgeleitet.

Je nach Zweck, Komplexität und Zeit- bzw. Sachressourcen sind über eine Grobversion hinausgehende **Vertiefungen** dadurch möglich, sodass während des Ablaufs jederzeit Rückkopplungen auf vorangegangene Phasen zulässig sind. Ebenso sind Änderungen der Sichtweise durch Methodenkombination erlaubt. Des Weiteren kann es zweckmäßig sein, zwei **Extremszenarien** oder gar drei **Alternativszenarien** mit jeweils einer wahrscheinlichen Variante (Leit- oder Trendszenario), einer optimistischen Variante (Best Case) und einer pessimistischen Variante (Worst Case) zu erstellen.

2.2 Ziele

Die aus den Absichten abgeleiteten Ziele umfassen Angaben über die **Art** der Ziele (Zielgrößen) sowie die **Richtung** der Ziele.

> Die **Zielinhalte** müssen so formuliert werden, dass sie als Steuerungsgrößen genügend konkret, zugleich aber auch nicht zu eng gefasst sind, da sie sonst eine zu starke Begrenzung für die nachfolgenden Strategien und Aktionen darstellen.

In Bezug auf die Zielinhalte des Unternehmens ist es üblich, zwischen Formal- und Sachzielen zu unterscheiden. Während **Formalziele** den Erfolgszielen (z.B. Streben nach Gewinn) entsprechen, betreffen **Sachziele** die Mittel (Ressourcen), um die angestrebten Formalziele erreichen zu können, d.h. sie beziehen sich auf konkrete Maßnahmen innerhalb des betrieblichen Leistungs- und Umsatzprozesses. Kennzahlen der Formalziele gelten gemeinhin als **Spätindikatoren**, die erst gemessen werden können und deshalb *nachlaufend* sind, wenn Leistungsvorgänge im Unternehmen stattgefunden haben. Entsprechend werden Kennzahlen der vorlaufenden Sachziele auch als **Frühindikatoren** bezeichnet. Dabei werden Zielgrößen als hart bezeichnet, wenn sie sich eindeutig messen (quantifizieren) lassen. Demgegenüber werden qualitative Zielgrößen als *weich* angesehen, die aber mithilfe von Indikatoren quantifizierbar gemacht werden können. Verwendet werden Kennzahlen als quantitative Größen, um sowohl die Ziele planen, kommunizieren und vorgeben als auch deren Erfüllungsgrade später kontrollieren und tiefer gehend analysieren zu können.

Da die Stakeholder des Unternehmens unterschiedliche Ziele verfolgen, ist jedes Unternehmen ein **zielpluralistisches Gebilde**, wobei die zwischen den verschiedenen Zielen bestehenden Beziehungen sein können:

❑ **Komplementär**, d.h. Maßnahmen zur Erreichung des einen Ziels führen gleichzeitig zu einer höheren Zielerreichung eines anderen Ziels (positive Wirkung),

❑ **Konkurrierend**, d.h. Maßnahmen zur Erreichung des einen Ziels führen zu einer Abnahme des Zielerreichungsgrads bei einem anderen Ziel (negative Wirkung) oder

❑ **Neutral**, wenn die vorgenannten Wirkungen nicht auftreten bzw. vernachlässigt werden können (Indifferenz).

Sachlich komplementäre Ziele können allerdings **zeitlich miteinander konkurrieren,** was folgender Fall deutlich machen soll: Der Aufbau von (langfristigen) Erfolgspotenzialen belastet den (operativen) Erfolg, während umgekehrt Erfolgspotenziale die Voraussetzung für den Erfolg sind.

Bei Zielen, die **inhaltlich konfligieren**, kann wie folgt verfahren werden: Ein Ziel wird zum Hauptziel (Oberziel, Zielfunktion) erklärt und die übrigen Ziele sind Nebenziele. Diese Nebenziele werden zusammen mit den Restriktionen, d.h. den nicht zu über- bzw. unterschreitenden Beschränkungen, zu limitierenden Nebenbedingungen (wie etwa die Sicherstellung der Liquidität oder ein angestrebtes Wachstum) für das Hauptziel. Daraus folgt, dass bevor das Hauptziel extremiert (Maximum oder Minimum) oder satisfiziert (Anspruchsniveau) werden kann, immer erst die Nebenbedingungen erfüllt sein müssen. Da, wie eingangs ausgeführt, die Ansprüche der Stakeholder (mit Ausnahme der Eigentümer und des Staates) durch Verträge geregelt werden, sind diese Ansprüche erst zu befriedigen, bevor als Rest der ökonomische Erfolg (Gewinn) festgestellt werden kann. Der Staat verhält sich mit seiner Forderung nach Versteuerung dieser Restgröße als Anpasser.

Die gleichzeitige Berücksichtigung der Interessen der Shareholder (ökonomischer Aspekt), des Personals (sozialer Aspekt) und des Umweltschutzes (ökologischer Aspekt) wird auch als **Nachhaltigkeit** (Sustainability) bezeichnet. Um dem öffentlichen Druck der Gesellschaft auf Nachhaltigkeit zu entsprechen, sind bei unverändertem Gewinnstreben (zu Gunsten der Shareholder) die soziale Gerechtigkeit und ökologische Verträglichkeit in den Nebenbedingungen angemessen zu berücksichtigen. Dadurch wird der häufig am Shareholder Value-Ansatz geäußerten Kritik als reiner Kapitalismus die Basis entzogen.

Zerlegt man das Hauptziel des Unternehmens über mehrere Ebenen der Aufbauorganisation des Unternehmens, entsteht ein **mehrstufiges Zielsystem**. Danach erhalten die zur Verwirklichung jeweils eines übergeordneten Ziels erforderlichen Mittel den Charakter von Zielen für die darunter liegende Ebene (Managementby-Objectives).

2.2.1 Produktivität und Wirtschaftlichkeit

Als allgemeine Maxime menschlichen Handelns besagt das **ökonomische Prinzip** in seiner Zweiteilung:

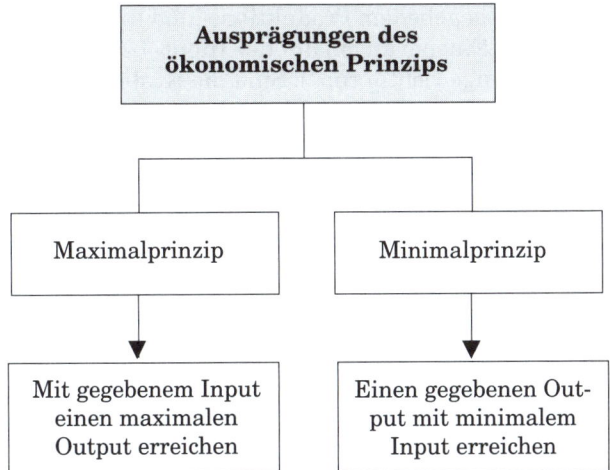

Enthält eine Input-Output-Relation nur Mengengrößen, wird von **Produktivität** gesprochen:

$$\text{Produktivität} = \frac{\text{Ausbringungsmenge}}{\text{Faktoreinsatzmenge}}$$

Wird im Nenner der Relation jeweils nur die Menge eines Faktors berücksichtigt, ergeben sich **Teilproduktivitäten**, wie z. B.:

$$\text{Arbeitsproduktivität} = \frac{\text{Ausbringungsmenge}}{\text{Arbeitseinsatzmenge}}$$

Ist bei unterschiedlichen Leistungen eine Addition der Ausbringungs- und Faktoreinsatzmengen problematisch, kann man zur Berechnung der **Wirtschaftlichkeit** auf Wertgrößen übergehen.

$$\text{Wirtschaftlichkeit} = \frac{\text{Leistung}}{\text{Kosten}}$$

Problematisch bei der Wirtschaftlichkeit ist, dass die zur Berechnung verwendeten Wertgrößen (Mengen x Preise) von Ereignissen abhängen, die vom Unternehmen in der Regel nicht beeinflussbar sind (wie etwa Inflationsraten oder Tarifabschlüsse).

Im Zusammenhang mit der Beurteilung von **Verbesserungen der Produktivität und Wirtschaftlichkeit** werden häufig auch die folgenden Begriffe verwendet:

❑ **Effizienz**, wenn es bei gegebenem Produktions- und Absatzprogramm um die im Zeitablauf erreichten Einsparungen auf der Input- bzw. Kostenseite des Unternehmens geht („die Dinge richtig tun"). Sind die Kosten bei gegebener Leistung zu hoch und/oder ist die Produktivität relativ niedrig, kommt es im Unternehmen häufig zum Stellenabbau bzw. zum Outsourcing von Leistungen.

❑ **Effektivität**, wenn im Zeitablauf die positiven Veränderungen der Output- bzw. Leistungsseite des Unternehmens betrachtet werden („die richtigen Dinge tun").

Errechnen Sie unter Verwendung der folgenden Angaben die Produktivität und Wirtschaftlichkeit:

Zur Herstellung von jeweils 1,5 Litern eines Fruchtsaftgetränks (Wert: 0,70 €) werden 0,75 kg Früchte (Wert: 0,60 €/kg) benötigt.

Seite 237

2.2.2 Gewinn

Als Hauptziel des wirtschaftenden Unternehmens wird das langfristige **Streben nach Gewinn** angesehen. Werden nämlich überzeugende Gewinne auf Dauer erwirtschaftet, lassen sich die Produktionsfaktoren jederzeit „entlohnen", der Marktwert des Eigenkapitals (Shareholder Value) steigt und die Existenz des Unternehmens ist gesichert.

Um langfristig Gewinne erzielen zu können, sind erst strategisch relevante **Erfolgspotenziale** aufzubauen, die dann zu Vorsteuerungsgrößen für den kurzfristigen Gewinn werden. Zum Auf- und Ausbau von Erfolgspotenzialen muss das Unternehmen regelmäßig investieren, denn (risikobehaftete) Investitionen sind – wie eingangs ausgeführt – die dominanten Werttreiber des Unternehmens.

Durch Umsetzung der Erfolgspotenziale in konkrete Maßnahmen (Handlungen) lässt sich der **kurzfristige oder operative Gewinn** erzielen. Zu dessen Messung gibt es im Unternehmen üblicherweise zwei Rechenwerke (Zweikreissystem), mit denen periodisch der absolute Gewinn für Steuerungszwecke und als Bemessungsgrundlage für Gewinnausschüttungen ermittelt wird. Gebildet wird das Zweikreissystem durch die

❑ **Interne Betriebsrechnung**, mit der durch Gegenüberstellung von Leistungen und Kosten der *kalkulatorische* Gewinn, auch Betriebsergebnis genannt, geplant, festgestellt und überwacht werden kann. Die Besonderheit dieses Rechenwerks ist die Verwendung kalkulatorischer Kosten für die Kostenarten „Abschreibungen", „Zinsen" und „Wagnisse" (bei Personengesellschaften gibt es zusätzlich noch die kalkulatorischen Kostenarten „Unternehmerlohn" für die mitarbeitenden Gesellschafter und „Miete" bei selbstgenutzten Gebäuden).

❑ **Externe Gewinn- und Verlust-Rechnung (GuV-Rechnung)**, mit der durch Gegenüberstellung von Erträgen und Aufwendungen der *monetäre* (pagatorische) Gewinn ermittelt wird.

Die Verknüpfung dieser beiden Rechenwerke erfordert noch eine **Neutrale Ergebnisrechnung**. Dabei stellt das Neutrale Ergebnis den Saldo aus Erträgen und Aufwendungen dar, die *betriebsfremd* sind, weil sie nicht aus der „normalen" betrieblichen Tätigkeit stammen, in Vorperioden verursacht und daher *periodenfremd* sind und/oder so unregelmäßig anfielen, dass sie als außergewöhnlich bezeichnet werden müssen. Überdies müssen die kalkulatorischen Kostenarten noch mit den entsprechenden Aufwendungen saldiert werden.

Bezüglich der **Gewinnverteilung** gilt:

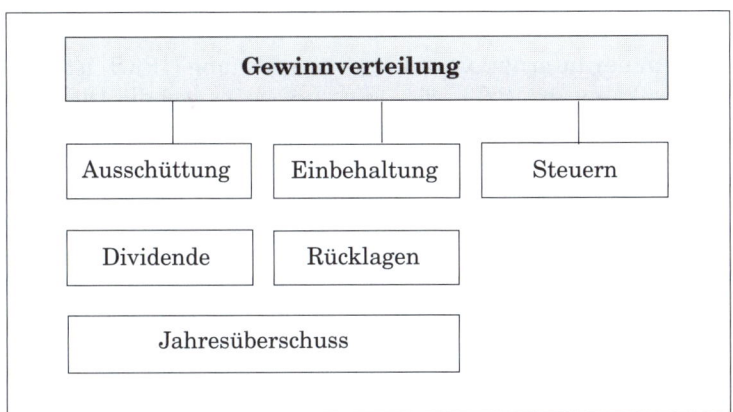

Sofern das Unternehmen eine **Politik stabiler Dividenden** verfolgt, wird im Zeitablauf ein etwa gleich bleibender Dividendensatz angestrebt. Ist der Gewinn in einem Jahr außergewöhnlich hoch, wird zusätzlich zur Dividende ein **Bonus** gezahlt, der später wieder zurückgenommen werden kann. Reicht der Gewinn eines Jahres nicht aus, um den Shareholdern einen Dividendensatz in Höhe des Vorjahres zu bieten, kann die Dividende dennoch stabil bleiben und der Differenzbetrag den Rücklagen entnommen werden. Sind die langfristigen Gewinnaussichten allerdings schlecht, werden Dividenden meistens ganz gestrichen bzw. auf einen Symbolwert reduziert.

Die Höhe der **Steuern** liegt bei inländischen Aktiengesellschaften bei knapp 40 % (Stand Ende 2006). Sofern das die Konzernsteuerquote ist, muss diese nach dem internationalen Regelwerk IFRS im Jahresabschluss offen gelegt werden, weil sie den Stakeholdern in Bezug auf die Höhe und zeitliche Entwicklung dieser Quote einen Vergleich mit anderen Unternehmen gestattet. Empirische Untersuchungen machen deutlich, dass eine Senkung der Steuerquote den Marktwert des Eigenkapitals überproportional verbessert. Deshalb wird vom Management gezielt an der steuerlichen Performance gearbeitet, wobei das am Besten den international operierenden Konzernen gelingen dürfte, die das Steuergefälle im Ausland nutzen und Gewinne mittels innerbetrieblicher Verrechnungspreise zu Konzerntöchtern verlagern, die in Niedrigsteuerländern tätig sind. Von den tatsächlichen Steuern abzugrenzen sind die **latenten Steuern**, die sich als Korrekturgrößen des Steueraufwands einer Periode aufgrund der voneinander abweichenden Gewinndefinitionen in der Handels- und Steuerbilanz ergeben. Diese aus Ansatz- und/oder Bewertungsunterschieden resultierenden Differenzen bestehen allerdings immer nur vorübergehend (temporär), weil sie sich im Zeitablauf auflösen. Bis zu ihrer Auflösung sind latente Steuern aber in der Handelsbilanz zu aktivieren (bzw. zu passivieren), wenn das Ergebnis in der Handelsbilanz kleiner (bzw. größer) ist als das in der Steuerbilanz.

Der nach Abzug der Gewinnausschüttungen und Steuerzahlungen verbleibende Restgewinn wird in die Gewinnrücklagen des Unternehmens eingestellt, die das Eigenkapital erhöhen. Bilanztechnisch gesehen ist das ein nicht zahlungswirksamer Passivtausch.

Nach den Regeln der internationalen Rechnungslegung (IFRS) ist der buchhalterische (monetäre) **Gewinn EBT (Earnings before Taxes)** die Differenz zwischen Ertrag und Aufwand, der aus Gründen der Vergleichbarkeit in verschiedener Weise zu einer ökonomisch aussagekräftigen Erfolgsgröße modifiziert werden kann. Einige dieser Modifikationen sind:

❑ Werden zum (monetären) Gewinn die Fremdkapitalzinsen addiert, ergibt sich der **EBIT (Earnings before Interest and Taxes)**. Dabei handelt es sich um eine Erfolgsgröße, die als Rest übrig bleibt, wenn alle Produktionsfaktoren – mit Ausnahme des Geld-Kapitals – „entlohnt" worden sind.

❑ **EBDIT-Ergebnis** als EBIT zuzüglich Abschreibungen (**D**epreciation) auf das Anlagevermögen. Wird davon ausgegangen, dass sich der EBIT durch die Höhe der Abschreibungen manipulieren lässt, kann durch die Zusammenfassung beider Größen der Manipulation die Grundlage entzogen werden. Die Erfolgsgröße EBDIT entspricht in etwa dem operativen Brutto Cashflow.

❑ **EBITDA-Ergebnis** als EBDIT plus Abschreibungen auf den entgeltlich erworbenen (derivativen) Geschäfts- oder Firmenwert (**A**mortization).

❑ **Operating Profit** als Saldo der Erträge und Aufwendungen nur des betrieblichen Bereichs. Dieser Wert unterscheidet sich vom Betriebsergebnis (Leistung minus Kosten) im Wesentlichen dadurch, dass er keine kalkulatorischen Kosten, sondern die entsprechenden Aufwendungen (hauptsächlich die bilanziellen Abschreibungen und tatsächlichen Fremdkapitalzinsen) beinhaltet.

❑ **Übergewinn** als Teil des EBT, der – auch als Economic Value Added oder kurz EVA bezeichnet – über die (gewichteten) Kapitalkosten der Periode hinausgeht. Der Kapitalkostensatz wird entsprechend internationaler Gepflogenheiten und – wie später im Zusammenhang mit den Diskontierungsfaktoren dynamischer Investitionsrechnungen ausführlich beschrieben – aus den Gewinnerwartungen der Eigentümer (als „Kosten" des Eigenkapitals) und den vertraglich geregelten Zinsansprüchen der Gläubiger (als Kosten des Fremdkapitals) abgeleitet. Ersatzweise kann als „Capital Charge" auch die in der Kostenrechnung verwendete Position „Kalkulatorische Zinsen" angesetzt werden. Ist EVA negativ, findet in der Periode eine Wertvernichtung statt. Ist EVA hingegen positiv, kann der Übergewinn dazu verwendet werden, den Shareholdern einen Bonus und/oder den Beschäftigten eine Erfolgsbeteiligung zu gewähren *(Böcking / Nowa, Hostettler)*.

2.2.3 Rentabilität

Von **Rentabilität** (Rendite) wird gesprochen, wenn Stromgrößen wie der Gewinn oder EBIT zu anderen Strom- bzw. Bestandsgrößen als Buchwerte des Rechnungswesens in Beziehung gesetzt werden.

$$\text{Eigenkapital-rentabilität (in \%)} = \frac{\text{Gewinn} \cdot 100}{\text{Eigenkapital}}$$

$$\text{Gesamtkapital-rentabilität (in \%)} = \frac{\text{EBIT} \cdot 100}{\text{Gesamtkapital}}$$

$$\text{Umsatzrentabilität brutto (in \%)} = \frac{\text{EBIT} \cdot 100}{\text{Umsatz}} \qquad \text{Umsatzrentabilität netto (in \%)} = \frac{\text{Gewinn} \cdot 100}{\text{Umsatz}}$$

Die ebenfalls auf der Basis von Buchwerten ermittelte und für das Controlling dezentraler Geschäftseinheiten wohl am weitesten verbreitete Rentabilitätsgröße ist der **Return on Investment** (ROI):

$$\text{Return on Investment (in \%)} = \frac{\text{EBIT} \cdot 100}{\text{Umsatz}} \cdot \frac{\text{Umsatz}}{\text{Investiertes Kapital}}$$

Die den ROI bestimmenden **Komponenten** sind:

❑ **Umsatzrendite**, die angibt, welchen Anteil vom Umsatz die Kapitalgeber (Eigentümer, Gläubiger) erhalten.

❑ **Kapitalumschlag**, der die am Umsatz gemessene Umschlagshäufigkeit des investierten Kapitals ausdrückt. Im Dienstleistungsbereich kann als Nennergröße alternativ auch die Anzahl der Beschäftigten verwendet werden.

Unterschiedliche Auffassungen bestehen allerdings darüber, was bei der Berechnung des ROI als **investiertes Kapital** (oder eingesetztes Kapital) zu berücksichtigen ist. Eine Möglichkeit wäre, vom tatsächlichen oder geplanten **Vermögen zu Buchwerten** auszugehen, und zwar im einfachsten Fall von der Summe aller auf der Aktivseite der Bilanz enthaltenen Positionen des Anlage- und Umlaufvermögens. Bei einer differenzierteren Betrachtung sind verschiedene **Modifikationen** aber unerlässlich:

❑ Werden vom Gesamtvermögen (Bilanzsumme) die Werte der betrieblich noch nicht oder nicht mehr notwendigen Vermögenspositionen abgezogen, wie z.B. Anlagen im Bau, Anzahlungen auf Bestellungen, anderweitig genutzte Grundstücke, fremd vermietete Gebäudeteile, Überbestände bei den Vorräten oder sämtliche Wertpapiere des Umlaufvermögens, ergibt sich das **betriebsnotwendige Vermögen**.

❑ Verringert man dieses noch um das **Abzugskapital**, zu dem alle nicht verzinslichen Verbindlichkeiten, wie Anzahlungen von Kunden, kurzfristige Rückstellungen sowie Verbindlichkeiten aus Lieferungen und Leistungen, gehören, ist das Resultat das betriebsnotwendige oder **investierte Kapital**.

❑ Sofern vertragliche Verpflichtungen aus **Leasing** (als Alternative zum Kauf) oder **selbst geschaffene immaterielle Vermögenswerte** mit ihren Barwerten aktiviert werden, erhöhen diese das investierte Kapital.

> Vom investierten Kapital abzugrenzen ist das **Working Capital** als das im Umsatzprozess gebundene Kapital. Zu dessen Berechnung wird vom Umlaufvermögen das vorstehend genannte Abzugskapital subtrahiert.

Der ROI wird häufig kritisiert. **Kritikpunkte** sind: Verwendung von Buch- statt Marktwerten, keine Sichtbarmachung von Risiken, fehlende Berücksichtigung von Mietobjekten (Leasing) und der Altersstruktur des Anlagevermögens sowie Unterschiede in der Kapitalstruktur. Aufgrund der genannten Kritiken wurden mittlerweile andere, mehr wertorientierte **Renditegrößen** entwickelt, wie z.B.:

❑ **ROCE (Return On Capital Employed)**, zu deren Berechnung der in einer Periode erwirtschaftete „Operating Profit" durch das in derselben Periode durchschnittlich gebundene „Capital Employed" (Summe des betriebsnotwendigen Vermögens, abzüglich flüssige Mittel, Finanzanlagen und nicht zinstragende Verbindlichkeiten) in Beziehung gesetzt wird.

❑ **RONA (Return On Net Assets)**, bei der der Operating Profit ins Verhältnis zu den „Net Assets" (modifiziertes *Gesamt*vermögen minus Abzugskapital) gesetzt wird. Im Unterschied zum „Capital Employed" ist hier die Kapitalbasis größer, weil argumentiert wird, dass es den Eigentümern ziemlich egal sei, ob das Unternehmen seine Rendite durch Sach- *oder* Finanzinvestitionen erreichen kann.

2.2.4 Deckungsbeitrag

Die **Grundformel** aller Deckungsbeitragsrechnungen (Direct Costing) lautet:

> Deckungsbeitrag = Erlöse (Umsatz) - Teilkosten
> Betriebserfolg = Deckungsbeitrag - Restkosten

Werden die Teilkosten den variablen Kosten gleichgesetzt, entsprechen die Restkosten den (kurzfristig nicht beeinflussbaren) **Fixkosten**. Für den einfachen Fall nur eines Produkts gilt daher:

> Stückdeckungsbeitrag = Preis - variable Stückkosten (Grenzkosten)
> Gesamtdeckungsbeitrag = Stückdeckungsbeitrag · Stückzahl
> Betriebserfolg = Gesamtdeckungsbeitrag - Fixkosten

Mit diesen Angaben kann eine **Break-even-Rechnung** durchgeführt werden, wobei als Break-even-Punkt (Gewinnschwelle) diejenige Absatzmenge bezeichnet wird, bei der der Umsatz gerade ausreicht, die fixen Kosten der Periode und variablen Kosten der abgesetzten Produkte decken. Für ein Einprodukt-Unternehmen sieht ein **Break-even-Diagramm** wie folgt aus:

Break-Even-Diagramm

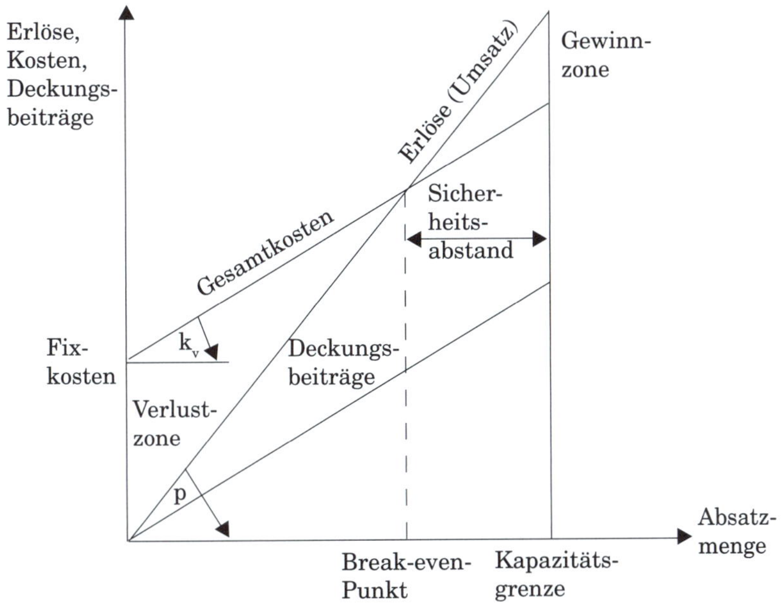

Erlöse, Kosten, Deckungsbeiträge

Gewinnzone

Erlöse (Umsatz)

Gesamtkosten

Sicherheitsabstand

Fixkosten

k_v

Deckungsbeiträge

Verlustzone

p

Absatzmenge

Break-even-Punkt   Kapazitätsgrenze

Darin sind als Winkel:
p = Preis
kv = Variable Stückkosten

Ein Mitarbeiter fragt Sie, was für das Unternehmen günstiger sei: Eine 10%-ige Steigerung des Gewinns oder des Deckungsbeitrags. Wie lautet Ihre begründete Antwort?

Seite 238

Rechnerisch lässt sich der Break-even-Punkt nach **Mengeneinheiten** (Break-even-Menge) oder **Geldeinheiten** (Break-even-Umsatz) ermitteln:

$$\boxed{\text{Break-even-Menge} = \text{Fixkosten}/(p - k_v)}$$

mit
$p - k_v$ = Deckungsbeitrag pro Mengeneinheit

$$\boxed{\text{Break-even-Umsatz} = \text{Fixkosten}/1 - (k_v : p)}$$

mit
$1 - (k_v : p)$ = DBU-Faktor
DBU   = Deckungsbeitrag über Umsatz,
           d.h. Cent je Euro Umsatz

Mit den genannten Größen lässt sich eine **Deckungsgradlinie** bestimmen, deren Steigung dem Deckungsbeitrag in Prozent vom Umsatz (DBU-Faktor) entspricht:

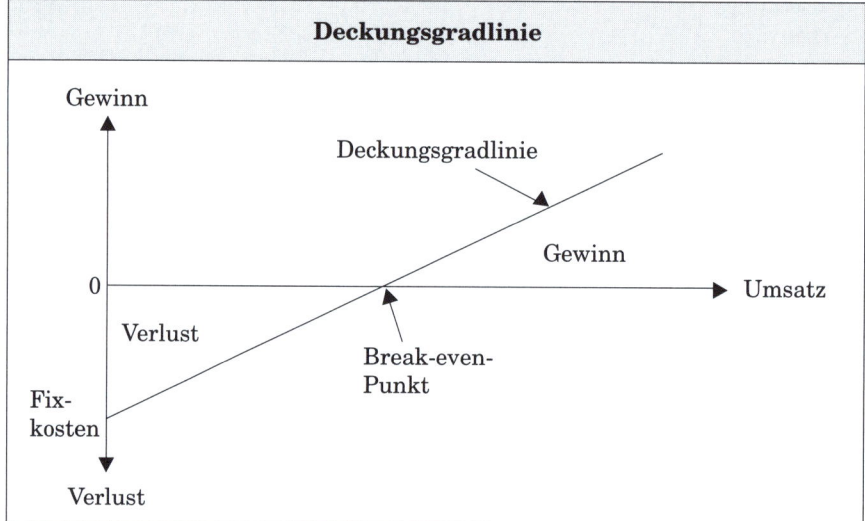

Berechnen Sie anhand nachstehender Angaben
- die Break-even-Menge,
- den Break-even-Umsatz und
- den Sicherheitsabstand!

Es sind:
Fixkosten	= 400.000 €
Preis	= 10 €/Stück
Variable Stückkosten	= 6 €/Stück
Max. Ausbringungsmenge	= 150.000 Stück

Seite 238

2.2.5 Wertschöpfung

Die **gütermäßige** oder **reale Wertschöpfung** entspricht der vom Unternehmen in einer Periode erbrachten Eigenleistung. Sie ergibt sich aus der Differenz zwischen der Leistung des Unternehmens und den Vorleistungen als Wert für die extern bezogenen und verbrauchten Güter bzw. Dienstleistungen.

Die **geldmäßige** oder **personale Wertschöpfung** (EBIT plus Arbeitseinkommen) entspricht dem Einkommen der am Wertschöpfungsprozess Beteiligten. Um welche Anspruchsgruppen es sich dabei handelt, zeigt die folgende Abbildung:

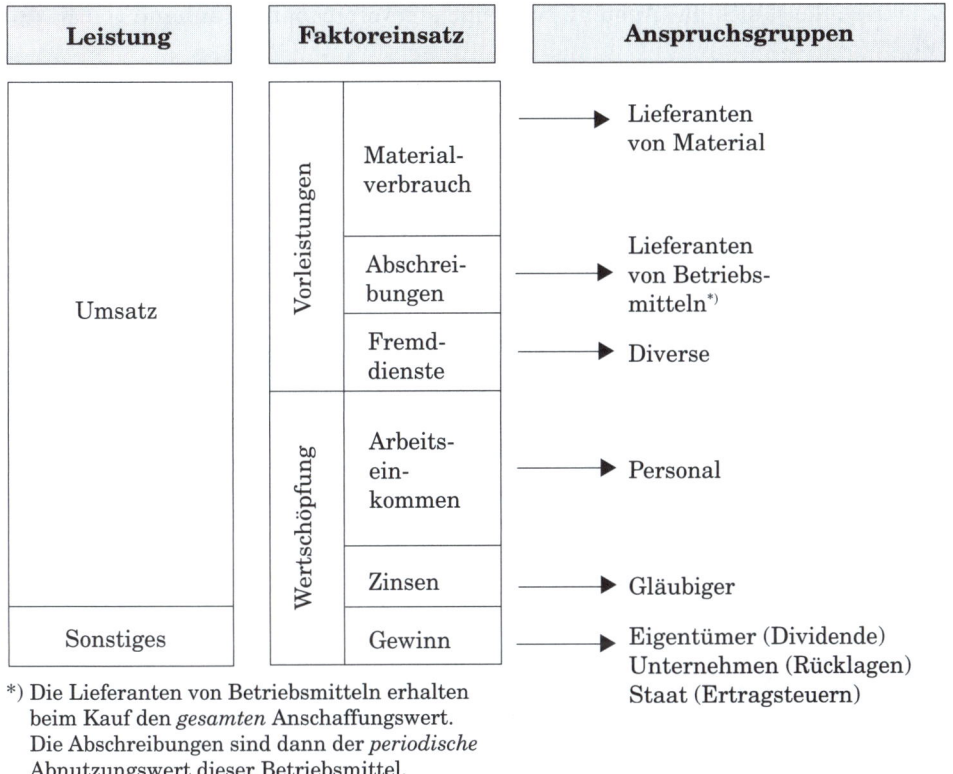

*) Die Lieferanten von Betriebsmitteln erhalten beim Kauf den *gesamten* Anschaffungswert. Die Abschreibungen sind dann der *periodische* Abnutzungswert dieser Betriebsmittel.

Aus der Sicht der Endkunden sind **Prozesse** im Unternehmen

❏ **direkt wertschöpfend**, wenn am Output, also am Zwischen- oder Endprodukt bzw. an der Dienstleistung gearbeitet wird. Davon ausgenommen sind Blindleistungen.

❏ **indirekt wertschöpfend**, wenn sie Voraussetzung für die Durchführung der direkt wertschöpfenden Tätigkeiten (wie z.B. Umrüstung, Transport, Aus- und Weiterbildung von Mitarbeitern, betriebliches Rechnungswesen oder Controlling) sind.

❑ **nicht wertschöpfend**, wenn sie keinen Kundennutzen schaffen und damit Verschwendung sind, wie z.B. jeder unerwünschte Output (etwa Abfall), überflüssige Tätigkeiten (einschließlich Blindleistungen), Verzögerungen (Liege- bzw. Wartephasen) und Doppel- bzw. Nacharbeiten.

Eine Wertschöpfungsabnahme bewirkt **Outsourcing**. Darunter versteht man die *Auslagerung* von Prozessen an externe Dienstleister und den anschließenden Fremdbezug dieser Leistungen. Die Umkehrung des Outsourcing, etwa um profitable Vorleistungen künftig selber zu erbringen oder vorhandene Kapazitäten besser auszulasten, wird als *Backsourcing* bezeichnet.

Beurteilen lässt sich das Ausmaß betrieblicher Wertschöpfung anhand von **Kennzahlen**, wie z.B.:

Wertschöpfungs-Kennzahlen
Wertschöpfungsquote $= \dfrac{\text{Wertschöpfung} \cdot 100}{\text{Umsatz}}$
Wertschöpfungstiefe $= \dfrac{\text{Wertschöpfung} \cdot 100}{\text{Gesamtleistung}}$
Arbeitsproduktivität $= \dfrac{\text{Wertschöpfung}}{\text{Ø Personalbestand}}$

 Welcher generelle Unterschied in der Höhe der Wertschöpfung, und zwar bezogen auf jeweils einen Euro Umsatz, besteht zwischen einem Industrie- und Handelsbetrieb? Begründen Sie Ihre Antwort!

Seite 238

2.2.6 Cashflow

Unter dem Cashflow wird der **Umsatzüberschuss einer Periode** verstanden, dessen Ermittlung direkt oder indirekt erfolgen kann: Bei

❑ **direkter (progressiver) Ermittlung** ist der Cashflow die Differenz zwischen den im Zusammenhang mit der laufenden Geschäftstätigkeit stehenden zahlungswirksamen Einnahmen und Ausgaben einer Periode.

❑ **indirekter (retrograder) Ermittlung** ergibt sich der Cashflow aus der Addition von Gewinn (vor Steuern), Zinsen, Abschreibungen und Veränderung der langfristigen Rückstellungen.

Wegen der einfacheren Handhabung hat sich in der Praxis die indirekte Methode durchgesetzt, wenngleich auch verschiedene Gründe für gewisse **Modifikationen** dieser Methode sprechen:

❑ Ausgangspunkt der Berechnung des periodischen **Brutto Cashflow** ist der von Zufällen bereinigte EBDIT. Dazu addiert werden die Veränderungen langfristiger Rückstellungen (insbesondere der Pensionsrückstellungen), die einen nicht zahlungswirksamen Passivtausch darstellen.

❑ Werden vom Brutto Cashflow die Ersatzinvestitionen und Ertragsteuern abgezogen, ergibt sich der **Operating Cashflow**. Durch den Vergleich der Ersatzinvestitionen mit den Abschreibungen lässt sich beispielsweise feststellen, ob Scheingewinne anfallen, was dann der Fall ist, wenn die Abschreibungen größer als die Ersatzinvestitionen sind. Der Nachteil von Scheingewinnen ist, dass deren Besteuerung für das Unternehmen einen Substanzverlust bedeutet. Begrenzen lässt sich dieser Substanzverlust nur, wenn das Unternehmen mindestens in Höhe der Abschreibungen reinvestiert.

❑ Zum **Free Cashflow** (FCF) gelangt man, wenn vom Operating Cash-flow die Erweiterungsinvestionen abgezogen werden. Da Erweiterungsinvestitionen häufig mit einer Erhöhung des Working Capital verbunden sind, wird dieses ebenfalls abgezogen. Für sich alleine gesehen ist das Working Capital allerdings kein Werttreiber, sondern eher das Gegenteil, nämlich ein Kostentreiber. Nach diesem **Bruttoansatz** (Entity Approach) stehen dem FCF die Gewinnansprüche (nach Steuern) der Eigentümer und die Ansprüche der Gläubiger auf Rückzahlung des in der Periode fälligen Fremdkapitals gegenüber. Werden die fälligen Zins- und Tilgungsbeträge des Fremdkapitals vom FCF *direkt* abgezogen, wird vom **Nettoansatz** (Equity Approach) gesprochen, bei dem der (restliche) FCF in voller Höhe den Eigentümern zusteht, sei es als Dividende, Bonus oder Zuführung zu den offenen Rücklagen.

2.3 Maßnahmen

Zu den Maßnahmen gehören **Strategien** (als Grundsatzentscheidungen) und **Aktionen** (als konkrete Handlungen). Mit ihnen wird gleichzeitig auch über das Ausmaß der angestrebten Zielerreichung entschieden.

Durch Gegenüberstellung zwischen dem, was die Unternehmensleitung als Ergebnis anstrebt und dem, was bei realistischer Betrachtungsweise erwartet werden kann, wenn Maßnahmen der Vergangenheit und Gegenwart auch in Zukunft durchgeführt werden, wird eine **Maßnahmenlücke** sichtbar.

Die zum **Schließen dieser Lücke** geeigneten Maßnahmen müssen als Geschäftsstrategien machbar, messbar und überprüfbar sein, während Aktionen ihren Sinn durch eben diese Strategien erhalten.

2.3.1 Geschäftsstrategien

Das Hauptanliegen von Geschäftsstrategien ist der Auf- und Ausbau von **Erfolgspotenzialen** als Vorsteuerungsgrößen für den dauerhaften Erfolg und damit für die langfristige Steigerung des Unternehmenswerts. Deshalb sind alternative Geschäftsstrategien und das diesen jeweils zu Grunde liegende **Geschäftsmodell** nach ihren Beiträgen zur Wertsteigerung zu beurteilen. Dementsprechend sollten Produktionsfaktoren vorzugsweise auch nur in solche Geschäftsgebiete gelenkt werden, die die größten Erfolgspotenziale versprechen.

Vom **Ablauf** her wird zunächst über die das Geschäftsmodell betreffenden **Grundstrategien** entschieden, und anschließend werden daraus die übrigen Strategien abgeleitet. Diese Vorgehensweise entspricht dem bereits genannten **Positionsansatz** von *Porter*, demzufolge sich das Unternehmen an die Umwelt anpassen muss und sich deshalb auf die Schaffung einer Position in der Umwelt auf die Erzielung und Verteidigung eines erhaltbaren Wettbewerbsvorteils konzentrieren sollte.

Nach dem **ressourcenbasierten Ansatz** ist auch ein anderer Weg denkbar, sofern das Unternehmen imstande ist, einzigartige Fähigkeiten zur Schaffung von Wettbewerbsvorteilen zu entwickeln und dadurch die Umwelt des Unternehmens proaktiv zu beeinflussen.

Besonderes Kennzeichen einer Geschäftsstrategie im Sinne eines **schlecht strukturierten Problems** ist, dass sie mit keiner anderen vergleichbar ist, weil situative Faktoren des Zeitpunkts, des Unternehmens, der Branche und des Marktes stets einmalig sind. Daher können allenfalls **Mindestanforderungen an Geschäftsstrategien** gestellt werden, die verlangen, dass diese

❑ einzigartig sind, d.h. sich nach außen leicht erkennbar von den Strategien der Wettbewerber unterscheiden,

❑ typisch für das Unternehmen und dessen Geschäftsgebiete sind,

❑ nicht zu oft geändert werden, da sie den Einsatz von Ressourcen auf längere Zeit festlegen,

❑ durch robuste und nachvollziehbare Schritte den Anschluss an bisherige Strategien finden,

❑ von den Organisationsmitgliedern nicht nur verstanden und akzeptiert, sondern auch tatsächlich umgesetzt werden.

2.3.1.1 Grundstrategien

Als **Grundstrategien** lassen sich sowohl die Absatz- als auch die F&E-Strategie des Unternehmens ansehen, d.h. der F&E-Bereich hat die zur jeweiligen Marktbearbeitung erforderlichen Produktneuheiten oder -varianten zu gegebener Zeit dem Marketingbereich bereitzustellen.

Bezüglich der **Absatzstrategie** hat das Management die Option der Standardisierung oder Individualisierung des Angebots. In beiden Fällen hat die Wahl der Produkte und Zielmärkte simultan zu erfolgen, wobei sich grob die folgenden Markttypen unterscheiden lassen (*Zahn/Schmid*):

Markttypen	Sachverhalt	Aussehen
Lokale Märkte	Vielzahl geografisch voneinander abgegrenzter Absatzmärkte, wobei nur die bedient werden, die sich in räumlicher Nähe befinden	
Massenmarkt	Absatzmarkt wird als überregionale Einheit angesehen, d. h. die Verschiedenheit der Kunden wird nicht beachtet	
Segmentierte Märkte	Aufteilung des gesamten Absatzmarktes in jeweils homogene Untergruppen von Kunden (Cluster)	
Marktnischen	Teilmärkte, die von den Produkten der etablierten Anbieter nicht oder nur unzureichend ausgeschöpft werden	
Kundenspezifische Märkte	Für einzelne Kunden werden individuelle Produkte und Problemlösungen angeboten (Customization)	

Durch **Standardisierung des Angebots** im Sinne der generischen Strategie der Kostenführerschaft können in etwa gleichartige Produkte in großen Stückzahlen produziert und (weltweit) auf Massenmärkten abgesetzt werden.

Je mehr sich die angebotenen Produkte und die damit verbundenen Marken gleichen, desto mehr werden sie austauschbar und der Zwang zur **Differenzierung** steigt, wobei Produktunterschiede vom Kunden weniger über den Grundnutzen, als vielmehr über Zusatznutzen wahrgenommen werden. Um zu erkennen, welche Bedürfnisse, Vorlieben und Gewohnheiten die Kunden haben, werden üblicherweise zielgruppenbezogene Abgrenzungen nach Märkten, Branchen, Segmenten oder Nischen vorgenommen. Da solche Abgrenzungen aber immer nur vorübergehend sind und ohnehin subjektive Konstrukte darstellen, müssen traditionelle Abgrenzungen der Marktsegmente (Geschäftsfelder) in homogene Untergruppen (Cluster) immer wieder infrage gestellt werden.

Von der Differenzierung (bezogen auf den Absatz mit neuen Produkten auf bestehenden/bekannten Märkten) abzugrenzen ist die schon angesprochene **Diversifikation**. Diese liegt vor, wenn das Unternehmen mit neuen Produkten auf neue Märkte geht. Bei *horizontaler* Diversifikation bleibt das Unternehmen prinzipiell auf der

Wirtschaftsstufe, jedoch mit anderen Produkten oder Produktvarianten, die weitere Kundengruppen ansprechen als die bisherigen Produkte. Der Fall einer *vertikalen* Diversifikation ist gegeben, wenn das Unternehmen auf vor- oder nachgelagerten Wertschöpfungsstufen mit jeweils anderen Kundengruppen als bisher tätig wird. Schließlich wird von *diagonaler* Diversifikation gesprochen, wenn das Unternehmen in solche Geschäftsfelder eindringt, die in keinem Zusammenhang mit seinen gegenwärtigen Produkten, Fertigungsverfahren und Märkten stehen.

Durch die **Individualisierung von Produkten** (Customization) können sich für das Unternehmen viele neue und interessante Betätigungen auftun, die es erlauben, je nach Ausgangslage in attraktiven Geschäftsfeldern gute Marktpositionen zu erreichen. Voraussetzung dafür ist allerdings, dass mit den neuen Betätigungen jeweils **kritische Mengen** (Mass Customization) erreichbar sind, um die mit der später beschriebenen Erfahrungskurve verbundenen Kosten- und Preiseffekte realisieren zu können.

Über das Internet wird im Rahmen des **E-Commerce** der Zugang zu neuen Kundengruppen erleichtert und für bekannte Kunden lassen sich nach Anfragen und/oder Bestellungen digitale Kundenprofile erstellen, die dem Unternehmen die Chance bieten, individuell auf Kundenwünsche zu reagieren und einen gezielten After-Sales-Service zu betreiben.

Eine viel genutzte Möglichkeit der Individualisierung von Produkten sind (produktbegleitende) **Dienstleistungen,** sofern diese noch nicht zum Marktstandard gehören. Allerdings besteht hier das Risiko, dass schlecht erbrachte Dienstleistungen die Kundenzufriedenheit bezüglich des ganzen Sortiments beeinträchtigen können.

Grundsätzlich haben die aus gemischten Sach- und Dienstleistungen zusammengefassten **Leistungspaket** für das Unternehmen den Vorteil, dass sie zu einem vom Kunden nicht nachvollziehbaren Paketpreis verkauft werden können, der häufig höher ist als die Summe der jeweiligen Einzelpreise. Das ist insbesondere dann der Fall, wenn Kunden aus Gründen der Zeitersparnis nur ungern mit mehreren Anbietern zu verhandeln bereit sind oder aus Gründen der Kompatibilität die Leistungen komplett aus einer Hand zu beziehen wünschen. Würden demgegenüber die verbundenen Leistungen getrennt berechnet werden, stünden sie im unmittelbaren Wettbewerb mit den Einzelleistungen anderer Anbieter, was dem Kunden die Möglichkeit direkter Preis-/Leistungs-Vergleiche gäbe.

Übertragen Kunden die mit einem Gut bzw. einer Dienstleistung gemachten (positiven) Erfahrungen auf das gesamte Sortiment des Unternehmens, steigen dadurch auch die Absatzchancen für neu hinzukommende Produkte und Dienste. Das erhöht die **Wiederkaufrate** bzw. das **Cross-Selling** und schafft ein Marken- oder Firmenimage, an dem sich Stammkunden orientieren und auf das zur Neugewinnung von Kunden zurückgegriffen werden kann. Darüber hinaus bieten regelmäßig nachgefragte Dienstleistungen die Möglichkeit, die Leistungsfähigkeit des Unternehmens dauernd unter Beweis stellen zu können, denn wenn z.B. die technische Qualität von Gebrauchsgütern (und damit deren Nutzungsdauer) steigt, werden Ersatzbeschaffungen durch die Kunden immer seltener.

Mass Customization wird üblicherweise als „hybride Wettbewerbsstrategie" verstanden, die zwei Gegensätze miteinander
verknüpft, nämlich hohen Kundennutzen durch Leistungsvielfalt
und niedriges Kostenniveau, wie es sich bei standardisierten
Produkten realisieren lässt.

Machen Sie deutlich, wie sich beide Gegensätze miteinander
vereinbaren lassen und zeigen Sie den Unterschied zu Produktvarianten!

Seite
238

Mit zunehmender **Breite des Leistungsverbunds** nimmt die Möglichkeit einer
Verstetigung der Nachfrage zu, d.h. Umsatzschwankungen (Volatilität) können insgesamt kleiner werden, weil das *unsystematische* Risiko sinkt. Das muss aber nicht
unbedingt werterhöhend wirken: So geht beispielsweise der Principal Agent-Ansatz
davon aus, dass ein risikoscheues Management durch zunehmende Betätigung in
diversifizierten Geschäftsfeldern oft nur einen Risikoausgleich anstrebt. Das ist
an sich nicht zu kritisieren, jedoch darf nicht übersehen werden, dass durch die
zunehmende Betätigung in Bereichen, die außerhalb der Kerngeschäfte liegen, das
systematische Risiko steigt, sodass sich beide Risikowirkungen gegenseitig aufheben
können.

2.3.1.2 Abgeleitete Strategien

Aus den Geschäftsstrategien werden die Strategien für die übrigen Funktionsbereiche des Unternehmens bestimmt, und zwar

❑ **Produktionsstrategien:** Kombination von Produktionsfaktoren zum Zwecke
der Herstellung von physischen Produkten (Fertigung) und/oder der Erbringung
immaterieller Dienstleistungen.

❑ **Beschaffungsstrategien:** Bereitstellung von Werkstoffen und Zukaufteilen, die
für die Produktion notwendig sind und nicht selbst erstellt werden können oder
sollen.

❑ **Personalstrategien:** Verbesserung der Qualität des Human Capital.

❑ **Finanzstrategien:** Aufrechterhaltung des finanziellen Gleichgewichts (Liquidität) und Gestaltung der Kapitalstruktur.

Für den Fall, dass das Unternehmen in zwischenbetriebliche Netzwerke eingebunden
ist, muss in den abgeleiteten Strategien berücksichtigt werden, welche Ressourcen
für **gemeinsame Vorhaben** zur Verfügung zu stellen sind.

2.3.1.3 Strategisches Kostenmanagement

Waren bislang Kosten und deren Erfassung (als Kostenarten) bzw. verursachungsgerechte Weiterverrechnung (auf Kostenstellen und -träger) im Rahmen der traditio-

nellen Kostenrechnung eher ein Problem des operativen Geschäfts, steigt die Bedeutung des **strategischen Kostenmanagement**. Dieses identifiziert und analysiert Einflussgrößen als Vorsteuerungsgrößen der Kostenposition des Unternehmens, um zu erreichen, dass nach Möglichkeit nicht die Kosten das Preisniveau der Produkte bestimmen, sondern die Preise das Niveau der im Markt durchsetzbaren Kosten.

Grundsätzlich lassen sich dabei folgende **Aspekte** unterscheiden:

❑ Die **Kostenstruktur** als *statische* Komponente des strategischen Kostenmanagement. Von Bedeutung ist hier die Abgrenzung und Transparenz der fixen und variablen Kostenbestandteile, wobei gilt, dass die Disponierbarkeit der fixen Kosten mit der zeitlichen Ferne des Planungshorizonts zunimmt. Zur Verbesserung der Kostenflexibilität und damit zur Verringerung des Kostenstrukturrisikos kann die (teilweise) Umwandlung von Fixkosten in variable Kosten (etwa durch Outsourcing) angestrebt werden. Je geringer nämlich der Anteil fixer Kosten ist, desto geringer ist das Risiko etwa eines unerwarteten Umsatzeinbruchs.

❑ Der **Kostenverlauf** als *dynamische* Komponente des strategischen Kostenmanagement. Von Interesse sind dabei die langfristigen Kostengesetzmäßigkeiten, auch strukturelle Kostentreiber (im Sinne von Stellgrößen zur Beeinflussung der strategischen Kostenposition) genannt. Deren Kenntnis erlaubt es, langfristige Veränderungspotenziale der Kosten zu erklären und zu gestalten. Rationalisierung führt beispielsweise zu einer kapitalintensiveren Produktion mit entsprechend steigenden Fixkosten. Outsourcing wirkt genau umgekehrt. Die für den Kostenverlauf relevanten **Einflussgrößen** sind u.a. die eigene Unternehmensgröße, die Breite des Sortiments, die Fertigungstiefe, Erfahrungskurveneffekte sowie die eingesetzten Technologien. In Abhängigkeit von der jeweiligen Einflussgröße können Fixkosten einen proportionalen (linearen), degressiven (unterproportionalen) oder progressiven (überproportionalen) Verlauf haben. Diskontinuitäten im Kostenverlauf können zu sprungfixen Kosten (z.B. bei einer schrittweisen Kapazitätsanpassung) oder Kostenknicken (z.B. bei Unstetigkeiten im Wertgerüst der Kosten) führen.

❑ Das **Kostenniveau** als *Zielkomponente* des strategischen Kostenmanagement. Unter Kenntnis langfristiger Kostenabhängigkeiten wird mittels kostenpolitischer Maßnahmen eine Verbesserung des Kostenniveaus zu erreichen versucht, sei es durch die Vermeidung von Kosten im Allgemeinen und/oder die frühzeitige Beeinflussung bzw. der Abbau von Kosten im Besonderen. Da ein Großteil der späteren Kosten über die Eigenschaften der Produkte frühzeitig festgelegt wird, sollte das strategische Kostenmanagement bereits in der Entwicklungs- und Konstruktionsphase neuer Produkte ansetzen (dazu später die Zielkostenrechnung).

Von Bedeutung ist auch der Aufbau relativer Kostenvorteile gegenüber Wettbewerbern. Dabei wird die Kostensituation des besten Konkurrenzunternehmens zum Maßstab (Benchmark) genommen, wenn es um die Verbesserung der eigenen Kostensituation geht.

Ist es richtig zu behaupten, dass das Kostenstrukturrisiko von der Flexibilität der Kostenstruktur abhängt?

Begründen Sie kurz Ihre Antwort!

 Seite 238

2.3.2 Aktionen

Dieses sind **Handlungen**, die notwendig sind für die Umsetzung strategischer Vorhaben, die Ausschöpfung geschaffener Potenziale sowie die Steigerung der Produktivität und des monetären Erfolgs.

Mit Aktionen wird zugleich auch über das Ausmaß des **operativen Zielbeitrags** befunden. Dabei ist weniger eine Extremierung als vielmehr eine Satisfizierung der kurzfristigen Zielgrößen durch Festlegung entsprechender Anspruchsniveaus anzustreben.

Ein **Anspruchsniveau**, das sowohl vom Erfolg früherer (vergleichbarer) Handlungen als auch zukünftigen Erwartungen bestimmt wird, gilt als realistisch, wenn es verwirklicht werden kann, andernfalls muss es geändert werden. Lässt sich ein Anspruchsniveau ohne besondere Schwierigkeiten realisieren, wird es heraufgesetzt, oder es wird gesenkt, wenn das erstrebte Ausmaß der Zielerfüllung nicht zu verwirklichen ist. Vielfach werden nur kleine Änderungen in Erwägung gezogen, die sich nicht allzuweit vom gegenwärtigen Zustand entfernen und damit einer Messung und Bewertung durch das Controlling leichter zugänglich sind.

Grundsätzlich erfolgt eine **Anspruchsanpassung** nicht unendlich schnell, sondern immer mit einer zeitlichen Verzögerung, was in Unternehmen einen „Leerlauf" oder „Druck" entstehen lässt. Eine Leerlauf-Situation ergibt sich dann, wenn im Unternehmen (vorübergehend) Erfolge erzielt werden, die über den Erwartungen liegen. Umgekehrt führt Druck zu Leistungsverbesserungen.

2.4 Ressourcen

Die Realisierung von Zielen und Maßnahmen macht den **Einsatz von Ressourcen** erforderlich. Um welche **Arten von Ressourcen** (Produktionsfaktoren) es sich üblicherweise handelt, wurde bereits erwähnt. Der **Austausch der Ressourcen** zwischen dem Unternehmen und seinen Stakeholdern erfolgt zu gegenseitig akzeptierten Bedingungen.

Kernkompetenzen sind auch Ressourcen, die den Mechanismus des **Wertzuwachses** im Unternehmen in Gang halten. Als **Kernkompetenz** bezeichnet man eine aufeinander bezogene Gruppe von Fertigkeiten, Fähigkeiten und Technologien, die einem Unternehmen auf einem bestimmten Gebiet oder in einem bestimmten Bereich einzigartiges Können verleihen.

Grundsätzlich hat jedes Unternehmen folgende **Möglichkeiten** des Ausbaus und der Nutzung von Kernkompetenzen:

❏ **Vertiefung**, d.h. bestehende Kernkompetenzen werden dort weiterentwickelt, wo das Unternehmen bereits tätig ist. Das kann zusätzliche finanzielle und personelle Ressourcen (z.B. Weiterbildung der Beschäftigten) erforderlich machen, um Kompetenzbewusstsein zu fördern und Kompetenzdefizite zu beseitigen (z.B. durch Lernen).

❏ **Verbreiterung**, was bedeutet, dass vorhandene Kernkompetenzen auch auf andere Bereiche des Unternehmens übertragen werden. Weil Kernkompetenzen aber auch mit Technik in Verbindung stehen, wird künftig mehr Technikverständnis von den Beschäftigten erwartet als bisher.

❏ **Verbesserung**, indem vorhandene Kernkompetenzen genutzt werden, um etwa ausgehend von einem *visionären* Kundennutzen neue Kernkompetenzen zu entwickeln. Diese sollten nach Möglichkeit selbst entwickelt und das dadurch erreichte Know-how nach außen hin abgeschirmt werden.

Zum Tragen kommen Kernkompetenzen allerdings nicht allein durch ihr Vorhandensein, sondern erst durch ihr **Zusammenspiel**. Durch Teilung und Nutzung gewinnen Kernkompetenzen an Bedeutung, um die langfristige Existenzsicherung des Unternehmens zu gewährleisten *(Hamel / Prahalad)*.

Die einzigartige Bündelung von Ressourcen lässt eine ganzheitliche **Kernkompetenz** entstehen, die für das Unternehmen dann zu einem Wettbewerbsvorteil führt, wenn die aktuellen und potenziellen Konkurrenten nichts Vergleichbares besitzen.

Einzigartige **Ressourcenbündel** lassen sich dadurch kennzeichnen, dass sie

❏ **wertvoll** sind, weshalb sie vorzugsweise dort eingesetzt werden sollten, wo sie die größte Wirkung zeigen,

❏ **knapp** sind, weil sie nicht alle Unternehmen in gleicher Weise zur Verfügung haben,

❏ **schwer zu imitieren** sind, weil sie von einem speziellen historischen Hintergrund abhängen (Unternehmensgeschichte und -tradition) oder von Außenstehenden nicht genau nachvollzogen werden können.

❏ von anderen **nicht substituiert** werden können, weil diese auf Faktormärkten nicht erhältlich oder durch Patente (als immaterielle Ressource) geschützt sind.

Um eine einzigartige und für das Unternehmen vorteilhafte **Ressourcenasymmetrie** zu schaffen, sollten unter anderem die folgenden Eigenschaften bezüglich ihrer positiven, aber auch eingeschränkten oder sogar negativen Verbund- und Synergiewirkungen beachtet werden:

❏ **Know-how:** Die Ungleichverteilung von Wissen bietet Chancen, die frühzeitig erkannt und schnell genutzt werden sollten. Um beispielsweise die bei zunehmender Vielfalt der Geschäfte steigende Komplexität bewältigen zu können, sind Kenntnisse lokaler Besonderheiten, die Schaffung guter Beziehungen zu den Stakeholdern und die Nutzung von Partnerschaften von Vorteil.

❑ **Spezifität:** Spezifische Ressourcen erfüllen nur einen bestimmten Zweck bzw. sind nur auf bestimmte Kunden ausgerichtet. Um durch eine Kombination solcher Ressourcen die Voraussetzungen für den Eintritt in neue Märkte zu schaffen, ist die Wertschöpfungstiefe situativ zu gestalten. Das setzt voraus, dass in kritischen Bereichen des Unternehmens Spezialmaschinen und -verfahren zum Einsatz kommen, die sich nicht von der Stange kaufen lassen und deshalb selbst entwickelt und hergestellt werden müssen. Entsprechend gilt, dass nur standardisierte Sach- und Dienstleistungen bzw. Prozesse ohne besonderes Know-how auszulagern sind.

❑ **Potenziale:** Technische und personelle Kapazitäten, die nicht ausgelastet sind, können für zusätzliche Geschäfte genutzt werden, wobei zu beachten ist, dass spezifische Leerkapazitäten in der Regel nur eine begrenzte Diversifikation zulassen. Mitunter werden spezifische Kapazitäten bewusst vorgehalten, um die Durchlaufzeiten von Kundenaufträgen durch das Unternehmen zu senken.

3. Planungszeiträume

Die Zeiträume, auf die sich die Planung im Unternehmen bezieht, werden üblicherweise in Geschäfts- oder Kalender-Jahren angegeben. Während die Planung von der Gegenwart aus beginnt, wird sie nach vorne hin (Zukunft) durch den jeweiligen **Planungshorizont** begrenzt.

> In der Praxis häufig vorzufinden sind *strategische* Planungen die einen **Zeitraum von fünf Jahren** umfassen, weil das Wirksamwerden von Strategien (z.B. eine Produktneuentwicklung) in etwa so lange dauert. Anders ist das bei der *operativen* Planung, die einen **Zeitraum von einem Jahr** erfordert.

Einer über diese Zeitfenster hinausgehenden Betrachtungsweise wird durch **Fortschreibung** zu begegnen versucht. Erfolgt diese in jährlichen Abständen, wird von einer rollenden bzw. rollierenden Planung gesprochen, indem mit dem zeitlichen Näherrücken an die Gegenwart der gesamte Planungszeitraum um ein weiteres Jahr in die Zukunft verschoben wird. Gleichzeitig wird aus dem jeweils ersten Planjahr der strategischen Planung das **Budgetjahr**, auf das sich die operative Planung bezieht.

Auskunft darüber, welche Planungen wann im laufenden Geschäftsjahr zu erfolgen haben, gibt der von der Führung entwickelte **Planungskalender**. Es dürfte sich allgemein bewährt haben, der Planung von Zielen und Strategien in der ersten Hälfte des laufenden Geschäftsjahres die operative Planung (Budgetierung) gegen Ende des zweiten Halbjahres folgen zu lassen. Ein wesentlicher Grund, mit der operativen Planung zeitlich erst spät zu beginnen, wird darin gesehen, über den aktuellen Geschäftsverlauf noch möglichst viele fundamentale Daten zu erhalten.

4. Planungsrichtungen

Grundsätzlich lassen sich zwei entgegengesetzt verlaufende **Planungsrichtungen** unterscheiden:

❑ Bei der **Planung von oben** (Top-down) wird von einer ganzheitlichen, für wünschenswert gehaltenen Zielformulierung ausgegangen, aus der die strategischen und operativen Maßnahmen abgeleitet werden. Da eine solche Gesamtsicht nur bei einer vergleichsweise kleinen Personengruppe im Unternehmen angenommen werden kann, sind auch nur wenige Planungsträger daran zu beteiligen und vom Controlling zu koordinieren.

Dem **Vorteil** der Ausrichtung der Planung auf das Oberziel des Unternehmens stehen der Zentralisation aber auch **Nachteile** gegenüber:

- Es wird nur das geplant, was leicht planbar ist.
- Widerstände der unteren Ebenen bei der Planrealisierung sind zu erwarten.
- Zielvorgaben sind mit den Ressourcen, die den Teilbereichen zugeteilt werden, nicht erreichbar.

❑ Bei der **Planung von unten** (Bottom-up) stehen weniger die Ziele, als vielmehr die Durchführbarkeit der Einzelpläne der Basis im Vordergrund, d.h. erst durch die schrittweise Zusammenfassung (Verdichtung) dieser Teilpläne auf die jeweils übergeordneten Planungsebenen entsteht ein integrierter Plan.

Dem **Vorteil** einer höheren Motivation der vielen Planungsträger bei der späteren Planrealisierung stehen der Dezentralisation allerdings auch **Nachteile** gegenüber:

- Keine ganzheitliche Erfassung des jeweils übergeordneten Planungsproblems.
- Zusammenfassung der Einzelpläne erfolgt nicht unbedingt in sachlogischer Reihenfolge.
- Anpassung an das unterste gemeinsame Zielniveau.

Die genannten Nachteile machen deutlich, dass keines der beiden Vorgehensweisen in reiner Form geeignet ist. Deshalb kann es zu einer Mischform kommen, die als **Gegenstromverfahren** so abläuft, dass die von oben kommenden Planvorgaben nach unten hin konkretisiert und detailliert werden, um dann nach eventuell erforderlichen Korrekturen in umgekehrter Richtung wieder nach oben hin zusammenzulaufen. Das kann über mehrere Runden geschehen, wobei das Controlling die **Koordination** der damit verbundenen Abstimmungsprozesse übernimmt. Der Nachteil dieser Vorgehensweise ist der hohe Zeitbedarf.

5. Planungstechniken

Instrumente der Planung sind **Aussagensysteme** mit Zukunftsbezug, denen systematische **Methoden** (Verfahren) oder formale **Modelle** der Informationsgewinnung und -verarbeitung zu Grunde liegen. Der zwischen Methoden und Modellen bestehende **Unterschied** ist, dass bei Methoden die Vorgehensweise und bei Modellen der Abbildungscharakter dominiert.

Kommen bei der Planung verschiedene **Methoden** zum Einsatz, von denen jede ihre Besonderheiten hat, sind diese aufeinander abzustimmen. Das geschieht am besten durch eine **Simultanplanung.** Da aber eine solche Planung wegen der Komplexität der Realität und der damit verbundenen Unbestimmtheit und schlechten Strukturierbarkeit verschiedener (vor allem strategischer) Probleme wohl kaum möglich ist, wird in der Praxis meist sukzessive oder parallel geplant. Die in der Reihenfolge vorgegebener Prioritäten ablaufende **Sukzessivplanung** erlaubt zwar wiederholte Rückkopplungen zwischen voneinander abhängigen Variablen, jedoch macht das in Anbetracht der laufenden Abstimmungen die Planung insgesamt träge und zeitaufwändig. Bei der **Parallelplanung** werden unter Beachtung von Prämissen die Teilpläne unabhängig voneinander erstellt und erst später aufeinander abgestimmt (*Friedl*).

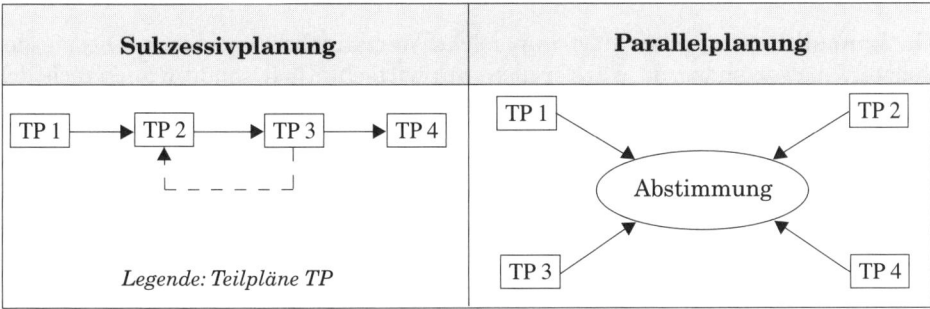

Gegenstand eines Planungsverfahrens können auch formalsprachliche **Modelle** sein, worunter solche durch isolierende Abstraktion gewonnenen, vereinfachten Abbildungen eines Sachverhalts der Realität verstanden wird. Planungsmodelle können der Beschreibung, Ermittlung oder Entscheidung ausgewählter Plangrößen dienen. Die dazu vom Controlling für Planungszwecke verwendeten Rechenmodelle benötigen Inputdaten faktischer, prognostischer und/oder normativer Art, die um so mehr aus externen Quellen stammen werden bzw. müssen, je langfristiger die Planungsprobleme sind.

6. Konsolidierung von Einzelplänen

Der **Gesamtplan** des Unternehmens entsteht durch *horizontale* Zusammenfassung gleichartiger Einzelpläne der Geschäftsbereiche und anschließende *vertikale* Zusammenfassung der aufeinander abgestimmten Einzelpläne. Bei komplexen Unternehmensgebilden, wie etwa internationalen Konzernen, sind vorher noch einige Sachverhalte der (meist operativen) Planung zum Zwecke der Darstellung eines den tatsächlichen Verhältnissen entsprechenden Bildes der erwarteten Vermögens-, Ertrags- und Finanzlage sichtbar zu machen.

Bezüglich der **Fremdwährungsgeschäfte** sind Umrechnungen unterschiedlicher Ursprungs- oder Landeswährungen in eine gemeinsame Währung (Konzernwährung) erforderlich. Ein mögliches Vorgehen besteht darin, dass Strom- oder Bewegungsdaten zu (gewogenen) Durchschnittskursen und Bestands- oder Abschlussdaten zu Stichtagskursen umgerechnet werden, wobei auftretende Differenzen in die Neutrale Ergebnisrechnung einfließen, weil niemand dafür verantwortlich ist. Ein anderes Vorgehen sieht vor, dass alle Bewegungs- und Bestandsdaten mit den gleichen Durchschnitts- oder Stichtagskursen umgerechnet werden.

Eine hohe **Inflation** bewirkt einen schleichenden Schwund des investierten Kapitals. Die Art und Intensität inflationskorrigierender Maßnahmen im Rahmen eines **Inflation Accounting** richtet sich nach dem Ausmaß der möglichen Verzerrungen der Planwerte durch die Inflation. Bei moderaten Inflationsraten kann eine reale Kapitalerhaltung durch Preisindices der Domizilländer korrigiert werden. Bei hohen oder stark schwankenden Inflationsraten empfiehlt sich die Umrechnung in Hartwährungen.

Ein **konsolidierter Plan** darf nur solche Wertangaben enthalten, wie sie der Konzern ausweisen würde, wäre er nicht nur wirtschaftlich, sondern auch rechtlich eine Einheit. Zu eliminieren sind daher die durch Addition entstehenden **Doppelzählungen**, und zwar

❏ bei den **Umsätzen** (Konsolidierung der Innenumsätze): Lieferungen und Leistungen der abgebenden Stellen *und* die entsprechenden Bezüge der empfangenden Stellen.

❏ beim **Eigenkapital** (Kapitalkonsolidierung): Beteiligungen der Mutter *und* das (gegebenenfalls nur anteilige) Eigenkapital der betreffenden Tochter.

❏ bei den **Schulden** (Schuldenkonsolidierung): Korrespondierende Forderungen *und* Verbindlichkeiten, soweit sie aus konzerninternen Kreditbeziehungen entstehen.

7.　Verabschiedung und Umsetzung eines Gesamtplans

Zu gegebener Zeit folgt der Planung die **endgültige Entscheidung**. Da Einzelentscheidungen während des Planungsprozesses die eigentliche Endentscheidung vorwegnehmen, ist die **Verabschiedung des Gesamtplans** - im Sinne der Genehmigung durch die Unternehmensleitung - oft nicht mehr als nur ein formaler Akt.

Ohne anschließende Umsetzung sind Pläne allerdings ohne Wert. Deshalb sind verabschiedete Pläne den Verantwortlichen zur **Realisierung** (Durchführung, Vollzug) zu übertragen. Dagegen kann bei fehlender Motivation und Akzeptanz der Beteiligten während der Planung offener oder innerer Widerstand geleistet werden (Implemen-tierungsfalle). Nicht zuletzt aus diesen Gründen sind Kontrollen für die aus den Plänen abzuleitenden Handlungen vorzusehen.

Erläutern Sie, was unter folgenden Begriffen zu verstehen ist, die Sie in diesem Kapitel kennen gelernt haben:

- Planung
- Prognose
- Prämissen
- Absichten
- Vertrauen
- Wettbewerbsstrategie
- Kapitalstruktur
- Unternehmenswert
- Szenarien
- Ziele
- Produktivität
- Wirtschaftlichkeit
- Erfolg
- EBIT
- Rentabilität
- Return on Investment

- Deckungsbeitrag
- Break Even
- Wertschöpfung
- Outsourcing
- Cashflow
- Übergewinn
- Geschäftsstrategie
- Erfolgspotenzial
- Strategisches Kostenmanagement
- Ressourcen
- Kernkompetenzen
- Planungshorizonte
- Planungsrichtungen
- Methoden
- Modelle

Seite 238

C. Kontrollaufgabe des Controlling

Die **Notwendigkeit von Kontrollen** resultiert aus möglichen Planungs- und Ausführungsfehlern der beteiligten Personen, Störeinflüssen der Umwelt und der Unvollkommenheit der Informationen. Hinzu kommt, dass Gesetze und Verordnungen sowohl das Vorhandensein als auch die Nutzung eines internen **Überwachungssystems** zwingend erforderlich machen.

Besonderes **Kennzeichen von Kontrollen** ist, dass diese im Zusammenhang mit Abläufen erfolgen, also prozessabhängig sind. Im Unterschied dazu sind **Prüfungen** der internen Revision prozessunabhängig und damit nicht unmittelbar mit Abläufen verbunden.

> Ebenso wie die Planung sind Kontrollen **informationsverarbeitende Prozesse**.

1. Zweck der Kontrolle

Unter Kontrolle versteht man den **Vergleich** (Gegenüberstellung) von jeweils zwei oder mehr Größen.

An Kontrollen werden folgende **Anforderungen** gestellt:

- ❑ **Objektivität**, was bedeutet, dass die Kontrollergebnisse intersubjektiv nachvollziehbar sein müssen, d.h. verschiedene Personen auf der Grundlage derselben Informationsbasis kommen zum selben Ergebnis.

- ❑ **Zuverlässigkeit**, weil die Art und Durchführung von Kontrollen nicht vollkommen standardisierbar sind, sondern der jeweiligen Bedeutung des zu kontrollierenden Sachverhalts angepasst werden müssen.

- ❑ **Validität**, die dann vorliegt, wenn tatsächlich das kontrolliert wird, was zu kontrollieren beabsichtigt ist.

Bezüglich des **Kontrollfelds** im Unternehmen lassen sich voneinander abgrenzen:

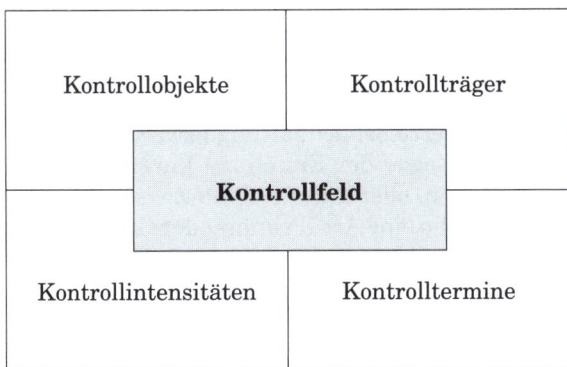

Von Bedeutung ist auch die **Metakontrolle** (Kontrolle der Kontrolle), z.B. die Überwachung des Controlling durch die Unternehmensleitung.

> Nehmen Sie Stellung zu folgender Behauptung: „Planung ohne Kontrolle ist überflüssig. Kontrolle ohne Planung unmöglich!" Seite 238 f.

2. Kontrollobjekte

Um die **Realisation der Pläne** und die sich auf das gesetzlich geforderte interne Überwachungssystem beziehenden Tests zu gewährleisten, sind die tatsächlichen (gegenwärtigen) oder voraussichtlichen (künftigen) Ergebnisse, die Abläufe (Verfahren) das menschliche Verhalten der Handlungsträger und die Relevanz der Planungsprämissen zu überwachen.

2.1 Ergebniskontrollen

Diese können als **operative Kontrollen** während der Ausführung (Zwischen- oder Fortschrittskontrollen) bzw. nach der Ausführung (Endergebniskontrollen) einer Handlung erfolgen. Aus einem Vergleich von normativen Größen (Soll) mit faktischen Größen (Ist) oder prognostischen Größen (Wird) festgestellte **Abweichungen** werden in Abhängigkeit von ihrer Bedeutung analysiert (Aufdeckungs- und Erklärungsfunktion der Kontrolle) und gegebenenfalls durch Nachsteuerungsmaßnahmen behoben (Beeinflussungsfunktion der Kontrolle). Aus der Sicht des Controlling sind Abweichungen keine Schuldbeweise, sondern Steuerungssignale.

> Bei Projekten mit mehreren Planabschnitten sind **Projektfortschrittskontrollen** möglich. Aus den durch Kontrollen der bereits realisierten Projektabschnitte gewonnenen Teilergebnissen lassen sich Schlussfolgerungen (Prognosen) für die nächsten Zwischenziele (Meilensteine) sowie die endgültige Termineinhaltung und Zielerreichung ziehen.

Die **Erfassung der Ist-Daten**, d.h. von Mengen, Werten, Zeiten oder Qualitäten von Strom- bzw. Bestandsgrößen, sollte grundsätzlich durch das offizielle Rechnungswesen des Unternehmens erfolgen, d.h. die Kosten- und Leistungsrechnung, die Finanz- und Liquiditätsrechnung, die Lohn- und Gehaltsrechnung sowie die Material- und Anlagenrechnung. Mit der routinemäßigen Abrechnung von Leistungen und Kosten in der Betriebsbuchhaltung bzw. Erträgen und Aufwendungen in der Finanzbuchhaltung sowie der Erstellung kurzfristiger Erfolgsrechnungen (Kostenträgerzeitrechnungen) oder interner Plan-Zwischenbilanzen lässt sich dort eine **Datenbasis** schaffen, die eine Art „Primär- oder Grundinformation" bildet, die von den Beteiligten im Unternehmen anerkannt wird.

Bezüglich der Ergebniskontrollen lassen sich verschiedene **Arten von Abweichungen** unterscheiden: In Abhängigkeit vom

❑ **Zeitbezug** können *selektive* Abweichungen pro Tag, Woche, Monat, Quartal oder Jahr ermittelt werden. Werden selektive Abweichungen über die Zeit addiert, ergeben sich *kumulierte* (kumulative) Abweichungen.

❑ **Rechenverfahren** lassen sich *absolute* Abweichungen durch Subtraktion und *relative* (prozentuale) Abweichungen durch Division von jeweils zwei absoluten Größen feststellen.

❑ **Standort der Rechengröße** in der Bezugsgrößenhierarchie kann es sich um eine *Teil- oder Gesamtabweichung* handeln. So können beispielsweise die Materialkosten eine Gesamtabweichung in Bezug auf die Werkstoffe, Zukaufteile und Handelswaren, jedoch nur eine Teilabweichung in Bezug auf die Gesamtkosten haben.

Das **Problem von Ergebniskontrollen** besteht darin, dass man Soll-Ist-Abweichungen so spät erkennt, dass man auf sie nur noch geringen Einfluss nehmen kann (im Sinne einer notwendigen Nachsteuerung). Um dieses Problem zu lösen, lassen sich ex-post festgestellte Abweichungen in die Zukunft fortschreiben (prognostizieren) und in einer ex ante **Vorschau** (Forecast) kenntlich machen, die die operativen Pläne (insbesondere das am Schluss dieses Buches beschriebene Jahresbudget) ergänzt.

2.2 Verfahrenskontrollen

Festgestellte **Schwachstellen von Prozessen** sind offen zu legen, zu analysieren und zu beseitigen. Das gilt auch für Prozesse, die internen Shared Service Center übertragen und/oder an externe Dienstleister ausgelagert wurden.

Wichtig ist die Dokumentation von Verfahrenkontrollen und deren Resultate. Diesbezüglich sind **Statusberichte** zu erstellen, die u.a. Angaben darüber enthalten, wo es Probleme gibt, bei welchen Prozessen die Testergebnisse nicht befriedigend waren und welche Verbesserungsmaßnahmen einzuleiten sind bzw. noch nicht abgeschlossen wurden. Diese Statusberichte werden von unten nach oben verdichtet, durch zusätzliche Kommentare ergänzt und von den Verantwortlichen der jeweiligen Organisationseinheiten bezüglich der Richtigkeit bestätigt. Die in den Statusberichten genannten Verbesserungsmaßnahmen – insbesondere solche, die das gesetzlich vorgeschriebene Überwachungssystem betreffen – sind vom Controlling und/oder der internen Revision regelmäßig daraufhin zu überprüfen, ob und mit welchem Erfolg sie auch tatsächlich umgesetzt wurden.

2.3 Verhaltenskontrollen

Bezüglich der personenbezogenen **Verhaltenskontrollen** kann man das Führungsverhalten der Vorgesetzten und das Ausführungsverhalten der Mitarbeiter unmittelbar überprüfen (direkte Verhaltenskontrolle), man kann aber auch über die erreichten Ergebnisse auf das Verhalten der Führenden und Ausführenden schließen (indirekte Verhaltenskontrolle).

Die **direkte Verhaltenskontrolle** ist eine stark subjektiv geprägte persönliche Kontrolle. Sie kann bei der Abwicklung von Routineaufgaben aber auch unpersönlich (anonym) erfolgen, indem nur die Verwendung von Methoden bzw. die Einhaltung organisatorischer Regeln und Routinen überprüft wird. Direkte Verhaltenskontrollen bei strategischen Vorhaben hinsichtlich des damit verbundenen innovativen Vorgehens werden allerdings als nur schwer durchführbar angesehen.

2.4 Prämissenkontrollen

Durch Prämissenkontrollen als **Kernstück der strategischen Kontrollen** versucht man in Soll-Wird-Vergleichen die Frage zu beantworten, ob ein Fortbestehen der Planungsannahmen sinnvoll ist. Strategische Pläne werden unbrauchbar und müssen geändert werden, wenn die an der Realität überprüften Prämissen nicht mehr zutreffen *(Becker/Piser)*.

Prämissenkontrollen sind außerdem die Voraussetzung für den Aufbau eines betrieblichen **Frühwarnsystems** als Teil des Risikomanagement-Systems im Unternehmen.

 Beschreiben Sie anhand geeigneter Kriterien die Unterschiede zwischen strategischen und operativen Kontrollen! Seite 239

Die für Prämissenkontrollen benötigten **Informationen** sollten nach Möglichkeit aus den Funktionsbereichen des Unternehmens stammen. Deshalb kann man möglichst vielen kompetenten Beschäftigten in diesen Bereichen als **Sensoren** das Rastern und Beobachten der relevanten Umwelt überlassen:

❏ Solches Vorgehen wird als **Scanning** bezeichnet, wenn es *ungerichtet* erfolgt, d.h. möglichst breit und von vornherein nicht auf bestimmte Beobachtungsfelder ausgerichtet ist.

❏ Ergeben sich irgendwann und irgendwo Hinweise auf einen möglicherweise für das Unternehmen kritischen Sachverhalt, kann dem Scanning das **Monitoring** folgen. Darunter versteht man ein *gerichtetes* Untersuchen eines identifizierten kritischen Sachverhalts, um darüber tiefergehende Informationen zu erhalten.

Ob und wie ein Beobachter eine Veränderung (insbesondere der Umwelt) wahrnimmt, ist abhängig von seiner persönlichen **Sichtweise** (Perspektive, Paradigma), die geprägt ist durch die Herkunft, Ausbildung, das Wissen und Interesse sowie die Erfahrung. Deshalb haben verschiedene Personen auch unterschiedliche Sichtweisen ein und desselben Sachverhalts. Das ist einerseits von Vorteil, weil Ansichten vervielfältigt werden können bzw. neue Ideen oder Visionen entstehen, die die Wahlmöglichkeiten erweitern. Andererseits dürfen aber auch gewisse Risiken nicht übersehen werden, die bei bestehenden „Sichtbehinderungen" (etwa durch

Gewohnheit) zu Verzerrungen im Gehalt einer Information führen können und zwar durch Zusammenfassung (Verdichtung), Übertreibung (Fat Formulation) oder Unterdrückung (Filterung).

> Glaubt ein Beobachter einen kritischen Sachverhalt erkannt zu haben, der diePlanungs- und Prognoseannahmen verändern könnte, weist er in einer kurzen schriftlichen **Meldung an das Controlling** auf dessen Einfluss hin.

Die beim Controlling eingehenden oder aus dem Intranet abrufbaren Meldungen werden sortiert, ausgewertet, beurteilt, gefiltert und schließlich zu **Fragebogen** verarbeitet. Über das Intranet könen diese Fragebogen an eine hinreichend große Zahl kompetenter Fachkräfte (Experten) verteilt werden, von denen zu erwarten ist, dass sie Stellung zu den jeweiligen Sachverhalten nehmen können.

Neben der Fragebogenmethode gibt es noch andere Möglichkeiten, um Informationen systematisch „aufzuwirbeln" und „anzusaugen". So kann daran gedacht werden, auf **internen Seminaren** (Workshops) die vom Controlling ausgewerteten Fragebogen zu bestimmten Problemen zu diskutieren und Empfehlungen daraus abzuleiten, welche Veränderungen und Entwicklungen von wem weiter zu beobachten sind.

Wenn auch nicht unbedingt gewünscht, so doch aber erwartet, wird eine möglichst gleichlautende Beurteilung der jeweiligen Sachverhalte. Sollte es dennoch zu **Ausreißern** innerhalb der vertretenen Meinungen kommen, sind diese weiter zu analysieren, um Hinweise auf mögliche Diskontinuitäten (Trendbrüche, Muster) zu erhalten. Des Weiteren müssen selbst übereinstimmende Meinungsäußerungen näher untersucht werden, wenn die Gefahr besteht, dass sich befragte Mitarbeiter kritiklos am Urteil eines Meinungsführers (Vorgesetzter, Controller) orientieren.

Schließlich besteht im Rahmen des Monitoring auch noch die Möglichkeit, Aufträge an externe **Forschungsinstitute** zu vergeben, um Sachverhalte gutachterlich überprüfen zu lassen.

3. Kontrollumfang

Bezüglich des Umfangs von Kontrollen (Kontrollintensität) wird unterschieden zwischen **Voll- und Teilkontrollen**. Zu einer Teilkontrolle kann es dann kommen, wenn sich aus Gründen der Wirtschaftlichkeit eine Überwachung aller relevanten Größen nicht rechtfertigen lässt.

Des Weiteren muss festgelegt werden, ob sich bei der Kontrolle einer Gesamtheit aus Gründen der Kosten- und Zeitersparnis gegebenenfalls auf **Stichproben** beschränkt werden kann und wie diese auszuwählen sind, damit von Stichprobenergebnissen auf die an sich zu kontrollierende Gesamtheit geschlossen werden kann.

Erfahrungsgemäß steigt – auch wegen der Möglichkeit zu lernen – mit zunehmender Kontrollintensität der Kontrollerfolg. Wird hingegen die Kontrollintensität von den Kontrollierten als lästig und störend (demotivierend) empfunden, kann das leicht entgegengesetzte (dysfunktionale) Wirkungen haben, d.h. nicht nur der Kontroll-erfolg bleibt aus, sondern die Mitarbeiter verlieren die Lust an Leistungen und persönlichem Engagement, planen Fehlzeiten ein, kündigen innerlich und machen nur noch Dienst nach Vorschrift. In besonders krassen Fällen werden Mitarbeiter (insbesondere High Potentials) kündigen und sich anderswo einen Arbeitsplatz suchen.

Aus Wirtschaftlichkeitsgründen und in Anbetracht begrenzter Kontrollkapazitä-ten erfolgt eine tiefergehende Analyse festgestellter Abweichungen im Sinne der Aufdeckung der Ursachen (Störgrößen) nur bei Abweichungen bestimmter Größen-ordnungen. Üblicherweise erfolgt deren Festlegung durch Angabe von Toleranz-grenzen, die, wie die beiden nachstehenden Abbildungen deutlich machen sollen, entweder *linear* (bei selektiven Abweichungen) oder *nicht linear* (bei kumulierten Abweichungen) verlaufen.

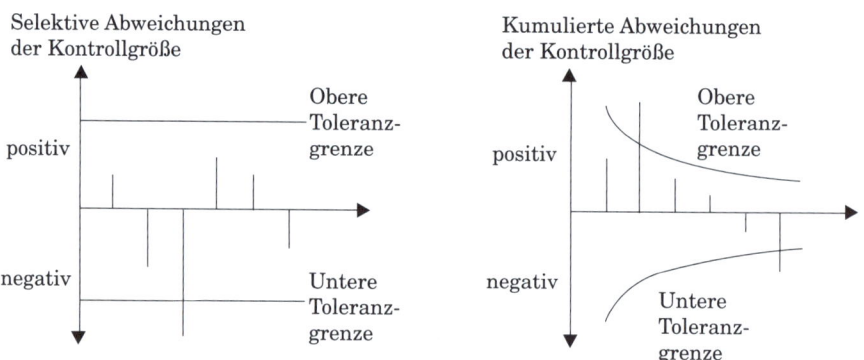

4. Kontrolltermine

Bezüglich der **Zeitpunkte** lassen sich Kontrollen danach unterscheiden, ob sie vor, während oder nach der Realisation von Plänen durchgeführt werden.

Während die **ex ante-Kontrolle** die Aufgabe hat, möglichst frühzeitig Abweichungen von *laufenden* Vorgängen aufzudecken und damit Vorsteuerungen zu ermöglichen, kommt der **ex post-Kontrolle** die Aufgabe zu, *abgeschlossene* Vorgänge und deren Endergebnisse zu überwachen (Soll-Ist-Vergleich) und gegebenenfalls erst dann Nachsteuerungen vorzunehmen.

Je schneller auf mögliche Abweichungen reagiert werden soll, desto kürzer muss der **Kontrollrhythmus** gewählt werden.

5. Kontrollträger

Grundsätzlich sollten Ergebniskontrollen durch die Handlungsträger erfolgen, denn **Selbstkontrollen** ermöglichen nicht nur die schnelle Einleitung von Anpassungs-maßnahmen, sondern vielmehr auch Lernprozesse im Sinne zukunftsorientierter Informationsgewinnung *(Schewe u.a.)*.

Da aber Selbstkontrollen subjektiv sind und damit der Gefahr eines manipulie-renden Verhaltens unterliegen, sind aufgrund der Forderung nach Neutralität und Objektivität sowie im Interesse einer über- und zwischenbetrieblichen Koordina-tion zusätzliche **Fremdkontrollen** durch Vorgesetzte und/oder das Controlling unerlässlich.

Fremdkontrollen erfolgen meistens erst nach der Überschreitung von Toleranz-grenzen. Dieser Vorgehensweise liegt das Führungsprinzip des **Management by Exceptions** zu Grunde, wonach die Handlungsträger die Verantwortung haben, „gewöhnliche" Abweichungen (Normalfälle) selbstverantwortlich zu steuern und nur in „Ausnahmefällen" andere Instanzen einschalten sollen.

> Fremdkontrollen durch das Controlling sollten nach Möglichkeit erst dann einsetzen, wenn Selbstkontrollen der Betroffenen bereits stattgefunden haben.
>
> Zeigen Sie auf, welche Vor- und Nachteile mit Selbstkontrollen verbunden sind!

 Seite 239

6. Ablauf der Kontrolle

Die im Rahmen von Kontrollen begründeten **Steuerungsvorgänge** lassen sich in Anlehnung an *Siegwart/Menzl* wie folgt darstellen:

Kriterien	Vorsteuerung	Nachsteuerung
1. Wirkungsprinzip	Vor(wärts)kopplung	Rück(wärts)kopplung
2. Ausrichtung	Input-orientiert = zukunftsbezogen	Output-orientiert = vergangenheitsbezogen
3. Zeitpunkt des Eingriffs	Vor Eintritt von Störungen	Nach Eintritt von Störungen
4. Wirkung des Eingriffs	Störungsabwehr	Störungsbeseitigung

Der Kontrollprozess hat, soweit er sich auf bereits realisierte Größen bezieht, als **kybernetischer Regelkreis** das folgende Aussehen:

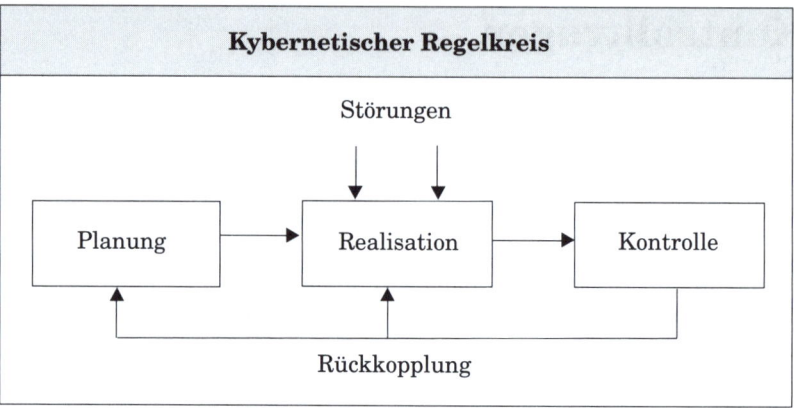

Von den Handlungsträgern festgestellte Abweichungen sollten nach Möglichkeit zu **Rückkopplungen in einen übergeordneten Regelkreis** führen, sobald vorgegebene Toleranzgrenzen überschritten werden. Das (hierarchische) Über- oder Unterordnungsverhältnis verbundener Regelkreise ergibt sich durch die im Rahmen des **Management by Objectives** vereinbarten Ziele, Mittel, Aufgaben und Handlungsspielräume.

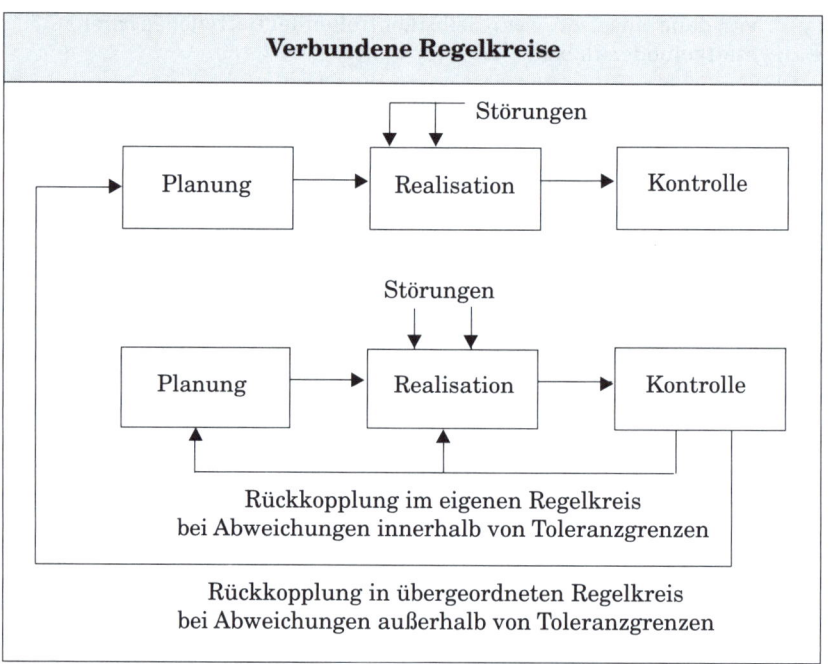

16 › Welche Bedeutung für das Controlling haben die beiden Führungsprinzipien „Management by Objectives", also der Führung durch Zielvereinbarung und „Management by Exceptions", also des Fremdeingriffs nur bei Ausnahmen?

Seite 239

Die auf dem **Prinzip der Vorkopplung** (Feed Forward) basierenden Kontrollen betreffen noch nicht realisierte Größen. Dabei ist es erforderlich, dass die Planung möglichst früh Informationen über vorhandene und potenzielle Störgrößen erhält, um rechtzeitig Maßnahmen zur Störungsabwehr ergreifen oder aber die angestrebten Ziele an nicht zu beeinflussende Gegebenheiten anpassen zu können. Im Mittelpunkt der Vorkopplung stehen Soll-Wird-Vergleiche in Bezug auf zeitlich längere Vorhaben und Wird-Ist-Vergleiche hinsichtlich der Planungsprämissen.

Vor- und Rückkopplungen können auch in den **Regelkreis des Controlling** vorgenommen werden. Sind die Toleranzgrenzen dabei *breit*, muss sich das Controlling nur mit wenigen Ausnahmefällen auseinander setzen. Umgekehrt bedeuten *enge* Toleranzgrenzen, dass die das Controlling erreichende Informationsmenge steigt.

Erläutern Sie, was unter folgenden Begriffen zu verstehen ist, die Sie in diesem Kapitel kennen gelernt haben:	
○ Kontrolle	○ Kontrollumfang
○ Ergebniskontrolle	○ Toleranzgrenzen
○ Abweichungen	○ Kontrollzeitpunkte
○ Prämissenkontrolle	○ Kontrollträger
○ Frühwarnung	○ Regelkreis

Seite 239

D. Informationsversorgung als Aufgabe des Controlling

Für Planungs- und Kontrollprozesse werden **Informationen** benötigt.

> Grundlage von Informationen sind **Daten**, d.h. Zeichen (Buchstaben, Ziffern bzw. Sonderzeichen) und Zeichenfolgen. Beispiel: 1,2 Mio. €.

Im Rahmen von Leistungsprozessen fallen eine Vielzahl von Stamm- bzw. Zustandsdaten und Bewegungs- bzw. Ereignisdaten an, die allerdings erst dann zu **Informationen** werden, wenn sie einen **Zweckbezug** (Kontext) erhalten und damit für (formale) Planungs-, Entscheidungs- und Kontrollprozesse, welche die Leistungsprozesse des Unternehmens überlagern, verwendbar sind. Beispiel: Der Umsatz im letzten Monat betrug 1,2 Mio. €.

1. Arten und Zweck von Informationen

Nach *Wild* lassen sich Informationen bezüglich der damit verbundenen **Aussagen** unterscheiden:

Informationsart	Aussagen-Typ	Aussagen über...
Faktische	Ist-Aussage	Wirklichkeit (Vergangenheit)
Prognostische	Wird-Aussage	Zukunft
Explanatorische	Warum-Aussage	Ursachen von Sachverhalten
Konjunktive	Kann-Aussage	Möglichkeit(en)
Normative	Soll-Aussage	Ziele/Werturteile/Normen
Logische	Muss-Aussage	Notwendigkeiten
Explikative	–	Definitionen (Sprachregelungen)
Instrumentale	–	Methodologische Beziehungen

Da Informationen immaterieller Natur sind, bedarf es zusätzlich noch der **Nachricht** als dem übermittelnden (materiellen) Informationsträger.

Werden Nachrichten nur in eine Richtung übertragen, spricht man von *einseitiger* (oder asynchroner) **Kommunikation**. Dagegen liegt der Fall einer *zweiseitigen* (oder interaktiven) Kommunikation vor, wenn Nachrichten abwechselnd oder gleichzeitig in beide Richtungen übertragen werden. Sofern die Kommunikationsformen und -richtungen technisch unterstützt werden, wird, und zwar unabhängig von der räumlichen Distanz zwischen Sender und Empfänger, aber außerhalb der Hörweite, von **Telekommunikation** gesprochen. Diese kommt den Bedürfnissen nach ganzheitlicher Kommunikation durch orts- bzw. zeitunabhängige Übertragung von Sprache, Bild, Text und Daten entgegen, sie fördert Mobilität sowie Virtualität und sie unterstützt den Trend in Richtung größerer (weltweiter) **Vernetzungen**.

Kommunikation kann durch **Störgeräusche** erschwert werden, die dadurch entstehen, dass

❑ vom **Sender** übermittelte Informationen vorab selektiert, verwendete Tabellen zu unübersichtlich, erstellte Grafiken geschönt oder textliche Erläuterungen unglaubwürdig sind,

❑ vom **Empfänger** bestimmte Informationen nicht wahrgenommen, verstanden oder akzeptiert werden,

❑ von **allen Beteiligten** verwendete Fachausdrücke (Begriffe) oder Kennzahlen verschieden interpretiert werden.

Informationen gelten als die Grundlage für **Wissen**, also das Können (Fertigkeiten, Fähigkeiten) und Kennen (Kenntnisse, Erkenntnisse) des Empfängers.

Informationen verändern vorhandenes Wissen und lassen neues Wissen mit entsprechendem **Anwendungsbezug** entstehen.

Beim Lernen neuen Wissens über etwas oder jemanden geht es aber nicht allein darum, einen vorhandenen **Wissensbestand** zu vergrößern, sondern es geht auch darum, überholte Wissensinhalte infrage zu stellen, sodass Lernen, Umlernen und Verlernen gleichbedeutende Vorgänge sind.

Da Informationen und Wissen zwar unbegrenzt vorhanden, beliebig vermehr- bzw. veränderbar, aber in den meisten Fällen nicht umsonst zu erhalten sind, stellen sie eine Ressource dar und sind deshalb ein (immaterieller) **Produktions- und Wettbewerbsfaktor.**

Im Gegensatz zu materiellen Ressourcen gehen Informationen und Wissen durch **Austausch** (Teilung) nicht verloren, d.h. sie gehen dem Empfänger zu, bleiben aber beim Sender vollständig erhalten.

---

2. Informationsmanagement

Bezeichnet man die Summe aller Maßnahmen, die zur Beherrschung des Produktions- und Wettbewerbsfaktors Information führen, als **Informationsmanagement**, bezieht sich das auf die folgenden Bereiche:

❑ **Informationstechnologie** (IT) mit den Aufgaben der Gestaltung, Implementierung und Wartung der informations- und kommunikationstechnischen Infrastruktur. Ferner geht es um die Entwicklung und Verbesserung der zur Anwendung kommenden Softwareprodukte, einschließlich der Anpassung standardisierter Software an die betrieblichen Gegebenheiten. Schließlich sind auch Sicherheitseinrichtungen zu schaffen, um Daten bzw. Informationen vor unberechtigten Zugriffen bzw. Virenbefall zu schützen.

❏ **Informationsressourcen** im Zusammenhang mit der Entwicklung der Informationsfähigkeit innerhalb des Unternehmens, des Abbaus asymmetrischer Informationsverteilungen innerhalb der Organisationsebenen sowie der bedarfsgerechten Festlegung und Gestaltung von Herkunft, Inhalten, Aufbereitungs- bzw. Darbietungsformen relevanter Informationen und deren koordinierter Bereitstellung.

Das **Controlling** kann im Unternehmen für die Informationsressourcen verantwortlich sein. Dabei übernimmt das Controlling die Aufgaben der Steuerung von Informationsströmen (Informationslogistik), indem die Handlungsträger des Unternehmens *passiv* mit den für sie relevanten Informationen versorgt werden, oder, was in Anbetracht der Fülle von Informationen (Mengenproblem), Problemrelevanz von Informationen (Qualitätsproblem) und Aktualität von Informationen (Zeitproblem) noch besser wäre, die Handlungsträger in die Lage versetzt und anhält, sich die von ihnen benötigten Informationen *aktiv* zu beschaffen. Je fortgeschrittener die im Unternehmen vorhandene Informations- und Kommunikationstechnik ist und je mehr diese von den Anwendern auch tatsächlich genutzt wird, kann das Controlling von seiner **Bringschuld** bezüglich der Informationsversorgung entlastet werden. Für die Handlungsträger vergrößert sich im Gegenzug die **Holpflicht**.

Beantworten Sie bitte die nachstehenden Fragen:

1. Was versteht man unter einer asymmetrischen Informationsverteilung?
2. Wodurch entstehen solche Asymmetrien?
3. Welche Gefahren sind nach dem Principal Agent-Ansatz damit verbunden?
4. Welche Rolle spielt das Controlling in Bezug auf die Beseitigung derartiger Asymmetrien?

Seite 239 f.

Im Rahmen der **Informationslogistik** hat sich Controlling im Unternehmen mit Sachverhalten wie Informationsbedarf, -nachfrage und -angebot auseinander zu setzen:

❏ Als **Informationsbedarf** bezeichnet man die Art, Menge und Beschaffenheit von Informationen, die Manager *objektiv* zur Erfüllung ihrer Aufgaben benötigen. Die Feststellung des Informationsbedarfs geschieht in der Weise, dass man das Aufgabenprofil eines jeden Managers in Teilaufgaben (Arbeitspakete) zerlegt, denen man dann Informationen zuordnet, für die der relevante Datenbedarf abgeleitet wird.

❏ Die vom Management tatsächlich formulierte **Informationsnachfrage** ist *subjektiv* geprägt, weil
- ein hoher Innovationsdruck den Informationsbedarf immer wieder verändert,
- die Kenntnis aller Informationen unmöglich ist,
- durch selektive Aufmerksamkeit, Vorurteile oder Spezialisierung ein Zuviel an Informationen bewusst ferngehalten wird und
- der Besitz nicht unbedingt benötigter Informationen Prestige und Sicherheit vermittelt.

❑ Die Art, Menge und Beschaffenheit der zu einem Zeitpunkt verfügbaren Informationen bilden das **Informationsangebot**.

Während das Informationsangebot im Unternehmen ständig zunimmt, verändert sich die Informationsnachfrage erfahrungsgemäß nur langsam. Dieser „Mangel im Überfluss" bedeutet ein **Informationsdilemma**, weil Manager den Kontakt mit dem Informationsangebot oft frühzeitig beenden, wodurch **Informationslücken** entstehen, die eine laufende Überprüfung und Anpassung der Informationslogistik durch das Controlling notwendig machen.

 Skizzieren Sie die mit der Verdichtung und Filterung von Informationen verbundenen Gefahren einer Manipulation des internen Berichtswesens. Seite 240

3. Datenhaltung

Grundlage für die Datenhaltung ist ein **Datenbanksystem**, bestehend aus

❑ einer oder mehreren **Datenbanken**, die den auf Dauer angelegten Datenbestand, der ein Abbild der Unternehmenswirklichkeit sein soll, möglichst redundanzfrei und konsistent speichern,

❑ einem **Methodenbestand** und

❑ einem **Datenbankverwaltungssystem**, das den Datenbestand sichert und einen koordinierten Zugriff verschiedener Stellen erlaubt.

Im Falle einer *verteilten* Datenhaltung werden mehrere Datenbanken in ein **Netzwerk** eingebunden.

3.1 Datenbestand

Die **Gesamtheit aller verfügbaren Daten** ergibt den Datenbestand. Den größten externen Datenbestand der Welt hat das **Internet**.

3.1.1 Transaktionsdatensysteme

Diese dienen der internen **Abwicklung und Bewältigung** der laufenden Geschäftsvorfälle im Unternehmen, wobei folgende Untergliederung üblich ist:

❑ **Administrationssystem**, das Massendaten erfasst, verarbeitet und speichert. Beispiele dafür sind neben der bereits genannten Auftragsverwaltung die Kosten- und Leistungsrechnung, Lagerbestandsführung, Material- und Personalabrechnung sowie Anlagen- und Finanzbuchhaltung.

❑ **Dispositionssystem**, das Routineaufgaben bewältigt, die in strukturierter Form vorliegen. Beispiele dafür sind die Auftragsabwicklung, Materialdisposition und Fertigungssteuerung sowie die Beschaffung von Personal, Betriebsmitteln (Sachanlagen) und Finanzmitteln (Geldkapital).

Da die Datenbestände der beiden Systeme meistens sehr umfangreich sind, kann es nach dem **Data Warehouse-Konzept** zweckmäßig sein, aus den internen Basisda-ten, zusammen mit ausgewählten Daten aus externen Quellen, einen extra Daten-bestand zu schaffen und diesen um die jeweils neuesten Daten so zu ergänzen, dass eine Art „Lager der Daten" mit aktuellen Zeitbezügen entsteht. Dabei bietet ein Data Warehouse den Anwendern einen umso höheren Nutzen, je

❑ mehr die laufend gesammelten Daten in ihrer **Themenorientierung** auf die Schwerpunkte der Kernbereiche der Organisation ausgerichtet sind,

❑ stärker die **Vereinheitlichung der Daten** ist, was einen Datenbestand entstehen lässt, der sich stimmig, akzeptabel und weitgehend redundanzfrei präsentiert,

❑ länger der **Zeitraum** ist, über den die Bevorratung der aufbereiteten Daten stattfindet, mit denen beispielsweise Zeitreihenanalysen vorgenommen werden können,

❑ größer die **Vielfalt und Qualität** der verfügbaren Techniken zur Speicherung der Instrumente ist, die der Auswertung und Analyse großer Datenmengen dient.

3.1.2 Büro-Informations- und Kommunikations-Systeme

Mithilfe dieser Systeme sollen **Bürotätigkeiten** multifunktional verknüpft und unter einer einheitlichen Oberfläche integriert werden, um die Arbeitsproduktivität der Beschäftigten zu steigern und den internen Informationsfluss zu beschleunigen. Typische Aufgaben dieser Systeme sind die Textverarbeitung, die Adress- und Terminverwaltung oder die Archivierung von Dokumenten. Zunehmende Bedeutung erhalten Workflow- und Groupware-Anwendungen.

Datenträger innerhalb von **Workflow-Anwendungen** sind von außen per Post, Fax oder E-Mail eintreffende sowie im Unternehmen erstellte **Dokumente** (Schriftstücke), wie z.B. Kundenanfragen, Bestellungen, Liefer- und Rechnungsbelege, Kundenreklamationen, Verträge, Statusberichte, Formulare, Tabellenkalkulationen, Konstruktionszeichnungen, Grafiken oder Fotos. Um den Zugriff auf Dokumente auch in ferner Zukunft zu gewährleisten, sind Papiervorlagen zu scannen und zusammen mit den schon in elektronischer Form vorliegenden Belegen im Ursprungsformat oder als Images zu archivieren. Als Kurzzeitarchive (mit häufigen Zugriffen) sind Optical Discs (CD-ROMs oder DVDs) und als Langzeitarchive (mit seltenen Zugriffen) sind Mikrofilme geeignet. Bei Bedarf kann automatisch auf diese

Speichermedien zurückgegriffen werden, um einzelne Dokumente auszudrucken oder mehrere Dokumente zu einer elektronischen Akte zusammenzufassen, die im Unternehmen von Bearbeitungsstufe zu Bearbeitungsstufe weitergereicht werden kann. Ein wichtiger Aspekt ist hierbei das schnelle Finden (Retrieval) gesuchter Dokumente, was voraussetzt, dass die Dokumente vor ihrer Speicherung klassifiziert und mit einem Schlagwort (Index) versehen wurden *(Müller / Stolp)*.

Spezielle **Groupware-Systeme** stellen Instrumente für die Koordination von Teamarbeiten zur Verfügung. Ein Instrument für Groupware-Anwendungen ist das elektronische **Blackboard**. Darunter versteht man eine zentrale Agenda, aus der eine Gesamtaufgabe, die abgeleiteten Arbeitspakete und deren Zuordnung zu den Beteiligten sowie die erreichten Zwischenergebnisse ersichtlich sind. Jeder Beteiligte schreibt seine Zwischen- oder Endergebnisse so auf das Blackboard, dass die übrigen Beteiligten die Daten jederzeit abrufen können bzw. bei aktiven Blackboards automatisch darüber unterrichtet werden. Blackboard-Systeme lassen sich hierarchisch so anordnen, dass die Ergebnisse einer übergeordneten Ebene die Vorgaben für nachgeordnete Ebenen darstellen. Umgekehrt findet eine Rückkopplung an eine übergeordnete Ebene nur dann statt, wenn dort Ergebnisse revidiert werden müssen *(Corsten / Gössinger)*.

3.1.3 Führungs-Informations-Systeme

Die Tatsache, dass die aus verteilten Datenbeständen abgeleiteten Informationen in Abhängigkeit von der Organisationsstruktur von Stufe zu Stufe nach oben immer mehr verdichtet werden, lässt im Unternehmen eine **Informationspyramide** entstehen.

> Führungs-Informations-Systeme (FIS) haben die Aufgabe der gezielten **Versorgung des Management** mit speziellen, d. h. unterschiedlich hoch verdichteten Informationen.

Kernstück eines FIS ist der **Führungsdatenbestand**, der eine auf die jeweilige Aufgabenstellung des Managers beschränkte Informationsmenge auf einem bestimmten Arbeitsplatzrechner verfügbar hält. In einfachen Fällen wird diese Datenbank mit relevanten Informationen von den Fachabteilungen oder durch das Controlling gespeist. In fortschrittlicheren Fällen werden Kerninformationen aus großen Datenbeständen in einem von der Führungskraft gewünschten Detaillierungsgrad mittels spezieller Softwaretools extrahiert (Data Mining), über Filter in den Führungsdatenbestand gelesen und dort mit spezieller Software aufbereitet. Der Grad der Informationstiefe muss individuell von der Führungskraft bestimmt werden.

Mit zunehmender Betriebsgröße wird es immer schwieriger, für die vielen Geschäftsbereiche eine gemeinsame Basis der relevanten Daten zu finden. Die Lösung könnten einzelne, auf jeweils einen Bereich oder eine spezielle Aufgabenstellung zugeschnittene Mini Warehouses sein, die auch als **Data Marts** bezeichnet werden.

Nach dem Konzept des **Management Cockpit** lassen sich Kennzahlen durch Grafiken visualisieren, und zwar in einer Anordnung, die der aus Fahr- und Flugzeugen bekannten Instrumententafeln ähnelt. Da der Benutzer bezüglich der Wahl und Anordnung der Grafiken auf dem Bildschirmfenster seines Arbeitsplatzrechners weit gehend frei ist, ermöglicht das ein einfaches Navigieren durch komplexe Sachverhalte. Außerdem ermöglichen Ampelfarben das schnelle Erkennen von Schwachstellen, Engpässen oder Ausnahmesituationen.

Besonders gut genutzt werden kann ein FIS, wenn es sich auf einem **portablen Computer** (Notebook) befindet, den die Führungskraft nicht nur am Arbeitsplatz verfügbar hat, sondern auch zu Verhandlungen, Konferenzen oder Präsentationen mitnehmen kann.

3.2 Methodenbestand

Von den Daten getrennt sollten die **Methoden** sein. Anders als der Datenbestand, der die für die Lösung eines Problems benötigten Daten bereitstellt, enthält der Methodenbestand diejenigen Prozeduren oder Werkzeuge (wie z.B. Programme zur Ablauf- und Dialogsteuerung, Modelle, Rechenalgorithmen, Analyseverfahren), die erforderlich sind, um Daten durch Auswahl und Verdichtung in Informationen umzuwandeln. Der **Methodenbestand** ist dabei so zu organisieren, dass die unterschiedlichen Anforderungen der Benutzer erfüllt werden können.

Auf lange Sicht ist anzustreben, dass sich die Methoden möglichst **automatisch** mit den erforderlichen Daten aus vorhandenen Datenbeständen versorgen.

3.3 Datenbanken

Die gemeinsame Nutzung von Daten-, Informations- und Methodenbeständen erfordert eine (zentrale) oder mehrere (verteilte) **Datenbanken**:

❑ Eine **zentrale Datenbank** befindet sich auf einem Rechner (Mainframe), an den Terminals angeschlossen sind, über die auf den Datenbestand zugegriffen werden kann. Sollen auch Arbeitsplatzrechner auf die zentrale Datenbank zugreifen können, ist diese in ein Netz einzubinden und von einem Server zu verwalten.

❑ Von **verteilten Datenbanken** wird gesprochen, wenn der Datenbestand in mehr als eine Datenbank aufgeteilt ist, aber dennoch die Möglichkeit besteht, mit jeder dieser Datenbanken auch Daten auszutauschen. Die Datenbanken sind meistens örtlich so verteilt, dass Daten dort verfügbar sind, wo sie häufig und schnell gebraucht werden. Der Benutzer wird davon allerdings nicht berührt, denn ihm stellt sich der Verbund wie eine Datenbank dar, d.h. er braucht sich um den Speicherort der Daten nicht zu kümmern.

Im Zusammenhang mit Datenbanksystemen spricht man auch von Datenbankmodellen, wobei durch die Bezeichnung **Modell** zum Ausdruck gebracht werden soll, dass die in einer Datenbank enthaltenen Informationen ein vereinfachtes Abbild der Wirklichkeit darstellen.

Diejenige Software, die zum Betreiben einer Datenbank benötigt wird, bezeichnet man als **Datenbankverwaltungssystem**.

3.3.1 Relationenmodell

Das wohl gängigste Datenbankmodell ist das **Relationenmodell** mit folgenden Elementen:

❑ **Objekte** kennzeichnen Sachmittel, Funktionen, Prozesse, Dokumente, Personen oder Begriffe der realen bzw. vorgestellten Welt durch Angabe von Substantiven. Objekte gleicher Art bilden zusammen einen Objekttyp (wie z.B. Maschinen, Mitarbeiter, Artikel, Teile, Aufträge, Konten, Organisationseinheiten, Orte bzw. Ereignisse des Unternehmens oder des jeweils untersuchten Gegenstandsbereichs). Objekte können im Zeitverlauf verschiedene Zustände annehmen.

❑ **Relationen** (Beziehungen) kennzeichnen die Art und Intensität von Verknüpfungen, die zwischen Objekten bestehen. Relationen gleicher Art bilden einen Beziehungstyp, der in der Regel mit einem Verb bezeichnet wird. Dazu ein Beispiel: Kunde X bestellt Produkt Y. Aber: Kunde X kann auch andere Produkte bestellen bzw. Bestellungen für das Produkt Y können auch von anderen Kunden kommen.

❑ **Attribute** (Merkmale) ordnen Objekten bestimmte Eigenschaften zu, die diese identifizieren und charakterisieren. Welche Eigenschaften relevant sind, wird für alle Objekte eines Typs gemeinsam festgelegt (wie z.B. Art, Inventarnummer, Standort/Kostenstelle, Anschaffungsdatum und -wert sowie Restwert jeweils einer Maschine).

Im Relationenmodell wird zu jedem Objekttyp eine (zweidimensionale) **Tabelle** angelegt, deren Zeilen die einzelnen Objekte und die Spalten deren Attribute enthalten. Beziehungstypen lassen sich entweder durch zusätzliche Attribute oder durch eigene Tabellen darstellen. Da beim Relationenmodell keine strukturbedingten Verkettungen zwischen einzelnen Datensätzen zu beachten sind, lassen sich Tabellen leicht einfügen oder entfernen.

3.3.2 OLAP-Modell

Eine Erweiterung des Relationenmodells ist das **OLAP-Datenbankmodell**, wobei OLAP für **O**n-**L**ine **A**nalytical **P**rocessing steht.

Während das Relationenmodell zweidimensional (mit Tabellen) arbeitet, ist das OLAP-Modell **multidimensional** strukturiert, damit mehrere Benutzer (mit entsprechenden Zugriffsrechten) gleichzeitig und zeitnah auf die Datenbestände zugreifen und diese nach ihren Bedürfnissen auswerten können.

Für die **Anwendung der OLAP-Technologie** gilt *(Oehler)*:

❑ **Dimensionen** (Datensichten) sind beispielsweise Märkte, Produkte, Kunden, Regionen und Zeiträume. In ihrer Wertigkeit sind die Dimensionen der zu verarbeitenden Datenobjekte grundsätzlich gleich.

❑ Innerhalb einer Dimension sind die **Bezugsobjekte hierarchisch gegliedert**. So lassen sich beispielsweise die Umsätze bzw. Produktsparten und -gruppen bis hinunter zu den einzelnen Artikeln gliedern (Zerlegung der Datensicht). Umgekehrt ist auch eine Verdichtung eines Bezugobjekts von unten nach oben (Konsolidierung der Datensicht) möglich.

❑ Ein Datenmodell mit drei Dimensionen ergibt einen **Datenwürfel**, der nach den Dimensionen ausgewertet werden kann. Bezüglich der bedarfsgerechten Zusammenstellung von Informationen wird dabei unterschieden:

- *Slicing* (Schnittbildung) besagt, dass der Würfel differenziert nach einer Dimension ausgewertet und die Ergebnisse tabellarisch dargestellt werden können. Das erfordert Schnitte durch den Datenwürfel, wie sie in der nachstehenden Abbildung enthalten sind. Beispiel: Betrachtung des Umsatzes mit einem Produkt X aus der Perspektive der Region Y und der Periode Z.
- *Dicing* (Rotation) beschreibt die Möglichkeit von Sichtwechseln zu anderen Dimensionen. Bildlich gesprochen geht es um das Drehen des Datenwürfels in alle Richtungen. Beispiel: Wechsel von der Perspektive „Umsatz mit Produkt X in allen Regionen" zu „Umsatz mit allen Produkten in der Region Y".

❑ Analyseprozesse, Sortierungen, Klassifizierungen, Berechnungen von Kennzahlen und die Tiefensuche nach interessanten Berichtsbestandteilen (z.B. Höchst-, Mindest- und Durchschnittswerte, Differenzen, Abweichungen von Vorgaben, Verhältnisse, Anteile oder Korrelationen) geschehen, wie bereits der Name zum Ausdruck bringt, **interaktiv** (online). Daraus ergibt sich „eine minimierte ‚Time to Controlling' bei hoher Validität der Informationen" *(Kusterer)*.

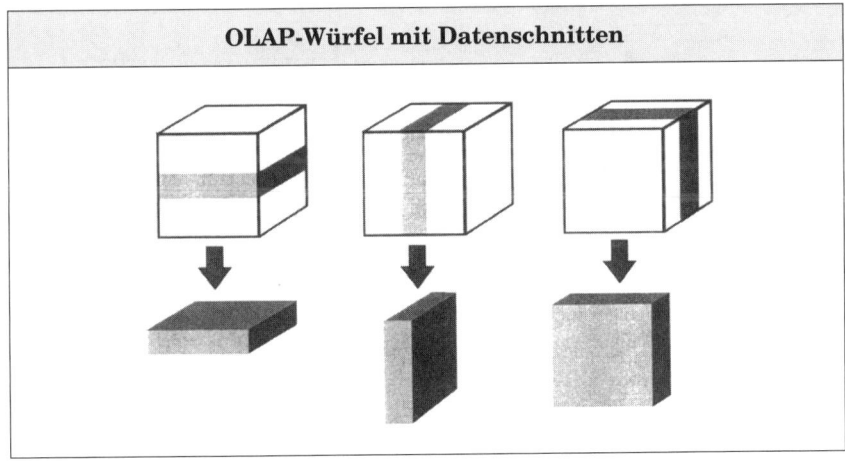

OLAP-Würfel mit Datenschnitten

Ein **Nachteil des OLAP-Modells** besteht darin, dass der Füllungsgrad des Würfels meistens unvollständig ist. Daher kann es vorkommen, dass bei Abfragen die Schnittmengen der Zeilen und Spalten leer oder nicht sinnvoll belegt sind.

3.4 Datennetze

Um miteinander Daten austauschen zu können, sind Datenbanken und Arbeitsplatzrechner über **Leitungen** (Kabel) miteinander zu vernetzen.

3.4.1 Lokales Netzwerk

Der Datenaustausch innerhalb des Unternehmens erfordert ein **lokales Netzwerk** (LAN = Local Area Network).

Bezüglich der **Anordnung der Rechner** (Topologie) in einem lokalen Netz und die Art ihrer Verbindung wird zwischen Ring und Bus unterschieden. Beiden Versionen ist gemeinsam, dass die Datenbanken auf die an das Netz angeschlossenen Rechner verteilt sind oder sich auf einem Großrechner befinden, der so in das Netz eingebunden wird, dass die Rechner darauf zugreifen können.

Rechneranordnung	
Ring	**Bus**

Die Verbindung mehrerer Busse zu einem größeren Netz erfordert das Vorhandensein eines separaten Busses, der als **Rückgrat** (Backbone) das gesamte Unternehmen durchzieht und an den die übrigen Busse mithilfe von speziellen Verbindungsteilen angeschlossen werden können.

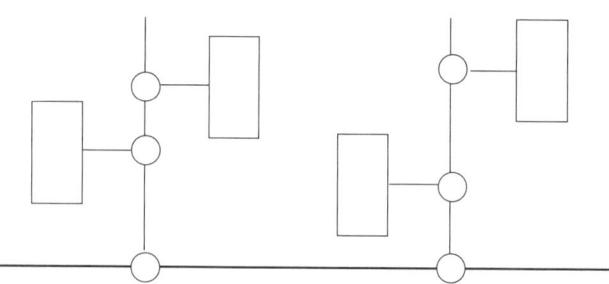

Sollen verschiedene Netze miteinander verbunden werden, geschieht das mit **intelligenten Schnittstellen** (Gateways). Das ist erforderlich, weil zwischen den Netzen unterschiedliche Verfahren für den Zugriff auf die Daten und unterschiedliche Bedingungen für deren Übermittlung (Protokolle) gelten.

3.4.2 Weitverkehrsnetzwerk

Sobald ein lokales Netz verlassen wird, erfordert eine **Weitverkehrskommunikation** (WAN = Wide Area Network) die Dienste von Netzbetreibern (Provider), die den Zugang zum öffentlichen Netz technisch und gebührenmäßig abwickeln. Eine Kombination unterschiedlicher Dienste für Daten, Text, Sprache und Bildern (Grafiken) erlaubt multimediale Kommunikationsanwendungen.

> Einen weltweiten **Informations- und Kommunikationsverbund** (Cyberspace) bietet das Internet und die mit ihm verbundenen Techniken.

Das **Internet** ist ein globales Computernetzwerk mit einem riesigen Datenpool, das sich aus unübersehbar vielen und weltweit verteilten Großrechnern zusammensetzt. Herausragendes Merkmal des Internets ist dessen offenes Organisationsprinzip, was bedeutet, dass das „Netz der Netze" von jedem an das Festnetz angeschlossenen Arbeitsplatzrechner bzw. von mobilen Geräten aus erreichbar ist.

Bekannte **Internetdienste** sind u. a.:

❑ **World Wide Web** (WWW), das Nutzern gegen Zahlung einer Gebühr an ihren Netzbetreiber die Möglichkeit bietet, mit Hypertextdokumenten durch das Netz zu navigieren. Hypertextdokumente sind Texte, die über besonders gekennzeichnete Textpassagen (Hyperlinks) mit anderen Textdokumenten vernetzt sind.

❑ **Elektronische Post** (E-Mail), mit der Informationen vom Arbeitsplatzrechner aus schnell und kostengünstig an beliebig viele Adressaten verteilt werden können. Andere Kommunikationsmedien im Web sind Instant Messaging (für die Zusammenarbeit in Echtzeit) und Blogs (zum Verfassen von Botschaften).

Mit der Weiterentwicklung des Internets und dem Ausbau der Infrastruktur des Netzes wachsen die Anforderungen an die **Datensicherheit**. Um durch Hacker oder Viren verursachte Störfälle zu verhindern, sind elektronische Wächter zu installieren.

Auf der Grundlage der Internet-Technologie können **Unternetze** (digitale Plattformen) geschaffen werden:

❑ Das **Intranet** ist ein *internes* Informations- und Kommunikationsnetz mit Gateway zum Internet. Den Mitarbeitern und Führungskräften als geschlossenem Benutzerkreis ermöglicht das Intranet einen verbesserten bzw. beschleunigten Informations- und Kommunikationfluss im Unternehmen. Durch das zum Standard zählende Softwarepaket *Microsoft Office* können an jedem Arbeitsplatz im

Unternehmen elektronisch erstellte Dokumente (wie Texte, Tabellen, Formulare oder Grafiken) über das Intranet den Betroffenen oder Interessenten (darunter auch das Controlling) standortunabhängig verfügbar gemacht werden.

Um sicherzustellen, dass nur zugelassene Daten in das Intranet hinein kommen sowie um zu verhindern, dass unberechtigte Zugriffe vom Internet auf das Intranet stattfinden, werden **Firewall-Systeme** und moderne Verschlüsselungsverfahren installiert.

❑ Das **Extranet** entsteht durch Öffnung des Intranet nach außen. Über den Internetanschluss und Web-Browser haben ausgewählte *externe* Adressaten, wie z.B. Lieferanten, Kunden, Kapitalgeber und andere Geschäftspartner des Unternehmens einen Passwort geschützten Online-Zugriff nur auf die für sie relevanten Daten. Moderne Technologien ermöglichen einen sicheren und geschützten Zugriff auf vertrauliche Daten.

Den **Zusammenhang** zwischen dem Internet, Intranet und Extranet visualisiert die nachstehende Abbildung.

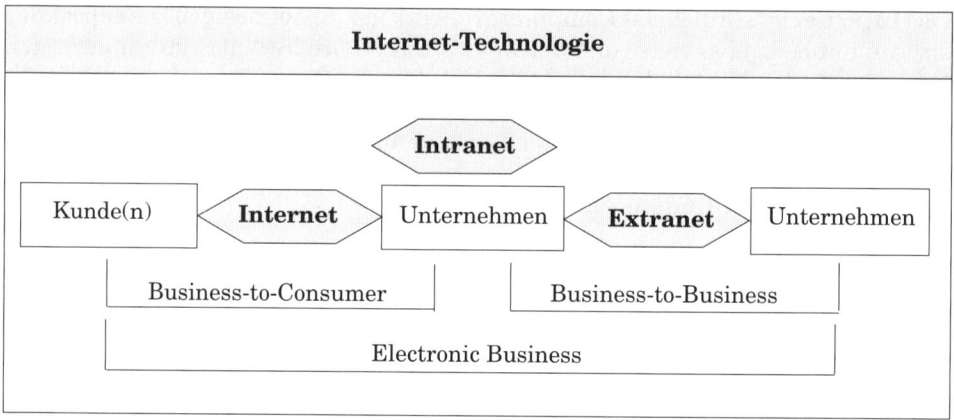

3.5 Datenbankverwaltungssystem

Der wichtigste Teil der Software eines Datenbanksystems ist - wie bereits angedeutet - das **Datenbankverwaltungssystem**. Kein Anwender darf an diesem System vorbei auf Daten zugreifen.

Damit der Überblick über die Vielzahl von Dateien und Datenbanken des Unternehmens nicht verloren geht, ist ein **Datenkatalog** (Data Dictionary) erforderlich. Damit bezeichnet man eine separate Datenbank, in der Daten über die Daten (also Metadaten) und ihre Verwendung, nicht aber die Inhalte der beschriebenen Daten, gespeichert sind.

Um zu verhindern, dass Datenbestände in unzulässiger Weise benutzt, beschädigt oder zerstört werden, wenn ein Benutzer Daten sucht, hinzufügt, ändert oder löscht, ist der **Zugang** zum Datenbanksystem zu regeln. Bezogen auf die über ein Objekt (z.B. Kunde, Auftrag, Projekt, Produkt, Maschine, Mitarbeiter, Lieferant, Kostenstelle) gespeicherten Daten, erlaubt eine

❑ **Abfrage**, den Inhalt in geeigneter Form zu lesen und zweckorientiert weiterzuverarbeiten,

❑ **Mutation**, den Inhalt zu ändern, d.h. zu aktualisieren, neu zu speichern oder zu löschen.

Hinsichtlich der **Form der Abfrage** an eine Datenbank werden unterschieden: Bei einer

❑ **vorbereiteten Abfrage** kann sich der Benutzer durch Aufruf bestimmter Funktionscodes wiederkehrende Auswertungen und Darstellungen beschaffen. Ein Anwenderprogramm, das vorbereitete Abfragen im Dialog über Menüs und/oder Masken steuert, ist in der Regel so formuliert, dass der Benutzer nur das (Eingabe-)Format und die Wirkung (Ausgabeformat und -umfang) einzelner Fragen sowie die Bedeutung der im Dialogbetrieb zu spezifizierenden Parameter, nicht aber die Datenstruktur kennen muss.

❑ **freien Abfrage** kann in der Datenbank nach irgendwelchen (darin gespeicherten) Daten gesucht werden. Damit der Benutzer seine Fragen formulieren kann, muss er Kenntnis haben sowohl über die vorhandenen Daten, als auch über deren gegenseitige Beziehungen. Weil aber gerade solche Benutzer, die nur gelegentlich Auskünfte von einer Datenbank wünschen, derartige Kenntnisse meistens nicht besitzen, werden vorhandene Systeme laufend verbessert bzw. neue Systeme entwickelt.

Um das Controlling von seiner **Bringschuld** bezüglich der Versorgung der Führungskräfte mit relevanten Informationen zu entlasten, können Organisationsmitglieder die Berechtigung erhalten, bei Bedarf einen beliebigen Datenbankausschnitt mittels einer **benutzerfreundlichen Abfragesprache** über den Arbeitsplatzrechner zu holen, über geeignete Prozeduren vor Ort mit gängigen Softwarewerkzeugen individuell weiter zu be- und verarbeiten und entsprechend der Aufgabenstellung zu verwenden.

4. Wissensbasierte Systeme

Wissen, das dezentral aus **Lernprozessen** entsteht, ist stets unvollkommen und ungleich (asymmetrisch) auf die Unternehmen verteilt.

Die Entdeckung produktiven Wissens durch Verknüpfung unterschiedlicher Informationsquellen, wird als **Business Intelligence** bezeichnet. Es handelt sich dabei um einen Wertschöpfungsprozess, innerhalb dessen neu erworbenes Wissen erklärt, beurteilt und zweckbezogen transformiert wird *(Gentsch)*.

Ein über das Internet zugänglicher Wissensbestand ist das interaktive Lexikon **Wikipedia**, das unter diesem Namen auf Webseiten hinterlegte Inhalte (Themen),

Entwürfe oder Ideen enthält, die von jedermann gelesen und online bearbeitet werden können. Der Nachteil dieses Online-Lexikons ist allerdings seine Offenheit, die anfällig ist für Manipulationen und Irrtümer.

4.1 Organisationales Lernen

Voraussetzung für die Schaffung und Weiterentwicklung der betrieblichen Wissensbasis ist **organisationales Lernen**.

Lernen ist eine besondere **Eigenschaft von Individuen**. Ein Individuum lernt bewusst (z. B. durch Weiterbildung) oder beiläufig (z. B. On-the-Job), indem es neues Wissen erwirbt oder vorhandenes Wissen durch neue Erkenntnisse verändert bzw. ergänzt.

Individuelles Lernen, das persönliche Lernfähigkeit bzw. -bereitschaft, Neugierde und Eigeninteresse voraussetzt, kann erfolgen als

❑ **Anpassungslernen:** Auf der ersten Lernebene (so genanntes Einkreislernen) reagieren Individuen unmittelbar auf Störungen, d.h. Abweichungen von Vorgaben werden wahrgenommen, Fehlerquellen identifiziert und Handlungen in Gang gesetzt, um Abweichungen und deren Ursachen zu beseitigen bzw. in Zukunft zu vermeiden.

❑ **Veränderungslernen:** Lassen sich aufgetretene Störungen durch Lernprozesse der ersten Ebene nicht beseitigen, führt das so genannte Zweikreislernen zu einer Veränderung der Sicht- und Handlungsweisen. Voraussetzung dafür ist auch die Fähigkeit der Individuen zum „Umlernen" und „Verlernen".

❑ **Problemlösungslernen:** Dieses ist die Metaebene des Lernens, auf der die Lernbereitschaft und -fähigkeit der Individuen selbst zum Gegenstand des Lernprozesses wird („Lernen zu lernen"). Analysiert und hinterfragt werden alle bisherigen Lernvorgänge im Hinblick auf den Lernkontext, das Lernverhalten und die Lernerfolge bzw. -misserfolge, und zwar über einen unbestimmten Zeitraum hinweg („lebenslanges Lernen", 3L).

Stellt ein Individuum sein *implizites* Wissen anderen Personen (z. B. einer Gruppe) zur Verfügung, und übernehmen diese Personen das nunmehr *explizite* Wissen, spricht man von einer **Kollektivierung von Wissen**. Durch einen offenen Informationsaustausch wird das Wissen vom einzelnen Wissensträger unabhängig, was das *Verlustrisiko* reduziert, wenn z.B. der Wissensträger das Unternehmen verlässt. Weitere Vorteile des Lernens in der Gruppe und des Lernens der gesamten Gruppe betreffen die Möglichkeiten einer Reduzierung des *Störrisikos*, indem Lücken des eigenen Denkens erkannt, zeit- und kostensparende Umwege beim Wissenserwerb ausgeschaltet, Komplexität bewältigt und damit Fehler anderer künftig vermieden werden. Charaktereigenschaften der Gruppenmitglieder fördern unterschiedliche Sichtweisen (Perspektive) und damit auch vielfältige Problemlösungen.

Die Lernfähigkeit **formeller Gruppen**, wie z.b. Arbeits- oder Projektteams, wird maßgeblich beeinflusst durch deren Größe und Zusammensetzung. Der Meinungsaustausch über das Intranet bietet Nachwuchskräften, Querdenkern und Bloggern die Chance, unabhängig von Funktion und Position eigene Konzepte darzulegen.

> Besonders intensiv ist das Lernen **informeller Gruppen**, denn diese beruhen auf Vertrauen und persönlichen Sympathien.

Organisationales Lernen erfordert den Transfer von Individual- und Kollektivwissen in die **Wissensbasis** der Organisation. Da Wissen immer subjektiv und perspektivisch ist, kann eine Wissensbasis niemals vollständig sein.

4.2 Wissensbasis des Unternehmens

Komponenten der **Wissensbasis** der Organisation sind:

❑ **Begriffswissen**, das die schrittweise erworbene, kulturspezifische Terminologie der Organisation enthält (Fragen nach dem „Was" innerhalb der Organisation),

❑ **Handlungswissen**, welches das Prozesswissen (einschließlich Kernkompetenzen) im Sinne allgemein anerkannter Erklärungen für Ursache-Wirkungs-Zusammenhänge enthält (Fragen nach dem „Wie" der in Organisationen entstehenden Probleme),

❑ **Rezeptwissen**, bestehend aus Regeln und Routinen bezüglich Abläufen und Korrektur- bzw. Verbesserungsmaßnahmen (Fragen nach dem „Was getan werden soll"),

❑ **Grundsatzwissen** über die Ursachen für das Auftreten bestimmter Ereignisse (Fragen nach dem „Warum").

Die **Erhebung kollektiven Wissens** kann auf verschiedene Weise erfolgen. Erhebungsarten sind schriftliche bzw. mündliche Befragungen unter Verwendung strukturierter Erhebungsbögen (Checklisten), Beobachtungen (etwa von Abläufen) oder die Auswertung vorhandener Dokumente (z.B. Anweisungen, Richtlinien, Programme, Handbücher, Formulare, Computerprogramme). Abgefragt werden kann auch das Wissen zu den Schnittstellen zwischen Organisationseinheiten.

Empfehlenswert ist die elektronische Speicherung expliziten Wissens in einer **Wissensdatenbank**, weil dadurch sichergestellt wird, dass die kodierten Informationen flexibel miteinander verknüpft werden können und zu jeder Zeit an jedem Ort verfügbar sind. Dadurch entsteht eine kollektive Intelligenz (von Verhaltensforschern auch als „Schwarmintelligenz" bezeichnet), mit deren Hilfe sich Aufgaben schneller und qualitativ höherwertig lösen lassen. Um Datenfriedhöfe und starre bzw. lästige Routinen zu vermeiden, weil sie einen notwendigen Wandel behindern, muss gespeichertes Wissen laufend aktualisiert werden.

Wird bei der **Wissensnutzung** eine Lücke zwischen vorhandenem und erforderlichem Wissen festgestellt, sind Maßnahmen zur Weiterentwicklung der organisationalen Wissensbasis durchzuführen. Besteht ein Bedarf nach Wissen, das nicht im Unternehmen vorhanden ist und auch nicht selbst oder allenfalls nur unwirtschaftlich produziert werden kann, wird die Beschaffung von externem Wissen zweckmäßig sein. Voraussetzung dafür ist das Vorhandensein eines umfassenden (strategischen) Wissensnetzwerks, das eine Kooperation zwischen dem Einzelnen und dem Ganzen ermöglicht.

In der Praxis stößt organisationales Lernen dann an **Grenzen**, wenn Organisationsmitglieder nicht bereit sind, überholte Regeln und Routinen aufzugeben. Um dem entgegenzuwirken, sind die Organisationsmitglieder zu einem ständigen Dialog mit ihrer Umwelt anzuhalten. Ein dazu geeigneter Ansatz ist die Dezentralisierung von Aufgaben, Verantwortung und Möglichkeiten zu eigenen Entscheidungen im Unternehmen. Ansonsten muss jedes Unternehmen seinen eigenen, d.h. den betrieblichen Erfordernissen entsprechenden Weg zu einer lernenden Organisation finden.

4.3 Wissensmanagement und -controlling

Die Aufgaben des **Wissensmanagement** bestehen darin, die organisatorischen Voraussetzungen zu schaffen, damit das Unternehmen die Chance erhält, früh und schnell zu lernen oder auch wieder zu verlernen, was konkret bedeutet, dass die Organisationsmitglieder

❑ den **Zugang erhalten** zu einer Vielfalt an Daten, Informationen und Wissen,

❑ die **Fähigkeit besitzen**, sich sowohl Wissen anzueignen, beliebig zu kombinieren, neu zu entwickeln und zu nutzen, als auch unter redundanten und sich überschneidenden Informationen die notwendigen Informationen auszuwählen, um mit Eventualitäten (etwa Störungen) umgehen zu können,

❑ die **Möglichkeit haben**, ihr bisheriges Handeln hinsichtlich der Prozesse zu überdenken bzw. infrage zu stellen.

Des Weiteren gehört zu den Aufgaben des Wissensmanagement die Gestaltung der **infrastrukturellen Voraussetzungen**, damit das aktuelle Wissen der Organisation zur richtigen Zeit und in geeigneter Form den Organisationsmitgliedern zugänglich ist und von diesen genutzt, verändert und weiterentwickelt werden kann *(Bea, Hasenkamp / Roßbach)*.

Die **Nutzung gespeicherten Wissens** (z.B. über das Intranet) soll Wissen multiplizieren, d.h. mehreren Personen verfügbar gemacht werden. Voraussetzung dafür ist, dass Nutzer jederzeit auf die interne Wissensdatenbank über eine einfach zu bedienende Benutzeroberfläche ihres Arbeitsplatzrechners zugreifen können. Noch besser wäre es, Personalprofile durch die Definition von Aufgabenschwerpunkten und Interessengebieten zu bestimmen, damit die Versorgung mit relevanten Informationen in Echtzeit oder zumindest zeitnah mehr oder weniger automatisch erfolgen kann.

Das Intranet ist die Plattform, um neben Daten und Methoden auch verteiltes Wissen einzubringen. Mit dem im Netzwerk gesammelten, aufbereiteten und dokumentierten positiven bzw. negativen Erfahrungswissen sämtlicher Organisationsmitglieder lässt sich mit eigens dazu geschaffenen Methoden ein **Knowledge Warehouse** aufbauen. Dabei kann daran gedacht werden, die Beiträge der Organisationsmitglieder zur Wissensbasis zu bewerten und gegebenenfalls vom Ergebnis dieser Bewertung einen Teil der (variablen) Entlohnung abhängig zu machen.

An der Umsetzung von Maßnahmen des Wissensmanagement ist das **Wissenscontrolling** zu beteiligen. Zu den Aufgaben des Wissenscontrolling gehören die lerngerechte Gestaltung der Planungs-, Kontroll-, Informations- und Koordinationssysteme, die Unterstützung beim Abbau von Lernbarrieren und Wissensdefiziten, die Schaffung lernfördernder Anreizsysteme, die das Lernen im Dienste der Organisation angemessen honorieren sowie die Bewertung konkreter Wissensbeiträge (z.B. Verbesserungsvorschläge) einzelner Organisationsmitglieder *(Pfau, Picot / Neuburger).*

Über **Ansätze zur Messung von Wissen** berichten *North u.a.* Den Versuch, ein **Kennzahlensystem** zum Controlling von Wissensmanagement-Projekten zu entwickeln, unternehmen *Busch / Wernig.*

5. Internes Berichtswesen

Bezeichnet man die Erstellung und Weiterleitung von Berichten im Sinne geordneter Zusammenstellungen von Informationen als betriebliches Berichtswesen (Reporting), kann einschränkend vom **internen Berichtswesen** (Management Reporting) gesprochen werden, wenn die Berichte ausschließlich für die Entscheidungträger im Unternehmen bestimmt sind. Dafür ist in der Regel das Controlling zuständig.

Große Datenmengen können mit standardisierten **Softwarepaketen** (z.B. Tabellenkalkulation, Hochrechnung, Statistik) weiter be- bzw. verarbeitet werden, um sie dann als Führungsinformationen den Empfängern im Intranet oder FIS zur Verfügung zu stellen.

Je größer und weit verzweigter das Unternehmen ist, in dem bzw. über das berichtet werden soll, desto umfangreicher wird auch das interne Berichtswesen sein. Die **Qualität des internen Berichtswesens** richtet sich dabei in erster Linie nach den Reaktionen, die es bei den Empfängern hervorruft. Sofern der Controller weder die Sprache noch das Verständnis der Berichtsempfänger trifft, muss er stets nachfragen, ob und was an Informationen angekommen ist und was als Konsequenz beabsichtigt wird. Ist die Informationsflut von den Empfängern nur schwer zu beherrschen, werden selbst Schreckensmeldungen gelassen hingenommen *(Wirth).*

5.1 Berichtsarten

Bezüglich der **Berichtsarten** kann unterschieden werden zwischen der *operativen* Berichterstattung, wenn Berichte die für die laufende Geschäftstätigkeit relevanten Größen (wie Auftragseingang, Umsatz, Kosten, Deckungsbeitrag, Cashflow, Gewinn, Rentabilität, Wertschöpfung, Bestände sowie nicht finanzielle Schlüsselgrößen) zum Inhalt haben, und der *strategischen* Berichterstattung, wenn Berichte über Sachverhalte informieren, die dem Auffinden, Aufbau und Bewahren von Erfolgspotenzialen dienen.

5.1.1 Standardberichte

Diese werden erstellt, um **routinemäßig** und nach einem festgelegten Schema einem meist gleichbleibenden Empfängerkreis bestimmte Informationen über Hard Copies, E-Mails oder das Intranet zukommen zu lassen. Beispiele für derartige Berichte sind die meist monatlichen und auf der Basis des Transaktionsdatenbestands erstellten Grundrechnungen wie die Kosten-, Leistungs-, Projektstatus-, Erlös- und Bestandsrechnungen sowie Kostenstellenübersichten (Betriebsabrechnungsbogen).

> Die in Standardberichten enthaltenen Tabellen sind technisch gesehen ein **Schnitt** durch den OLAP-Würfel. So können beispielsweise bezüglich der Kennzahl „Umsatzwachstum" beliebige Beziehungen zwischen Produkten, Kunden, Regionen und Außendienstmitarbeitern hergestellt werden.

Die monatlichen Standardberichte der Organisationseinheiten sollten möglichst früh vorliegen (etwa spätestens eine Woche nach Ablauf des Berichtsmonats). Über die genauen Berichtstermine kann ein internes **Reportinghandbuch** Auskunft geben.

Da in Standardberichten meistens keine Vorauswahl der Informationen getroffen wird, erlauben diese eine **vollständige Berichterstattung**, sodass jeder Berichtsempfänger die für ihn relevanten Informationen selbst auswählen kann. Der damit verbundene **Vorteil** ist, dass, abgesehen von einer einheitlichen und immer wiederkehrenden Aufmachung der Berichte, das Management offiziell und ungefiltert über *alle* Gegebenheiten informiert wird. Dabei dürfen allerdings die **Nachteile** einer vollständigen Berichterstattung nicht übersehen werden, die darin bestehen, dass für das obere Management ein Überangebot an Informationen vorliegt, während beim unteren Management ein Informationsmissbrauch nicht ausgeschlossen werden kann.

Um die Nachteile einzuschränken, kann die Möglichkeit der **geschichteten Berichterstattung** vorgesehen werden, wonach Summeninformationen jeweils einer Managementebene zu Einzelinformationen der nächst höheren Managementebene werden.

5.1.2 Abweichungsberichte

Diese informieren das Management, wenn das aktuelle Geschehen von Planwerten bzw. -vorgaben abweicht, und zwar über die erlaubten **Toleranzgrenzen** hinaus (Exception Reporting).

Unterschiedliche Sachverhalte lassen sich durch **Ampelfarben** besonders kennzeichnen.

Dem **Vorteil**, das Management von einer Informationsüberflutung zu entlasten, steht als **Nachteil** die Gefahr der Überselektion von Informationen gegenüber. Diese Gefahr kann aber dadurch abgeschwächt werden, dass bedeutsam erscheinende Routinefälle vorsorglich in Abweichungsberichte aufgenommen werden, wobei es dem Berichtsempfänger dann überlassen bleibt, zusätzliche Bedarfsberichte anzufordern, um kritische Sachverhalte tiefergehend zu analysieren.

5.1.3 Bedarfsberichte

Diese werden **fallweise** und auf Wunsch vom Controlling (bei Bringschuld) oder von den Führungskräften selbst (bei Holpflicht) zusammengestellt, wenn die in Form anderer Berichte zur Verfügung stehenden Informationen für eine Problembeurteilung nicht ausreichen.

Dem **Vorteil**, sich mit vielfältigen Problemen zu beschäftigen, steht als **Nachteil** die Vielzahl der meistens nur schwer zu strukturierenden Daten gegenüber.

5.2 Berichtsgestaltung

Damit interne Berichte nicht nur gelesen, sondern vielmehr auch verstanden werden, bedient man sich zur übersichtlichen **Darstellung von Informationen** verschiedener Techniken, die sich sinnvoll kombinieren lassen. Zu diesen **Techniken** gehören:

❏ **Tabellen** als aus Zeilen und Spalten bestehende Übersichten (Relationen). Jede Tabelle hat einen Textteil (Überschrift, Kopf, Vorspalte) und einen aus Zellen bestehenden Zahlenteil. Handelt es sich bei der Tabelle um ein Arbeitsblatt der Tabellenkalkulation, enthalten die Zellen jeweils ein Datenelement oder eine Formel zur Berechnung des Datenelements. Große Datenmengen können in Teilmengen zerlegt und durch gesonderte Tabellen dargestellt werden.

❏ **Texte** als verbale Beschreibungen, Erläuterungen oder Kommentare von Sachverhalten, über die berichtet wird. Die textlichen Informationen müssen vom Stil her kurz, klar bzw. verständlich sowie vom Layout her übersichtlich gegliedert sein, da andernfalls den Berichten gegenüber Widerstand erwächst, weil die Leser den Inhalt nicht verstehen. Die Grenze notwendiger Kommentierung in Controlling-Berichten lässt sich nur situativ bestimmen.

Ist eine Tabelle so aufgebaut, dass sie eine Vielzahl nicht ausgefüllter Felder enthält, besteht die Gefahr, dass beim Empfänger der **Eindruck der Unvollständigkeit** entsteht.

Zu den Techniken der Berichtsgestaltung gehören außerdem **Kennzahlen** und **Grafiken**, die wegen ihrer Bedeutung hier ausführlicher beschrieben werden.

5.2.1 Kennzahlen

Kennzahlen sind **numerische Informationen** über bestimmte Sachverhalte, die der Beschreibung, Erklärung oder Vorhersage dienen.

Häufig werden **finanzielle Kennzahlen**, wie z.B. Gewinn, Wertschöpfung oder Cashflow verwendet. Zu Zwecken des „Performance Measurement" werden auch **nicht finanzielle Kennzahlen** ermittelt, wie z.B. Zahlen zur periodischen Messung der Innovationsfähigkeit (etwa Umsatz mit neuen Produkten, bezogen auf den Gesamtumsatz), der Kundenzufriedenheit (etwa Zahl der Beschwerden pro Periode), des Lieferverzugs (Dauer in Tagen) oder des First Yield Pass (Prozentsatz der im ersten Anlauf fehlerfrei erbrachten Arbeitsergebnisse).

Die *periodische* **Ermittlung von Kennzahlen** erfolgt an festgelegten Zeitpunkten. Während die Messung von *Bestandsgrößen* auf den jeweiligen Stichtag ausgerichtet ist, umfasst die Messung von *Stromgrößen* den jeweiligen Zeitraum (z.B. Arbeitstag, Woche, Monat, Quartal oder Jahr). Bezüglich von Prozessen können prozessbezogene Kennzahlen (z.B. Rüst-, Produktions-, Durchlauf-, Warte-, Transport-, Prüf- oder Nacharbeitungszeiten bzw. -kosten) und prozessneutrale Kennzahlen (wie etwa Auslastung der Kapazität, Verbesserungsvorschläge, Zeitbedarf für Abstimmungen, Krankenquote) unterschieden werden. Kennzahlen für *Projekte* betreffen sowohl die Anfangs-, Zwischen- bzw. Endtermine als auch die Kosten (angefallen, disponiert, noch erwartet), die Leistungen (Quantität, Qualität) und die Kapazitäten (Verfügbarkeit, Auslastung). Außergewöhnliche Entwicklungen und Ereignisse können auch eine aperiodische Kennzahlenmessung erforderlich machen.

Der **Vorteil** der Bildung von Kennzahlen ist die zahlenmäßige Darstellung einzelner Sachverhalte. Dem steht jedoch als **Nachteil** die Gefahr einer Kennzahleninflation gegenüber. Um dem Nachteil entgegen zu wirken, kann die Verdichtung großer Datenmengen durch Verknüpfung verdichteter Einzelkennzahlen zu **Kennzahlensystemen** vorgesehen werden.

5.2.1.1 Einzelkennzahlen

Für jede Kennzahl ist vom Controlling ein **Übersichtsblatt** zu erstellen, aus dem zu entnehmen ist, wie die Kennzahl definiert ist, wie sie errechnet wird und wofür sie zu verwenden ist.

> Bezüglich der **Einzelkennzahlen** wird zwischen Grund- und Verhältniszahlen unterschieden.

Grundzahlen sind „absolute Zahlen", wie z.B. Summen, Durchschnitte, Differenzen oder Mittelwerte. Es sind Mengen oder Werte von Bestandsgrößen, die für einen Stichtag gelten oder Strom- bzw. Bewegungsgrößen, die sich auf einen Zeitraum beziehen. Für sich allein betrachtet haben Grundzahlen keinen Erkenntniswert, sondern erst durch einen **Vergleich** mit anderen absoluten Zahlen erhalten sie ihre Bedeutung. Daher werden Grundzahlen bei internen Bereichsvergleichen, externen Betriebsvergleichen, Zeit- bzw. Periodenvergleichen und Soll-/Ist-Vergleichen verwendet.

Verhältniszahlen entstehen, wenn Einzelkennzahlen in Beziehung zueinander gesetzt werden, zwischen denen ein **sachlicher Zusammenhang** besteht, wie z.B. bei:

- ❑ **Gliederungszahlen,** die jeweils den prozentualen Anteil (Quote) einer Teilgröße zu ihrer übergeordneten Gesamtgröße wiedergeben. Beispiele: Anteil des Eigenkapitals am Gesamtkapital oder Anteil der Personalkosten an den Gesamtkosten.

- ❑ **Beziehungszahlen,** die jeweils zwei unterschiedliche Größen in Beziehung zueinander setzen. So können Stromgrößen auf entsprechende Bestandsgrößen bezogen werden. Beispiele: Gewinn zu Eigenkapital oder Wertschöpfung zu Beschäftigtenzahl. Um Strukturen herauszuarbeiten, werden Bestandsgrößen gegenübergestellt. Beispiele: Eigenkapital zu Fremdkapital oder Eigenkapital zu Anlagevermögen.

- ❑ **Mess- und Indexzahlen,** die Veränderungen in der Zeit ausdrücken, wobei die Ausgangsgröße jeweils eines Basisjahres gleich 100 % gesetzt wird. Beispiele: Entwicklung des Umsatzes oder der Personalkosten seit dem Zeitpunkt t_0.

5.2.1.2 Kennzahlensysteme

Mehrere sich gegenseitig sinnvoll ergänzende oder rechentechnisch miteinander verknüpfte Kennzahlen lassen ein **Kennzahlensystem** entstehen.

Werden zur Darstellung jeweils eines Sachverhalts verschiedene Kennzahlen verwendet, denen sich über mehrere Ebenen hinweg weitere Kennzahlen zuordnen lassen, spricht man von einem **Ordnungssystem**.

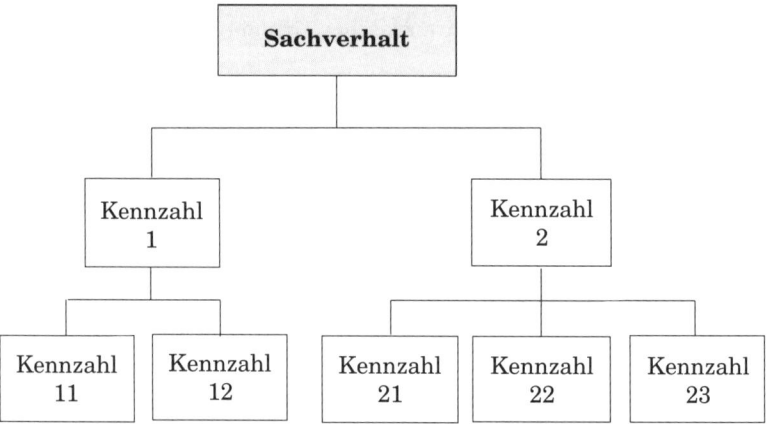

Dadurch, dass die Spitzenkennzahl eines Ordnungssystems im Top-down-Verfahren in verschiedene Komponenten und deren Unterkomponenten zerlegt wird, entsteht eine **Hierarchie von Kennzahlen**.

Ein **Beispiel für ein Ordnungssystem** ist die später in diesem Buch beschriebene Balanced Scorecard.

Der **Vorteil eines Ordnungssystems** ist seine Flexibilität.

Werden demgegenüber mehrere Kennzahlen *rechentechnisch* in der Weise verknüpft, dass sich Veränderungen einer Kennzahl auf vor- oder nachgelagerte Kennzahlen auswirken, handelt es sich um ein **Rechensystem**.

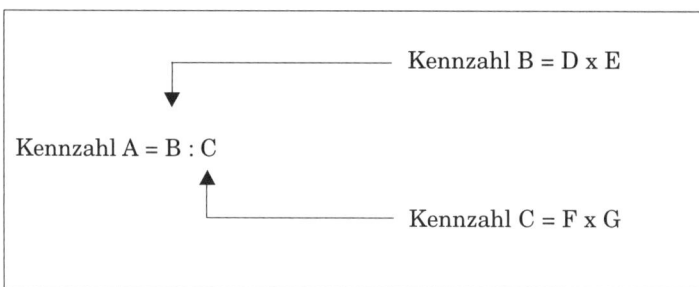

Ein **Beispiel für ein Rechensystem** ist das eingangs dargestellte ROI-System mit seinen Teilabschnitten „Umsatzrendite" und „Kapitalumschlag".

Der **Vorteil von Rechensystemen** liegt in der Programmierbarkeit, denn jede einzelne Kennzahl ist das rechnerische Ergebnis (Wirkung) von vorgelagerten Kennzahlen oder rechnerischer Einflussfaktor (Ursache) auf nachgelagerte Kennzahlen. Wegen der rechentechnischen Verknüpfungen sind derartige Kennzahlensysteme für Planungs- und Kontrollzwecke gut geeignet, wobei die Planung die zu erreichende Spitzenkennzahl (Oberziel) im Top-down-Vorgehen in Unterziele zerlegt, während die Kontrolle den umgekehrten Weg geht, indem die Ergebnisse der Organisationseinheiten stufenweise aggregiert werden.

Der **Nachteil von Rechensystemen** besteht darin, dass die Spitzenkennzahl meistens ein abstraktes Formalziel bildet, obwohl das Unternehmen - wie eingangs ausgeführt - ein zielpluralistisches Gebilde ist. Oft werden auch nur solche Tatbestände berücksichtigt, die durch harte Daten quantifizierbar sind.

Was drücken die nachstehenden Kennzahlen aus?

1. Wertschöpfung/Gesamtleistung
2. Umsatz mit neuen Produkten/Gesamtumsatz
3. Unternehmensumsatz x 100/Umsatz der Branche
4. Fertigungsmenge x 100/Fertigungskapazität
5. Fremdkapital/Cashflow
6. Umsatzgewinnrate x Kapitalumschlag

Seite 240

5.2.2 Grafiken

Grafiken (Charts, Schaubilder, Diagramme) sind Instrumente zur **Visualisierung von Zahlen**.

Die Erstellung von Grafiken aus elektronisch verfügbaren Statistiken oder Tabellen ist mithilfe standardisierter Software (z.B. Excel von *Microsoft*) weit verbreitet. Um beim Betrachter einen **Gewöhnungseffekt** zu erreichen, sollten sich die vom Controlling im Rahmen der internen Berichterstattung verwendeten Grafiken im Zeitablauf möglichst wiederholen.

Wahlweise können Grafiken in **zwei- oder dreidimensionaler Darstellung** gezeichnet werden. Eine dreidimensionale (perspektivische) Darstellung bietet gegenüber der Fläche den Vorteil einer zusätzlichen Dimension. Der Gefahr, die sich beim Vergleich von Rauminhalten ergibt, kann dadurch begegnet werden, dass die dahinterstehenden Werte mit in die Grafik übernommen werden.

Die **Segmente einer Grafik** lassen sich durch Graustufungen, Schraffuren, Punktierung oder Farben kenntlich machen.

Aus der Gruppe der Bilderdiagramme haben **Landkarten** (Kartogramme) als Informationsmedien eine gewisse Bedeutung erlangt. Durch „Business Mapping" lassen sich Daten entsprechend der zuvor festgelegten geografischen Gebiete visualisieren (z.B. die räumliche Verteilung der Filialen in der Stadt oder länderbezogene Werks- bzw. Kundenstandorte des Unternehmens). Mittlerweile gibt es auch Geo-Informationssysteme, bei denen sich durch Klicks auf die gewünschten Punkte einer Karte ein beliebiger Bildausschnitt auf den Bildschirm des Computers holen lässt, der dem Benutzer zuvor eingegebene Zusatzinformationen (etwa Tabellen, Diagramme, Fotos oder Videos) präsentiert.

In **Rechteckdiagrammen** mit konstanter oder variabler Länge werden **Balken** (in *waagerechter* Anordnung) und **Säulen** (in *senkrechter* Anordnung) verwendet.

Die Rechtecke, die unter- bzw. nebeneinander angeordnet werden können, zeigen Teilmengen zu einem Zeitpunkt, stellen Teilmengen verschiedener Zeiträume gegenüber oder erlauben Vergleiche zwischen zwei und mehr in Beziehung zueinander stehender Größen.

Anwendungen — Chart-Typ (zweidimensional)	Vergleiche	Zusammen-hänge	Entwick-lungen	Anteile
Balkendiagramm				
Säulendiagramm				

Von **Flächendiagrammen** wird gesprochen, wenn jede Zahlenreihe (Datenserie) eine eigene Fläche erhält. Bei mehr als einer Zahlenreihe werden die einzelnen Werte jeweils übereinander gestapelt.

Anwendungen — Chart-Typ (zweidimensional)	Vergleiche	Zusammen-hänge	Entwick-lungen	Anteile
Flächendiagramm				

Die in **Punktdiagrammen** (XY-Charts) verwendeten Zahlen stammen aus mindestens zwei Zahlenreihen. In einem Koordinatensystem werden häufig die X-Achse als Zeitachse und die Y-Achse als Wertachse verwendet. Die Skala für die Y-Achse kann linear oder logarithmisch sein. Verschiedenartige Markierungen unterscheiden die Punkte der einzelnen Zahlenreihen. Werden die Punkte jeweils einer zeitbezogenen Zahlenreihe durch Geradenstücke miteinander verbunden, entstehen **Liniendiagramme.**

Chart-Typ (zweidimensional) \ Anwendungen	Vergleiche	Zusammen-hänge	Entwick-lungen	Anteile
Punktdiagramm				
Liniendiagramm				

Bei **Kreisdiagrammen** (Torten) können nur relative Werte dargestellt werden, also das Verhältnis verschiedener Werte zueinander, und zwar als Teil von einem Ganzen. Jeder Wert wird je nach Anteil vom Ganzen zu einem mehr oder weniger großen Kreissegment. Wichtige Kreissegmente können ausgerückt werden.

Chart-Typ (zweidimensional) \ Anwendungen	Vergleiche	Zusammen-hänge	Entwick-lungen	Anteile
Kreisdiagramm				

Als **Polardiagramme** (Radar- oder Netzdiagramme) werden Grafiken bezeichnet, bei denen die Entwicklung von Werten verschiedener Datenkategorien zueinander in Relation gesetzt werden. Jede Datenkategorie erhält eine eigene Wertachse, wobei jedoch für alle Achsen, die vom Mittelpunkt des Diagramms ausgehen, dieselbe Skalierung gewählt wird. Die Datenpunkte der einzelnen Kategorien werden auf den Achsen gezeichnet und durch Linien miteinander verbunden. Dadurch entsteht jeweils in Abhängigkeit von der Anzahl der Kategorien ein Vieleck.

Chart-Typ (zweidimensional) \ Anwendungen	Vergleiche	Zusammen-hänge	Entwick-lungen	Anteile
Polardiagramm				

Die **Vorteile** bildlicher Informationen sind, dass diese von den Empfängern für interessanter gehalten werden als numerische bzw. textliche Informationen und deshalb eher wahrgenommen sowie besser in Erinnerung behalten werden. Dem stehen jedoch als **Nachteile** gegenüber, dass grafisch aufbereitete Informationen leicht zu manipulieren sind sowie von den Empfängern weniger intensiv überprüft bzw. hinterfragt werden.

Nehmen Sie Stellung zu der Behauptung, dass das Lesen von Controlling-Berichten als Kosten-/Nutzen-Rechnung verstanden werden kann!

Seite 240

5.3 Berichtstermine

Die Inhalte einmaliger oder laufender Berichte sind den Empfängern **rechtzeitig** zugänglich zu machen. Diesbezüglich sind verschiedene Sachverhalte von Bedeutung:

❑ Die **Aktualität** hat eine große Bedeutung für faktische Informationen. Um die Aktualität zu steigern, sind die entsprechenden Such-, Erfassungs-, Bearbeitungs- und Übermittlungszeiten zu reduzieren.

❑ Die **Genauigkeit** bezieht sich auf das Verhältnis aller wahren und richtigen Informationen zur Zahl der insgesamt verarbeiteten Informationen in einer Periode. Generell dürfte gelten, dass die Bedeutung der Genauigkeit hoch ist, wenn sich die jeweilige Information auf unaggregierte Größen bezieht. Umgekehrt darf bei hochaggregierten Größen nur ein relativ geringer Genauigkeitsgrad der Information erwartet werden. Bei faktischen Informationen kann außerdem daran gedacht werden, die Genauigkeit der zu übermittelnden Information zu Gunsten der Aktualität einzuschränken, indem bestimmte Größen nicht zeitaufwändig berechnet, sondern vorläufig durch **Schätzungen** nur angenähert werden.

❑ Die Forderung nach **Vollständigkeit** von Informationen resultiert aus dem Wunsch nach höherer Detaillierung und damit besserer Darstellung der wahren Gegebenheiten. Zugleich ist damit aber auch die Gefahr verbunden, dass die Fülle nicht nur relevanter, sondern auch irrelevanter Informationen nicht in angemessener Zeit erfasst, verarbeitet und/oder bereitgestellt werden kann. Daher ist der Umfang der Informationen durch Herausfilterung unbedeutender Informationen und/oder Aggregierung detaillierter Informationen auf ein bezüglich der Kapazität und des Zeitbedarfs handhabbares Maß zu reduzieren.

Erläutern Sie, was unter folgenden Begriffen zu verstehen ist, die Sie in diesem Kapitel kennen gelernt haben:

- Information
- Kommunikation
- Informationsmanagement
- Informationslogistik
- Führungs-Informations-System
- Management Cockpit
- Datenbank
- OLAP
- Netzwerk

- Internetdienste
- Intranet
- Lernen
- Wissensbasis
- Wissenscontrolling
- Reporting
- Kennzahlen
- Kennzahlensystem

Seite 240

E. Koordinationsaufgabe des Controlling

1. Zweck der Koordination

Unter Koordination versteht man die absichtsvolle und zielorientierte **Abstimmung von Handlungen**, die arbeitsteilig wahrgenommen werden. Oder anders ausgedrückt: Durch Arbeitsteilung entstehen organisatorisch bedingte **Schnittstellen**, die es zu überwinden gilt (*Brockhoff/Hauschildt*).

> Für das **Controlling** geht es insbesondere um die Abstimmung von Vorgängen der Planung (Vorauskoordination), der Kontrolle (Rückwärtskoordination) und der Versorgung des Management mit Informationen.

Vereinfacht dargestellt ergibt sich unter Berücksichtigung der für eine **systematische Koordination** relevanten Sachverhalte das folgende Bild:

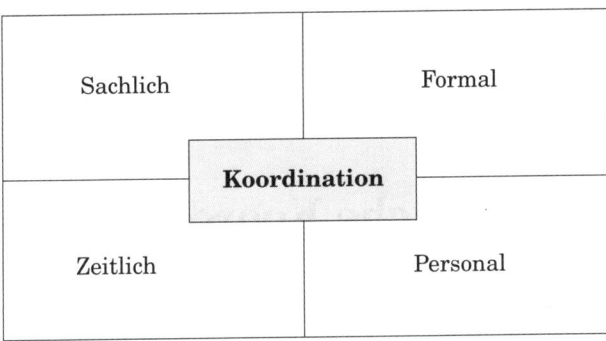

Dabei geht es unter Kenntnis von Art und Intensität der Interdependenzen innerhalb der Organisation

- ❑ **sachlich** um das „Was" (Ressourcen, Prozesse, Störungen),
- ❑ **formal** um das „Wie" (Programme, Regeln, Routinen),
- ❑ **zeitlich** um das „Wann" (Termine) und
- ❑ **personal** um das „Wer" (Handlungsträger, Vorgesetzte, Controller).

Bezüglich der **Organisationseinheiten**, auf die sich die Koordination beziehen soll, wird unterschieden:

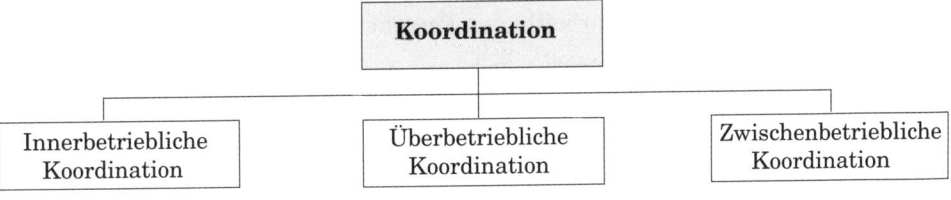

2. Selbst- und Fremdkoordination

Das Problem der **Selbst- oder Fremdkoordination** ist grundsätzlich eine Frage der **Koordinationskompetenz.** Maßnahmen der Deregulierung und Entbürokratisierung vergrößern Handlungsspielräume und schaffen die Möglichkeit für mehr Selbstkoordination.

Die Koordination sollte nach Möglichkeit dezentral durch die Handlungsträger erfolgen, denn **Selbstkoordination** ermöglicht die persönliche Verständigung zur Überwindung bestehender Schnittstellen, den schnellen Ausgleich von zu Abweichungen führenden Störgrößen und die nachhaltige Beseitigung erkannter Schwachstellen, Schieflagen und Engpässe innerhalb und außerhalb der eigenen Organisation. Abgesehen von den persönlichen Eigenschaften der Handlungsträger ist Voraussetzung für jede Selbstkoordination ein hinreichend großer Handlungsspielraum mit der Möglichkeit zur Entwicklung eigener Lösungen.

Da die Selbstkoordination wohl um so besser funktioniert, je intensiver die persönlichen (auch informellen) Beziehungen der Organisationsmitglieder sind, kann für solche Fälle, bei denen ein vertrauensvolles und verständigungsorientiertes Handeln nicht möglich ist, weil etwa das im Zeitablauf erworbene Erfahrungswissen (Lernen) nicht ausreicht, um bestehende Sach- oder Gewohnheitsbarrieren zu beseitigen, eine **Fremdkoordination** durch Führungskräfte und/oder das Controlling vorgesehen werden.

3. Innerbetriebliche Koordination

Werden in einem Einheitsunternehmen mit entsprechender Hierarchie die Teilaufgaben einer Organisationseinheit bezüglich ihrer Richtigkeit, Vollständigkeit und Aktualität mit den Zielen der jeweils übergeordneten Organisationseinheit abgestimmt, spricht man von *vertikaler* Koordination.

Demgegenüber geht es bei der *horizontalen* Koordination um die Abstimmung der Prozesse und Schnittstellen zwischen den Organisationseinheiten und zwar quer durch das Unternehmen.

Die **Schaffung von Ordnung** innerhalb der Organisation und nach außen erfolgt üblicherweise mithilfe von Regelungen und Routinen:

❏ Unter **Regelungen** versteht man verhaltenssteuernde Ge- und Verbote (Regeln, Richtlinien, Anweisungen, Verordnungen, Normen), an die sich die im Unternehmen einzeln oder kollektiv arbeitenden Personen zu halten haben.

❏ Als **Routinen** werden Standardprozeduren bezeichnet, die zwischen mindestens zwei unterschiedlichen Teilbereichen erfolgen, von denen einer auch außerhalb des Unternehmens liegen kann.

Durch organisatorische Regelungen und Routinen, die ein effizientes und effektives Handeln im Unternehmen ermöglichen sollen, werden die Tätigkeitsfelder und Handlungsspielräume der Organisationsmitglieder eingeschränkt. Gleichzeitig sollen Regelungen und Routinen aber auch identitätsgenerierend sein, d.h. sie sollen ein Bewusstsein von zuständig/nicht zuständig oder zulässig/nicht zulässig schaffen. Grundsätzlich sollten Regelungen und Routinen so formuliert werden, dass sie die Unsicherheit in Bezug auf das Verhalten der Handlungsträger reduzieren. Sie sollen organisationales Lernen ermöglichen und in ihrer Gesamtheit zum „Gedächtnis der Organisation" für die damit in der Vergangenheit gemachten Erfahrungen und gewonnenen Erkenntnisse werden.

Organisatorische Regelungen und Routinen, die für längere Zeit bestehen, beruhen auf **generellen Regeln**. Diese werden bewusst gestaltet, sind personenunabhängig formuliert und werden zweckmäßigerweise schriftlich niedergelegt. Demgegenüber beziehen sich **fallweise Regeln** auf erstmalige oder einmalige Vorgänge.

3.1 Vertikale Koordination innerhalb eines Funktionsbereichs

Eine Möglichkeit der Abstimmung interdependenter Handlungen innerhalb eines einzelnen Funktionsbereichs des Unternehmens ist die vertikale **Koordination durch Hierarchie**.

Als Kennzeichen der Hierarchie gelten **Informations- und Machtasymmetrien** zwischen den Organisationsmitgliedern, was zur Entstehung und Verstärkung der eingangs behandelten Principal Agent-Probleme führt.

In Abhängigkeit vom Umfang der den Funktionseinheiten übertragenen Aufgaben und Weisungs- bzw. Vetorechte, kann das **Center-Konzept** zur Anwendung kommen. Danach werden **Teilbereiche des Unternehmens** entsprechend ihrer Verantwortlichkeit (Kompetenz)

❏ kostenorientiert als **Cost Center**,
❏ umsatzorientiert als **Revenue Center**,
❏ ergebnisorientiert als **Profit Center** oder
❏ renditeorientiert als **Investment Center**

geführt.

Danach ist ein Funktionsbereich nur für die von ihm beeinflussbaren Sachverhalte verantwortlich und hat daher auch nur diese zu koordinieren. Allerdings sind die **Übergänge** zwischen den Center-Formen fließend, was die folgende Abbildung verdeutlichen soll.

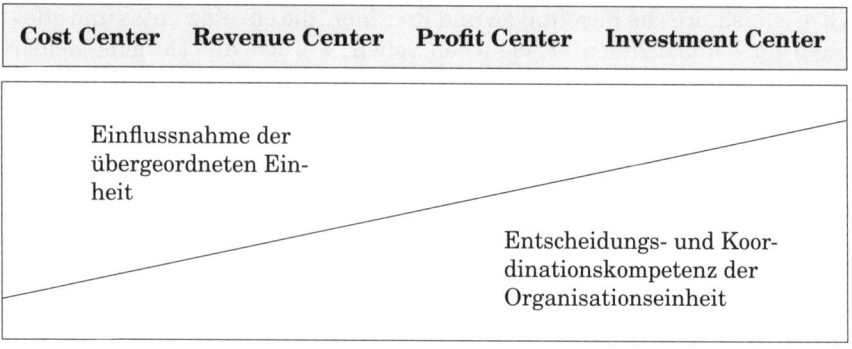

Zentraleinheiten (wie z. B. Shared Service Center) oder **Stabstellen**, denen gemeinsame Aufgaben als interne Dienstleister oder Projekte im Sinne außergewöhnlicher Vorhaben mit zeitlicher Befristung übertragen werden, lassen sich als Cost Center führen. Das gilt auch für das Controlling.

3.2 Horizontale Koordination zwischen Funktionsbereichen

In Abhängkigkeit der **Interaktionsbeziehungen** von in ihrer hierarchischen Stellung grundsätzlich gleichgeordneten Organisationseinheiten verschiedener Funktionsbereiche lassen sich unterscheiden (*Brockhoff/Hauschildt*):

☐ **Sequenzielle Prozeduren**, bei denen ein Teilbereich seine Leistungen an einen anderen Teilbereich weitergibt.

☐ **Gepoolte Prozeduren**, bei denen die Teilbereiche auf gemeinsame Ressourcen zurückgreifen können.

☐ **Reziproke Prozeduren**, bei denen sich die Teilbereiche gegenseitig zuarbeiten.

3.2.1 Wertschöpfungskette

Durch Aneinanderreihung sequentieller Prozeduren von den Lieferanten bis hin zu den Abnehmern ergibt sich eine innerbetriebliche **Wert(schöpfungs)kette**, die nach *Porter* das folgende Aussehen hat:

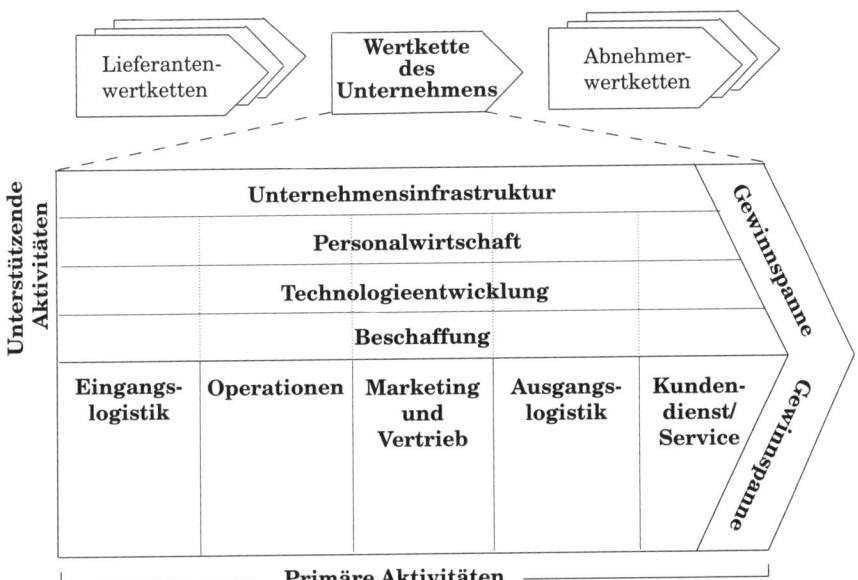

Wie aus der Abbildung ersichtlich, wird innerhalb der Wertkette des Unternehmens unterschieden zwischen **primären Aktivitäten**, die als operative Kernprozesse eine logisch verknüpfte Abfolge von Prozessen der Ressourcenbeschaffung bis hin zur Leistungserstellung und -verwertung bilden, und **unterstützenden (sekundären) Aktivitäten**, welche querschnittsbezogene Versorgungs- und Steuerungsaufgaben für die primären Prozesse wahrnehmen und deren Zusammenhang sichern.

Erweitern lässt sich die Wertkette des Einzelunternehmens beispielsweise um **öko-logische Aspekte**. So besteht die Möglichkeit, die Primäraktivitäten um Prozesse der Reststoffverwertung bis hin zur Entsorgung zu erweitern und die Sekundärak-tivitäten um das Gebiet des betrieblichen und überbetrieblichen „Stoffmanagement" zu ergänzen.

3.2.2 Strategische Geschäftseinheiten

Bezüglich der Organisation des Unternehmens nach Sparten kann aus Sicht der horizontalen Koordination eine **strategische Segmentierung** zweckmäßig sein, die so zu erfolgen hat, dass in sich jeweils homogene und überschneidungsfreie, aber zueinander heterogene Geschäftseinheiten entstehen.

Durch die **Außensegmentierung** des Unternehmens werden zunächst Strategi-sche Geschäftsfelder bestimmt. Dabei versteht man unter einem **Strategischen Geschäftsfeld** (SGF) einen isolierten Marktausschnitt, für den das Unternehmen relativ unabhängig ein **Geschäftsmodell** entwickeln kann. Bezüglich jeder Pro-dukt-/Markt-Kombination gelten dabei spezifische **Erfolgsfaktoren**.

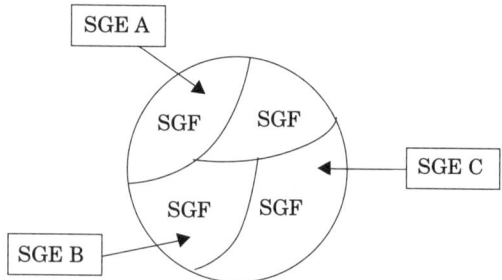

Das Ergebnis der **Innensegmentierung** des Unternehmens sind Strategische Geschäftseinheiten. Eine **Strategische Geschäftseinheit** (SGE) ist ein organisatorisches Gebilde, für das sich Strategien zur Schaffung bzw. Erhaltung von Erfolgspotenzialen in einem SGF planen und relativ unbeeinflusst von anderen SGEs realisieren lassen.

Bei der **Bildung von Strategischen Geschäftseinheiten** sollte jeweils Folgendes beachtet werden:

❑ Das **Marktpotenzial** (Absatz, Umsatz) muss vom Umfang her groß genug sein, um eine eigene strategische Vorgehensweise zur Erreichung eines relativen Wettbewerbsvorteils zu ermöglichen.

❑ Die **Marktaufgabe** muss eigenständig, d.h. unabhängig von anderen SGEs des Unternehmens sein.

❑ Bezüglich der **Konkurrenzsituation** müssen sich die Wettbewerber eindeutig identifizierten lassen.

❑ Das **Management** muss kompetent sein und unabhängig von anderen SGEs über den Einsatz von Ressourcen entscheiden können.

Die **Verantwortlichkeiten** von SGEs sind unabhängig von der Aufbauorganisation des Einheitsunternehmens. Für jede SGE wird ein **Entscheidungsgremium** (Lenkungsausschuss) gebildet, dem üblicherweise angehören: Zuständiges Mitglied der Unternehmensleitung (so genannter Job-Vorstand), Leiter der betroffenen Sparte, Mitglied des zentralen Controlling sowie in Einzelfällen zu bestimmende Führungskräfte, Experten und Controller aus den jeweiligen Sparten. Dadurch entsteht ein **Matrix-Konzept** der nachstehenden Art:

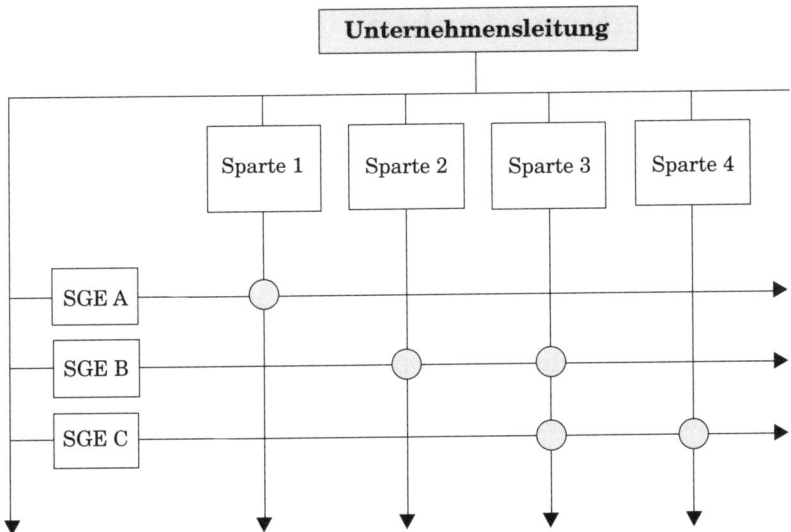

Zu gegebener Zeit kommt der Lenkungsausschuss zusammen, tauscht Informationen aus und entscheidet über strategische Maßnahmen der SGE, die dann als **Führungsgrößen** von den betroffenen Spartenmanagern im *operativen* Geschäft umzusetzen sind. Während die Verantwortung für die Schaffung und Ausschöpfung der jeweiligen Erfolgspotenziale bei den SGEs liegt, haben die Spartenmanager die Leistungs- und Kostenverantwortung. Die Umsetzung der Führungsgrößen wird vom dezentralen Controlling koordiniert, überwacht und beurteilt.

Kommt es im Zeitablauf zu einer **Neuabgrenzung der SGEs**, weil beispielsweise bisherige SGFs aufgegeben bzw. neue SGFs bearbeitet werden sollen, müssen im einfachsten Fall nur die Lenkungsausschüsse umbesetzt werden, während es in schwierigeren Fällen zu echten Stellenverlagerungen im Unternehmen kommt.

 Wodurch unterscheiden sich Profit Center und Strategische Geschäftseinheiten und welche Bedeutung hat diese Unterscheidung für die innerbetriebliche Koordination?
Seite 240

4. Überbetriebliche Koordination

Durch Aus- bzw. Neugründung von Tochtergesellschaften oder den Erwerb von Beteiligungen entsteht ein Organisationsgebilde, dessen kommunizierende und zu koordinierende Teile ein **überbetriebliches Netzwerk** ergeben.

Kennzeichen eines solchen konzernweiten Netzwerks ist das Vorhandensein einer **Zentralinstanz**, die aufgrund ihrer strategischen Entscheidungs- und Weisungsbefugnis bestimmen kann, wie das Netzwerk zu gestalten ist und wer im Netzwerk welche Koordinationsschwerpunkte zu übernehmen hat.

4.1 Koordinationsstruktur

Aktivitäten der Wertkette des Unternehmens können auf **verschiedene Gesellschaften** innerhalb des überbetrieblichen Netzwerks verteilt sein. Das Spektrum der Gestaltungsmöglichkeiten reicht dabei von der Bündelung bestimmter Aktivitäten bei jeweils einem Geschäftsbereich bis hin zur Streuung sämtlicher Aktivitäten bei allen Geschäftsbereichen. Dadurch kann eine überbetriebliche Koordinationsstruktur entstehen, die einer der folgenden idealtypischen Formen entspricht:

❑ Bei einer **ethnozentrischen Struktur** spielt die Muttergesellschaft (M) bei der Koordination von ausländischen Tochtergesellschaften (T) die führende Rolle. Die Koordination ist bilateral und zwar ausgehend von der Mutter, was mit dem Vorteil verbunden ist, dass die Organisationsabläufe bei allen Gesellschaften gleich oder zumindest ähnlich sind. Damit ist aber die Gefahr verbunden, dass sich die Töchter in den verschiedenen Ländern nicht so verhalten können, wie es die lokalen Verhältnisse in Bezug auf die Produktpolitik, Marktchancen, Aktivitäten der Wertschöpfungskette und kulturellen Verhältnisse erfordern.

❑ Eine **polyzentrischen Struktur** gibt den ausländischen Töchtern die Möglichkeiten, die sie brauchen, um dezentral für jedes Land auf deren Besonderheiten eingehen zu können. Die Koordination ist bei dieser Form ebenfalls bilateral, jedoch nunmehr ausgehend von den Töchtern, was die Koordination mit der Mutter erschwert.

❑ Den höchsten Grad an Dezentralisation bietet die **geozentrische Struktur**. Dabei übernimmt jede Gesellschaft (also M und T) neben der lokalen Präsenz noch die länderübergreifende Koordination für mindestens eine Kompetenz (z.B. Produktentwicklung) innerhalb des Verbunds. Die Koordination ist bei dieser Form multilateral.

Die genannten **Formen globaler Koordination** werden in der folgenden Abbildung gegenübergestellt *(Perlitz)*:

Koordinationsstrukturen		
Ethnozentrische Struktur	**Polyzentrische Struktur**	**Geozentrische Struktur**
M T 1 T 2 T 3	M T 1 T 2 T 3	M T 1 — T 2 — T 3

Eine **Erweiterung der überbetrieblichen Koordinationsstruktur** findet nach einer Unternehmensübernahme statt. Wie bereits festgestellt wurde, wächst die Möglichkeit der Einflussnahme auf ein erworbenes Unternehmen mit steigender Beteiligungsquote.

4.2 Koordination durch Verrechnungspreise

Inner- und überbetriebliche **Verrechnungs- oder Lenkungspreise** lassen sich bei gegenseitigen Konzernlieferungen und -leistungen ansetzen, deren Grundlage sein können:

❑ **Marktpreise**, wenn es sich um (weit gehend) homogene Güter und Dienste handelt, für die ein Markt existiert. Wo das nicht der Fall ist, kann von Verkaufspreisen an Dritte ausgegangen werden.

❑ **Kostenpreise**, die mit gängigen Kalkulationsmethoden (z.B. Zuschlags- oder Prozesskostenkalkulation) ermittelt werden, welche die leistenden Stellen auch gegenüber Dritten verwenden. Dabei muss aber sichergestellt werden, dass Unwirtschaftlichkeiten der leistenden Stellen nicht weiterverrechnet werden.

Bezüglich der zu kalkulierenden Kostenpreise können in Abhängigkeit von der **Kapazitätsauslastung der liefernden Bereiche** angesetzt werden: Bei

❑ **Unterbeschäftigung** sind es variable Kosten mit oder ohne Fixkostenanteilen. Der Lenkungseffekt eines solchen Vorgehens ist allerdings gering, denn die Fixkosten verbleiben teilweise oder ganz beim liefernden Bereich, während der Gewinn beim beziehenden Bereich anfällt.

❑ **Vollbeschäftigung** sind es Vollkosten mit oder ohne Gewinnanteile. Problematisch ist hierbei allerdings die Festlegung der Höhe des angemessenen Gewinnzuschlags.

❑ **Überbeschäftigung** sind es variable Kosten plus Opportunitätskosten. Die Höhe der Opportunitätskosten entspricht denjenigen Deckungsbeiträgen, die sich bei Vollbeschäftigung ergeben würden, zuzüglich der Beträge, die durch jeweils eine zusätzliche Einheit beim (stärksten) Engpass erreicht werden könnten.

Die mit Kostenpreisen verbundenen **Gefahren** bestehen darin, dass mit der Steuerung von inländischen Transferleistungen die Gewinne zwischen den Geschäftsbereichen über Verrechnungspreise verschoben werden können. Solches **Profit Sharing** ist sowohl vom Management der benachteiligten Bereiche als auch vom Controlling unbedingt zu verhindern, weil dadurch die Erfolge der von den Transaktionen betroffenen Bereiche unzutreffend ausgewiesen werden, von deren Höhe häufig die variablen Lohnbestandteile der Beschäftigten abhängen. Anders ist das bei grenzüberschreitenden Transferleistungen, bei denen durch den Ansatz entsprechender Verrechnungspreise aus steuerpolitischer Sicht die Gewinne in jene Länder verlagert werden können, deren Steuersätze niedrig sind. Diesem als **Profit Splitting** bezeichneten Sachverhalt setzt das internationale Steuerrecht allerdings sehr enge Grenzen.

5. Zwischenbetriebliche Koordination

Ein zwischenbetriebliches Netzwerk entsteht, wenn sich rechtlich und wirschaftlich selbstständige Unternehmen **vertragsmäßig zusammenschließen**.

Der Zusammenschluss mehrerer Unternehmen lässt ein **polyzentrisches Netzwerk** entstehen, bei dem alle daran beteiligten Unternehmen prinzipiell gleichgestellt sind. Des Weiteren ist ein solches Netzwerk grenzenlos, da sich dessen Zusammensetzungen mit dem Ein- bzw. Austritt von Unternehmen laufend verändert und evolutionär, denn Wandel wird bestimmt durch gegenseitiges Lernen (*Burr*).

Durch die Teilnahme an einem polyzentrischen Netzwerk hat das einzelne Unternehmen die **Möglichkeit der Konzentration** auf die eigenen Kernkompetenzen, während Komplementärkompetenzen von den anderen Netzwerkpartnern bereitgestellt werden.

Von Bedeutung ist der **Leistungsgrad der Kooperationspartner**. Die Gefahr, dass Leistungen kurzfristig durch einen anderen Partner substituiert werden können, stellt grundsätzlich ein starkes Anreizmoment für eine eigene hohe Leistungsbereitschaft dar.

Durch den Fortschritt der Informations- und Kommunikationstechnologie lassen sich immer einfacher und damit häufiger **spontane Netzwerke** für die Durchführung eher einmaliger Aufgabenstellungen verwirklichen. Ein Beispiel dafür ist das bereits erwähnte **virtuelle Unternehmen**. Hat dabei ein Netzwerkpartner besondere Befugnisse, handelt es sich um ein **fokales Unternehmen**, das als Hauptakteur meistens auch die Koordination übernimmt.

Von einem **strategischen Netzwerk** wird gesprochen, wenn dieses eine eigene Zielsetzung erhält, regelmäßig sich wiederholende Aufgabenstellungen durchzuführen hat und **langfristig** ausgerichtet ist (beispielsweise zur Durchsetzung einer Produktinnovation). Grundsätzlich kann davon ausgegangen werden, dass die Wahrscheinlichkeit des längerfristigen Verbleibs eines Unternehmens im Netzwerk mit der Höhe der netzwerkbezogenen Investitionsausgabe steigt.

 Zwischenbetriebliche Netzwerke können polyzentrisch oder fokal gesteuert werden. Erläutern Sie den Unterschied und nennen Sie je ein Beispiel!

Seite 241

5.1 Supply Chain als polyzentrisches Netzwerk

Werden die Wertketten mehrerer Unternehmen *logistisch* nacheinander geschaltet, entsteht eine Ver- und Entsorgungskette oder **Supply Chain** (*Schinzer*).

Aufgabe eines **Supply Chain Management** (SCM) ist es, das eigene Unternehmen sowohl inputseitig mit den Lieferanten (und deren Lieferanten) als auch outputseitig mit den Kunden (und deren Kunden) zu koordinieren. Die sich dadurch ergebenden Vorteile sind Reduzierungen der Lagerbestände entlang der gesamten Fertigungskette, Verkürzungen der Dispositions- und Durchlaufzeiten, Verbesserungen der Termintreue, des Liefer- und des Kundenservice, der Kundenzufriedenheit und -bindung sowie Senkung der Logistikkosten und schnellere Reaktionen auf unerwartete Marktchancen, plötzlich auftretende Engpässe und Änderungen.

Der **Methodenbaukasten** des SCM des in den USA autonom agierenden *Supply Chain Council* unterscheidet fünf Prozesskategorien:

❏ **Planen** (Plan), und zwar nicht nur beschränkt auf das eigene Unternehmen, sondern zwischenbetrieblich auch für die Partner (einschließlich der zwischengeschalteten Handelsunternehmen und Logistikdienstleister).

❏ **Beschaffen** (Source) im Sinne der physischen Verfügbarkeit von Waren.

❏ **Herstellen** (Make), einschließlich Entsorgung und Recycling.

❏ **Liefern** (Deliver), also den physischen Warenfluss in Richtung Abnehmer.

❏ **Rücksenden** (Return) falsch gelieferter, zu viel gelieferter oder fehlerhafter Waren. Darüber hinaus geht es um die Verwertung (Recycling) bzw. Beseitigung (Entsorgung) von Abfällen, Verpackungen sowie nicht mehr benötigter Sachmittel.

Das **Beziehungsgeflecht** für Supply Chain-Lösungen hat folgendes Aussehen:

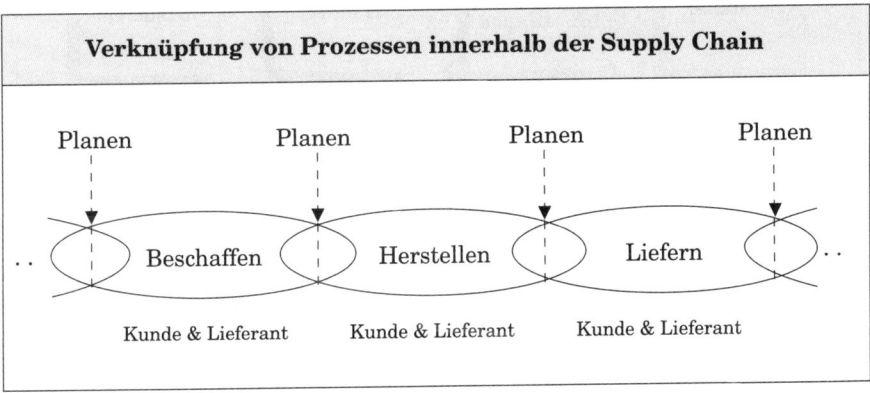

Erst die durchgängige Vernetzung der **Informations- und Warenflüsse** sämtlicher Partner der Wertschöpfungsstufen lässt eine integrierte Versorgungskette entstehen, die eine so genannte End-to-End-Steuerung ermöglicht. In dieser Integration liegt der Unterschied zur traditionellen Wertschöpfungskette, was die beiden nachstehenden Abbildungen deutlich machen sollen:

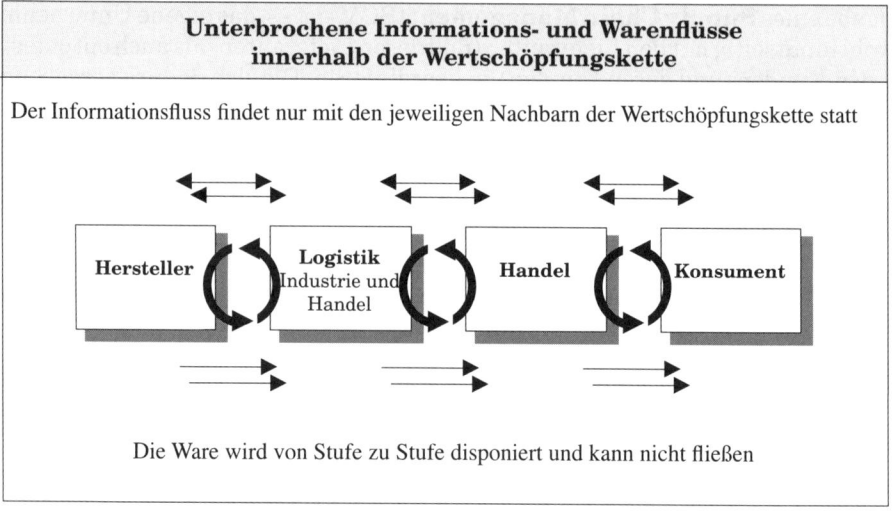

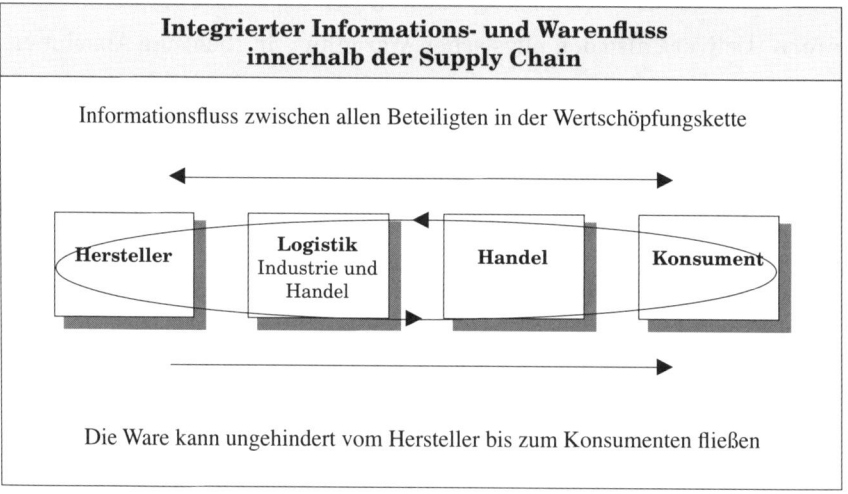

Ein Ansatz, bei dem sich die zwischenbetrieblichen Abläufe zwischen Kunden, Lieferanten und Vorlieferanten so harmonieren lassen, dass damit den Wünschen der Endkunden bestmöglich entsprochen werden kann, ist **ECR** (**E**fficient **C**onsumer **R**esponse). Voraussetzung dafür ist die Angleichung der Warenwirtschaftssysteme der kooperierenden Partner *(Kilimann u.a.)*.

Die Vielzahl möglicher Entscheidungen mit ihren manchmal kaum noch zu überschauenden Interdependenzen ist in ihrer ganzen Komplexität wohl nur mit SCM-Software in den Griff zu bekommen. Die Anbieter von Softwareprodukten für das Supply Chain-Management integrieren diese meistens in bestehende Referenzmodelle und beziehen über diese sowohl die Daten bezüglich der Auftrags- und Bestandslage, als auch andere wichtige **Kennzahlen**.

Traditionell gibt es in langen (komplexen) Lieferketten ein Muster, das als „Peitscheneffekt" bekannt wurde. Danach verstärken sich in den Gliedern der Versorgungskette die Auftragsschwankungen bzw. die Bestände, und zwar ausgehend von den Endkunden bis zurück zu den Rohstoffproduzenten.

Machen Sie deutlich, welche Ursachen dieses Muster haben könnte und zeigen Sie Ansätze, wie sich dem in der Supply Chain entgegenwirken lässt!

Seite 241

5.2 Abstimmung in polyzentrischen Netzwerken

Wegen des Fehlens einer koordinierenden Zentralinstanz beruhen zwischenbetriebliche Netzwerke grundsätzlich auf dem **Prinzip der Selbstorganisation und -koordination**. Grundlage dafür sind die Netzwerkkultur (einschließlich Vertrauen) und die von den Netzwerkpartnern (Akteure) gemeinsam geteilten Wertvorstellungen.

Das Controlling zwischenbetrieblicher Netzwerke ist ein bisher kaum bearbeitetes Gebiet, weshalb dafür geeignete Konzepte (noch) nicht vorliegen (*Hess*). Unbestritten ist allerdings, dass

❏ innerhalb der einzelnen Netzwerkunternehmen der **Abstimmungsbedarf** gesenkt werden sollte, was die einzelnen Partner flexibler macht und eher in die Lage versetzt, den Anforderungen sich ändernder Marktbedingungen schnell zu entsprechen.

❏ die **Rückkopplung von Netzwerkinformationen** an die physische(n) Wertkette(n) des eigenen Unternehmens von großer Bedeutung ist.

❏ die **Kosten** für die zusätzlich erforderlichen Koordinationsmaßnahmen durch die finanziellen Vorteile des Netzwerks überkompensiert werden müssen.

Lösungsansätze dafür bietet der **Koordinationsansatz** von *Wildemann*, demzufolge gelten kann:

❏ **Grundlegende Fragen der Koordination** werden gemeinsam vom Management aller Netzwerkpartner geklärt und durch allgemeine Verhaltensanweisungen (Spielregeln) schriftlich fixiert. Gesucht wird ein Konsens der Anfangsbedingungen durch freie und friedliche Einigung.

❏ Die **Koordination im laufenden Geschäft** erfolgt durch die Beteiligten. Dazu erforderlich ist sowohl eine Verständigung auf gemeinsame Regeln und Routinen (diese Regeln können sich auch erst im Laufe der Zusammenarbeit gleichsam als Nebenprodukt herausbilden) als auch die Akzeptanz der Begründungen für das tatsächliche Verhalten der Partner.

❏ **Fremdkontrollen** werden durch Vertrauen ersetzt, basierend auf einer gemein-samen Wertebasis, wie z.B. Ehrlichkeit, Offenheit, Toleranz und Fairness und hoher Professionalität bezüglich der zu erbringenden Leistungen. Sobald ein Netzwerkpartner das in ihn gesetzte Vertrauen nicht mehr rechtfertigt, sollte er den Verbund verlassen. Ob und wann das der Fall ist, kann anhand von ex-post-Beurteilungen sowohl der tatsächlichen Leistungen der Netzwerkpartner als auch der Einhaltung der vertraglichen Vereinbarungen durch das jeweilige Controlling geschehen.

 Beschreiben Sie das Zu-Stande-Kommen eines virtuellen Unterneh-mens und erläutern Sie die damit für das Controlling verbundenen Koordinationsschwierigkeiten!

Seite 241

6. Optimaler Koordinationsgrad

Bei **formaler Betrachtung** kann der optimale Koordinationsgrad im Unternehmen dort gesehen werden, wo die durch Koordination erreichte Organisationseffizienz ihr Maximum hat. Da aber die mit zunehmender Koordination erst steigende, dann fallende Kurve der Organisationseffizienz in ihrem oberen Bereich relativ flach verläuft, wird es wohl eher dazu kommen, um das (theoretische) Maximum herum eine **Bandbreite optimaler Koordination** festzulegen, derzufolge sowohl ein Zuviel als auch Zuwenig an Koordination zu vermeiden ist.

Der Bereich optimaler Koordination lässt sich dadurch kennzeichnen, dass die Koordination sein sollte:

❏ **Problemangepasst**, was bedeutet, dass die Koordination hinreichend differen-ziert, aber nicht zu schematisch gestaltet wird, denn generelle Regeln führen in der Tendenz zu Starrheit der Organisation und Motivationsdefiziten der Beschäf-tigten.

❏ **Straff und locker** zugleich, also weder rigide noch nachlässig.

Wird der **Bereich optimaler Koordination** unterschritten, sind Übervereinfa-chung, Unterstabilisierung und Orientierungslosigkeit die Folge. Umgekehrt führt ein Übermaß an genereller Koordination zur Überkomplizierung, Überstabilisierung und Übersteuerung des Systems.

Nach einem anderen Ansatz liegt das Optimum dort, wo die gesamten Kosten, die sich aus Autonomie- und Koordinationskosten zusammensetzen, ihr Minimum ha-ben. Dabei wird bezüglich der **Kostenverläufe** angenommen: Die

❏ **Autonomiekosten** sinken mit abnehmender Koordination, wobei als Autono-miekosten derjenige Preis anzusehen ist, der dafür zu zahlen wäre, würden die Entscheidungsträger autonom, also nicht aufeinander abgestimmt handeln.

❑ **Koordinationskosten** steigen mit der zunehmenden Anwendung genereller Regelungen.

Auch in diesem Fall ist der Grad optimaler Koordination weniger ein Punkt als vielmehr eine **Bandbreite**, weil die Gesamtkostenkurve in ihrem unteren Bereich relativ flach verläuft und deshalb begrenzte Abweichungen vom Optimalpunkt nach oben und unten zulässig sind.

Erläutern Sie, was unter folgenden Begriffen zu verstehen ist, die Sie in diesem Kapitel kennen gelernt haben:

○ Koordination   ○ Strategische Geschäftseinheit
○ Center-Konzept   ○ Verrechnungspreise
○ Wertkette   ○ Supply Chain
○ Strategisches Geschäftsfeld

Seite 241

F. Einsatzgebiete des Controlling

Welche Aufgaben das Controlling im Unternehmen zu erledigen hat, lässt sich nur unternehmensspezifisch angeben. Deshalb können hier auch nur einige **typische Betätigungsfelder** mit ausgewählten Beispielen beschrieben werden.

1. Controlling strategischer Erfolgsfaktoren

Um Aufschluss über jene Faktoren zu erhalten, die den monetären Erfolg des Unternehmens oder seiner Geschäftsgebiete maßgeblich beeinflussen, wird **Erfolgsfaktorenforschung** betrieben. Mittlerweile gibt es eine Reihe entsprechender Studien, darunter auch die seit langem bekannte **Insolvenzforschung**.

> Der Begriff **Erfolgsfaktor** wird synonym mit einer Vielzahl anderer Begriffe, wie z.B. Schlüsselfaktor, Erfolgsbaustein, kritische Erfolgsdeterminante, Werttreiber bzw. -generator oder strategische Erfolgsposition verwendet. Eines haben diese Begriffe gemeinsam, nämlich, dass sie zu erklären versuchen, was **erfolgreiche Unternehmen** (Champions) von weniger erfolgreichen Unternehmen und damit Verlierern im Wettbewerb unterscheidet.

Die **Forschungsergebnisse** machen deutlich, dass die Bedeutung *weicher* (qualitativer) Erfolgsfaktoren zunimmt, während *harte* (quantitative) Erfolgsfaktoren eher an Bedeutung verlieren.

Des Weiteren ist zu beachten, dass die Wahrnehmung und Akzeptanz von Erfolgsfaktoren auch ein **kulturelles Phänomen** ist. Die Tatsache, dass die Gültigkeit bestimmter Erfolgsfaktoren für das unternehmerische Handeln in verschiedenen Ländern unterschiedlich beurteilt wird, lässt darauf schließen, dass es so etwas wie eine **nationale Erfolgskultur** gibt.

1.1 Erfolgsfaktoren nach der Exzellenzstudie

In ihrer Studie beschäftigen sich *Peters / Waterman* wohl als erste mit den „Grundtugenden" erfolgreicher Unternehmen, indem sie ihre persönlichen Erfahrungen aus einer langjährigen Beratertätigkeit in einem 7-S-Modell zusammenfassen:

❑ **Harte Faktoren**, wie Struktur, Strategie und Systeme.

❑ **Weiche Faktoren**, wie Selbstverständnis, Stammpersonal, Spezialkenntnisse (Spezifität) und Stil.

Der **Wert der Studie** ist wegen der fehlenden Methodik, der Art der empirischen Erhebung (nur bei Beratungskunden) und der geringen Stichprobe (nur bei erfolgreichen Großunternehmen) allerdings eher fraglich.

1.2 Erfolgsfaktoren nach der PIMS-Studie

Eine andere Untersuchung, die seit Jahren systematisch betrieben wird, ist die **PIMS-Studie** (**P**rofit **I**mpact of **M**arket **S**trategies). Die nach dieser Studie dominanten Erfolgsfaktoren sind der Marktanteil, das Marktwachstum und die relative Produkt- und Servicequalität *(Buzzell / Gale)*.

Der **Vorteil** der PIMS-Studie ist, dass sie laufend aktualisiert wird, wodurch Veränderungen sichtbar werden. Dem stehen als **Nachteile** die Verwendung von Bilanzdaten und der Verzicht auf nomologische Hypothesen gegenüber. Hinzu kommt die einseitige Auswahl der Untersuchungsobjekte, denn in die PIMS-Datenbank werden nur Angaben solcher Unternehmen aufgenommen, die sich freiwillig und gegen Zahlung einer Gebühr an der Untersuchung beteiligen.

1.2.1 Marktanteil

Unter **Marktanteil** versteht man den vom Unternehmen beeinflussbaren Anteil des vom Unternehmen *bedienten* Marktes.

> Zur Ermittlung des **absoluten Marktanteils** werden der Absatz (mengenmäßig) oder der Umsatz (wertmäßig) des einzelnen Unternehmens dem gesamten Marktvolumen gegenüber gestellt.

Aus den absoluten Marktanteilen aller Wettbewerber kann der **relative Marktanteil** jeweils eines Unternehmens ermittelt werden. Das kann in der Weise geschehen, dass der eigene (absolute) Marktanteil mit

❏ dem (absoluten) **Marktanteil des stärksten Wettbewerbers** verglichen wird. Daraus folgt, dass nur der Marktführer einen relativen Marktanteil von größer eins haben kann.

❏ der Summe der (absoluten) **Marktanteile der drei größten Anbieter** verglichen wird, wobei das einzelne Unternehmen einer dieser drei Anbieter sein kann. Die PIMS-Studie folgt dieser Vorgehensweise.

Eine **Steigerung des eigenen Marktanteils** ist um so leichter möglich, je schneller der bediente Markt wächst.

1.2.2 Marktwachstum

Als **Marktwachstum**, das üblicherweise vom einzelnen Unternehmen nicht beinflussbar ist, bezeichnet man die reale, inflationsbereinigte Vergrößerung des Marktvolumens in der Zeit.

Eine zeitlich in etwa gleichbleibende Zuwachsrate bedeutet ein **exponenzielles Wachstum**. Das gilt aber allenfalls für die frühen Phasen eines Marktes. Da die

Zuwachsraten in den späteren Phasen eines Marktes meistens kleiner werden, erscheint es zweckmäßiger, für jeweils einen Betrachtungszeitraum mit absoluten Zuwächsen zu rechnen und die Trendrate des Marktwachstums nach der Methode der gleitenden Mittelwerte zu ermitteln.

> Von der Marktwachstumsrate abhängig ist die Art des Wettbewerbs. Hohe Wachstumsraten lassen eher einen (friedlichen) **Wachstumswettbewerb** erwarten. Geringe oder fehlende Wachstumsraten führen meistens zu einem (feindlichen) **Verdrängungswettbewerb**.

Tendiert das Marktwachstum gegen Null, liegt **Marktsättigung** vor. Zu deren Überwindung ist **internes Wachstum** aus eigener Kraft (organisch) durch Ausweitung des Umsatzes über die Inflationsrate hinaus möglich, und zwar durch innovative Produkte, mehr und besseren Service sowie die zunehmende Betätigung auf anderen Märkten. Demgegenüber sind höhere und vor allem schnellere Umsatzsteigerungen im Sinne eines **externen Wachstums** durch Unternehmenskooperationen und Unternehmensakquisitionen möglich.

Ist die Wachstumsrate des Unternehmens kleiner als die des Marktes, sind **Marktanteilsverluste** die Folge.

1.2.3 Produkt- und Servicequalität

Um im Wettbewerb mithalten zu können, ist die **Einhaltung gewünschter Qualitäten** eine notwendige Bedingung.

> Unter **Qualität** als Erfolgsfaktor versteht man nach DIN *(Deutsches Institut für Normung)* „die Gesamtheit von Eigenschaften und Merkmalen eines Produktes oder einer Dienstleistung, die sich auf deren Eignung zum Erfüllen festgelegter oder vorausgesetzter Erfordernisse beziehen".

Die **Beurteilung der Produkt- und Servicequalität** nach PIMS erfolgt aus der Sicht externer Kunden, wobei davon ausgegangen wird, dass Kunden üblicherweise nur Unterschiede der Qualität wahrnehmen. Deshalb interessiert PIMS auch nur die **relative Qualität**.

Eine zumindest gleichbleibende Produktqualität versprechen **Marken**. Die Erschließung neuer Bedürfnis- und Betätigungsfelder (z.B. auf den elektronischen Märktplätzen des Internets) ist dann gut möglich, wenn Marken den Kunden gleichermaßen Orientierung, Vertrauen und Mehrwert bieten.

> Bezüglich der Produktqualität wird zwischen interner Sicht (Unternehmen) und externer Sicht (Kunden) unterschieden.
>
> Machen Sie den Unterschied deutlich und beurteilen Sie, ob es zweckmäßig ist, den Preis als Indikator für die Produktqualität anzusehen!

Seite 241

1.3 Zeit als Erfolgsfaktor

In Abhängigkeit von den Änderungen der Umwelt ist, wie eingangs schon dargelegt, die **Fähigkeit zur Synchronisation** mit diesen Änderungen für jedes Unternehmen eine Erfolgsvoraussetzung.

Im **Zeitwettbewerb**, der nicht nur die eigenen Handlungen, sondern auch die der Wettbewerber berücksichtigt, hat vor allem die **Reaktionsgeschwindigkeit** eine herausragende Bedeutung, die sich zum einen (strategisch) darauf bezieht, innovative Produkte bis zur Marktreife schnell zu entwickeln sowie damit den Markt zügig zu durchdringen, und zum anderen (operativ) die Beschleunigung der primären Prozesse der Wertschöpfungskette beabsichtigt.

Auch die neuen Informations- und Kommunikationstechniken, dabei vor allem das **Internet**, erhöhen den zeitlichen Druck in Unternehmen immer schneller zu handeln. Entsprechend werden auch die Entwicklungszeiten und Markt- bzw. Produktzyklen immer kürzer.

Schließlich sinkt der für die **Planung** erforderliche Zeitbedarf, das Zeitfenster der strategischen Planung wird kleiner und das Risiko von Fehlentscheidungen steigt. Nicht alle Führungskräfte im Unternehmen werden bereit sein, die negativen Folgen solcher **Tempowirtschaft** ohne weiteres zu akzeptieren, denn sorgfältige Arbeit braucht schließlich Zeit. Immer wieder werden Forderungen so genannter Slobbies („slower but better working people") nach Entschleunigung gestellt. Und um sich dem Zeitdruck zu entziehen, empfehlen Zeitforscher den Managern, regelmäßig Pausen einzulegen oder Auszeiten (z.B. freie Wochenende, häufigeren Urlaub, gelegentliche Sabbaticals) zu nehmen.

Für Zeitgrößen abgeleitete **Kennzahlen** können sein:

❑ Dauer (in Monaten oder Jahren) von der Entwicklung bis zur Markteinführung neuer Produkte (Time to Market).

❑ Abwicklung von Kundenaufträgen, getrennt nach der jeweiligen Beschaffungs-, Rüst-, Bearbeitungs-, Transport- und Liegezeit.

❑ Bestandsreichweiten in Tagen, getrennt nach Primärbedarf (Endprodukte, Baugruppen und Teile, einschließlich Ersatzteile), Sekundärbedarf (Roh- und Hilfsstoffe sowie Zukaufteile) und Tertiärbedarf (Betriebsstoffe).

❑ Lieferverzug pro Periode, jeweils nach Tagen.

❑ Servicegrad in Stunden.

❑ Kapitalbindungsdauer von der Materialbeschaffung bis zur Bezahlung der Kundenrechnung (Cash-to-Cash-Zykluszeit).

1.4 Kundenzufriedenheit als Erfolgsfaktor

Diejenigen Unternehmen, die nicht nur näher an Kunden herankommen, sondern auch dort bleiben, werden auch als **Markt-Champions** bezeichnet.

Nach bisherigem Verständnis kann ein Unternehmen entweder eine breite, weitgehend anonyme Massenkundschaft bedienen oder auf die individuellen Wünsche nur weniger, besonders wichtiger Kunden eingehen. Mit den informations- und kommunikationstechnischen Möglichkeiten des **Internets** ist das inzwischen anders geworden, denn hier bietet jeder direkte Kundenkontakt auch Informationen über Vorlieben, Interessenschwerpunkte oder Probleme der Nachfrager, auf die das Unternehmen reagieren kann.

Die **Wünsche der Kunden** bestimmen das Angebot (Sortiment) des Unternehmens. Empirische Untersuchungen machen deutlich, dass Unternehmen, die es schaffen, die Wünsche der Kunden richtig zu interpretieren und in Produkte bzw. Dienstleistungen umzusetzen, mehr Gewinn machen, stärker wachsen und schneller an Wert gewinnen als andere. Außerdem zeigen die Untersuchungen, dass Kunden, die sich verstanden fühlen, loyaler sind und dem Unternehmen bereitwillig Wunschvorschläge machen. Das wiederum fördert das Verständnis für die Bedürfnisse der Kunden, was zur Folge hat, dass sich die Beziehungen zwischen Anbieter und Nachfrager festigen.

Eine Möglichkeit, die Wünsche der Kunden besser als bisher zu erfüllen, bieten zusätzliche Vertriebswege. Von einem **Vertriebsweg** oder -kanal wird gesprochen, wenn in diesem die Anbahnung, Aushandlung und der Abschluss einer Kauftransaktion erfolgt. Die physische Bereitstellung der Kaufobjekte kann ebenfalls auf diesem Weg erfolgen, sie ist jedoch kein spezifisches Merkmal des Vertriebskanals. Während sich beim **Offline-Vertrieb** der Anbieter und seine Kunden persönlich gegenübertreten (Kontaktgeschäft) bzw. der Kunde die zur Bestellung erforderlichen Informationen auf dem Postweg in schriftlicher Form dem Anbieter übermittelt (Distanzgeschäft), sind beim **Online-Vertrieb** der Anbieter und Kunde über elektronische Medien virtuell miteinander verbunden. Die mit einem zusätzlichen Vertriebsweg verbundenen Nachteile sind höhere Risiken durch Vielfalt und Kannibalisierungseffekte, weil die Kunden nunmehr optional handeln können.

Um die Vielfalt beherrschbar zu machen, haben Softwareanbieter immer leistungsstärkere Programme zur Erfassung, Bereinigung, Verdichtung, Analyse und Verteilung von Kundendaten geschaffen. Der Einsatz entsprechender Programme ermöglicht ein Direkt- und Database-Marketing auf der Grundlage von **CRM** (Customer **R**elationship **M**anagement), verstanden als Ansatz zur Integration von Vertrieb, Marketing und Service mit dem Ziel der Kundengewinnung und -pflege. Für das Unternehmen geht es vor allem darum, die kaufkräftigsten und profitabelsten Kunden zu identifizieren und durch geeignete Maßnahmen zu betreuen *(Hettich u.a., Schulze u.a.)*

Voraussetzung für den Einsatz von **CRM-Softwareprodukten** ist eine **Kundendatenbank** (Customer Data Warehouse), in der alle kundenbezogenen Daten enthalten sind. Durch systematische Auswertung dieser elektronisch gespeicherten Kundendaten erlangt das Unternehmen mithilfe geeigneter Softwaretools über seine Kunden wertvolles Wissen, das es zur Erfüllung von Kundenwünschen, und damit zur Erhöhung der Kundennähe, -zufriedenheit und -bindung nutzen kann.

1.5 Immaterielle Vermögenswerte als Erfolgsfaktor

Als Hauptursache dafür, dass der Marktwert des Unternehmens häufig größer ist als der Buchwert, gelten die bereits genannten und als nur schwer quantifizierbar bezeichneten immateriellen Vermögenswerte (Intangible Assets). Um die Differenz zwischen Markt- und Buchwert durch gezielte Steuerungsmaßnahmen noch zu vergrößern, werden immaterielle Werttreiber üblicherweise in folgende drei **Hauptgruppen** zerlegt:

❑ **Humankapital** (Human Capital) bezüglich der fachlichen und sozialen Kompetenzen (einschließlich Wissen), der Innovations- und Reaktionsfähigkeit sowie der Flexibilität und Motivation der Beschäftigten.

❑ **Beziehungskapital** bezüglich der sozialen Beziehungen des Unternehmens zu seinen Kunden (Customer Capital), Lieferanten (Supplier Capital), Kapitalgebern (Investor Capital) und anderen Geschäftspartnern sowie der Beziehungen zur Öffentlichkeit. Letztere betreffen auch die Beiträge (etwa Spenden oder Förderung der Bildung) zur Verbesserung der Lebensverhältnisse im Umfeld des Unternehmens (Corporate Citizenship) und der Reputation des Unternehmens (Image).

❑ **Struktur- und Organisationskapital** (Structural Capital) bezüglich der Standortvorteile, Technologien, Infrastrukturen, Informationssystemen und Datenbanken sowie der produktbezogenen Vorgehensweisen bei der Entwicklung, Fertigung, Vermarktung und dem Kundenservice. Hinzu kommen noch das intellektuelle Eigentum (Marken, Patente und Urheberrechte) und die Werte für die Kultur des Unternehmens.

Ist in heutiger Zeit die eigene Betriebsgröße ein strategischer Erfolgsfaktor? Begründen Sie Ihre Antwort!

Seite
242

2. Projektcontrolling

Die an ein **Projekt** gestellten Anforderungen sind, wie eingangs nur kurz erwähnt, die

❑ **Zeitliche Befristung**. Das bedeutet, dass eine nicht routinemäßig durchzuführende Aufgabe – abgesehen vom Anfang – durch ein definiertes Ende zu kennzeichnen ist.

❑ **Neuartigkeit.** Das heißt, dass sich das Vorhaben nicht oder zumindest nicht unter identischen Bedingungen wiederholt. Da mit jeder Innovation stets das Risiko des Scheiterns (Abbruch) bzw. des Misserfolgs (Eintritt eines Schadens) in sich trägt, lassen sich Termin- und Kostenrisiken sowie technische Risiken unterscheiden und getrennt steuern.

❑ **Komplexität.** Diese liegt vor, wenn zur Durchführung des Vorhabens viele verschiedene Tätigkeiten erforderlich sind, die ebenso schwer zu schätzen sind wie die zwischen ihnen bestehenden Interdependenzen. Deshalb kommt es meistens zur Bildung jeweils eines Projektteams, in dem Vertreter verschiedener Unternehmensbereiche (einschließlich des Controlling) interdisziplinär zusammenarbeiten.

Innerhalb eines Projektteams hat das **Projektcontrolling** entsprechend seiner Servicefunktion dafür zu sorgen, dass die mit dem Projekt im Zusammenhang stehenden Bedingungen und Risiken transparent, die Teilprojekte und deren Arbeitspakete soweit wie möglich quantifiziert (messbar) und die Reaktionen auf Störungen frühzeitig eingeleitet werden, damit die Projektdauer möglichst kurz wird, die Projektkosten niedrig bleiben und die Kapazitäten ausgelastet sind.

Ein Vorhaben, wie etwa die **Entwicklung eines neuen Produkts**, hat diese Anforderungen zu erfüllen. Wenn nachfolgend kurz von Projekt gesprochen wird, ist zwar in erster Linie ein **Entwicklungsprojekt** gemeint, jedoch lassen sich die Aussagen auch mit Modifikationen auf andere Projektarten übertragen.

2.1 Projektstruktur

Voraussetzung für die Steuerung eines Projekts ist das Vorhandensein eines **Projektstrukturplans**, in dem eine schrittweise Zerlegung des Projekts in seine Teil- bzw. Unterprojekte, Arbeitspakete und Vorgänge über mehrere Ebenen erfolgt.

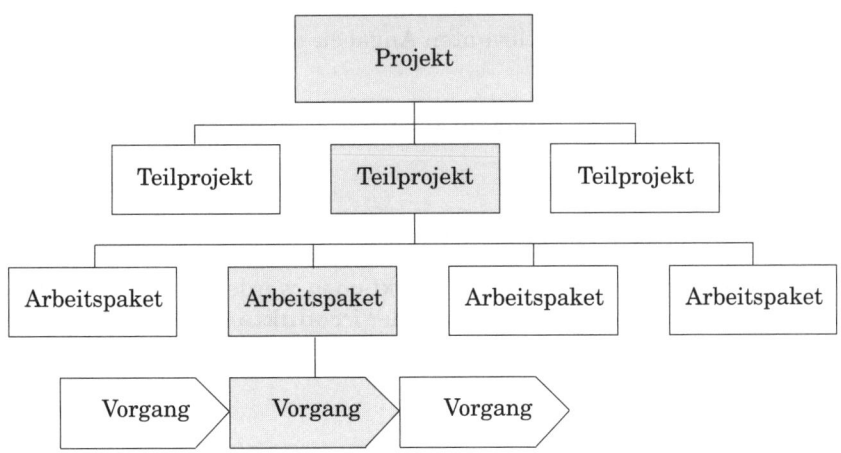

Die in vorstehender Abbildung gezeigte Untergliederung des Projektstrukturplans bietet dem **Controlling** die Möglichkeit, die für verschiedene Projekte gleichen oder ähnlichen Risiken sowie sachlichen, zeitlichen und personalen Teile zu aggregieren und einheitlich zu behandeln.

2.2 Projektrisiken

Bezüglich der **Projektrisiken** sind die Verantwortlichen in Bezug auf die Risikosituation so zu sensibilisieren, dass sie sich laufend und intensiv mit Maßnahmen der Minimierung wirtschaftlicher, technologischer, abwicklungstechnischer, vertraglicher und terminlicher Risiken über den gesamten Lebenszyklus des Projekts auseinander setzen. Die relevanten Risiken sind von den Verantwortlichen unter der Leitung eines Moderators (z.B. des Projektcontrollers) zu identifizieren, zu gruppieren und auf Abhängigkeiten hin zu analysieren.

Abhängige Risiken können in jeweils einer Gruppe zusammengefasst werden, um Mehrfachbewertungen auszuschließen. Um dabei die volle Bandbreite möglicher Risikoaspekte zu erfassen, sollten die jeweiligen Bewertungen weniger eine auf Mittelwerten beruhende Punktschätzung, als vielmehr eine Verteilungsschätzung sein, die sich in grafischer Form als **Risikoprofil** darstellen lässt.

Die einem solchen Risikoprofil jeweils zu Grunde liegende Normalverteilung gibt Antwort auf die Frage, mit welcher Wahrscheinlichkeit eine bestimmte **Risikovorsorge** für das Projekt notwendig wird.

2.3 Projektbewertung

Jedes wertmäßig größere Projekt wird unter einem bestimmten Namen (Titel) geführt und bei der Unternehmensleitung mithilfe eines **Formulars** beantragt, das die zur weiteren Beurteilung relevanten Angaben technischer, zeitlicher und/oder wertmäßiger Art enthält.

Antragsteller sind die **Projektverantwortlichen** (Topmanager, Projektleiter).

2.3.1 Technische Angaben

Ausgehend von den nutzenstiftenden Funktionen werden die Komponenten des Produkts bestimmt. Dabei kann von folgender **Produktarchitektur** ausgegangen werden:

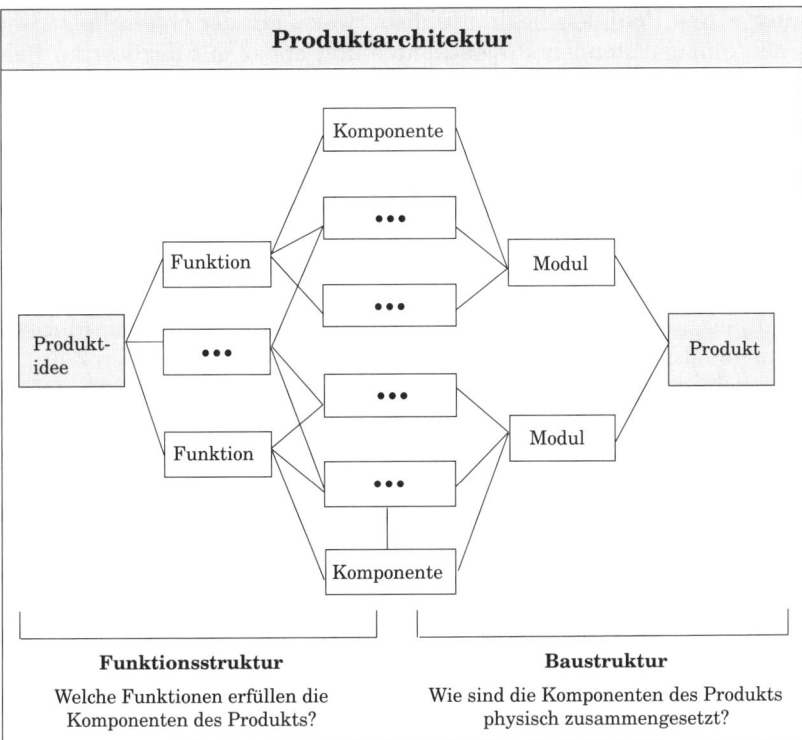

Produktarchitektur

Komponente

•••

Funktion

•••

Produkt-idee

•••

•••

Funktion

•••

Komponente

Modul

Produkt

Modul

Funktionsstruktur
Welche Funktionen erfüllen die
Komponenten des Produkts?

Baustruktur
Wie sind die Komponenten des Produkts
physisch zusammengesetzt?

Sind zum Zeitpunkt der Projektbeantragung nur die potenziellen Funktionen des Produkts bekannt, ist in das **Pflichten- oder Lastenheft** eine Checkliste aufzunehmen, durch die umfangmäßig die Einzelschritte im Ablauf einer markt-, fertigungs- und durchlaufgerechten Produktgestaltung festgelegt werden. Des Weiteren ist anzugeben, wie sich durch eine umweltgerechte Produktgestaltung die ökologischen Belastungen reduzieren oder vermeiden lassen, die im Zusammenhang mit der Versorgungslogistik (Verpackung, Transport und Lagerhaltung), der Leistungserstellung (alle mit der Produktion verbundenen Reststoffe) und der Entsorgungslogistik (Retouren, Leergut, nicht absetzbare Produkte und nicht mehr benötigte maschinelle Anlagen) entstehen.

Festlegungen darüber, welche der erforderlichen Projektleistungen selbst erbracht werden sollen und wem die übrigen Restleistungen nach außen hin zu übertragen sind, bestimmen die **Projekttiefe**. Auf keinen Fall dürfen solche Arbeiten ausgelagert werden, die wegen ihrer Bedeutung und strategisch wertvollen Kernkompetenzen zu den Stärken des Unternehmens gehören.

2.3.2 Zeitangaben

Im Rahmen der zeitlichen Bewertung wird festgelegt, welche **Ressourcen** wann und in welcher Qualität bzw. Höhe benötigt werden, und zwar getrennt nach Personal, Material, Betriebsmitteln und Dienstleistungen.

Die **Dauer eines Projekts** beginnt üblicherweise mit der ersten Belastung eines jeweils neu einzurichtenden Projektkontos und endet mit der letzten Belastung desselben.

Eine **Verkürzung der Projektdauer** ist dadurch möglich, dass Vorgänge nicht nacheinander, sondern zeitlich überlappend ablaufen, was voraussetzt, dass die von einem Team erarbeiteten Objektdaten im Rahmen des Workflows so strukturiert und dokumentiert werden, dass andere Teams unverzüglich darauf zurückgreifen können.

Die zur Zeitplanung geeigneten **Methoden** sind das Balkendiagramm (auch GANTT-Diagramm genannt) und der Netzplan. Beide Methoden lassen den Zeitpunkt der Beendigung einer Gesamtaufgabe erkennen, sie regeln aber die Abhängigkeiten der Vorgänge, Arbeitspakete bzw. Teilprojekte auf unterschiedliche Weise (*Schwarze*).

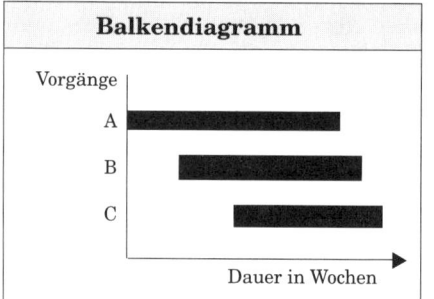 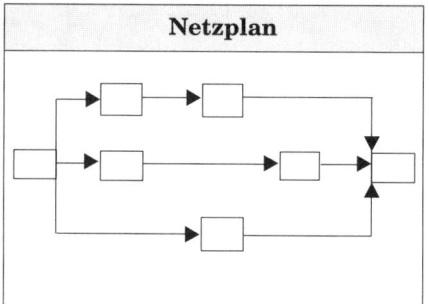

In der anspruchsvolleren Netzplantechnik wird eine Folge von Pfeilen, bei denen der Endknoten des einen Pfeils der Ausgangsknoten des nächsten Pfeils ist, als „Weg" bezeichnet. Vorgänge ohne Zeitreserven (Puffer) sind kritisch und eine Folge kritischer Vorgänge durch den Netzplan ist der **kritische Weg**.

2.3.3 Wertangaben

Diese betreffen den in Geldeinheiten bewerteten **Verbrauch an Ressourcen**, und zwar nach Kostenarten getrennt. Den weitaus größten Teil machen dabei die Personalkosten aus, weshalb zur groben Kennzeichnung von Projekten auch solche Bezeichnungen wie „Personen-Monate" oder „Personen-Jahre" üblich sind.

Zu niedrige Schätzungen von Projektdauern und/oder -kosten können dazu führen, dass später über die beantragten Finanzmittel hinaus noch weitere Mittel erforderlich sind. Für bereits begonnene Projekte werden dann nur noch deren **Restkosten** (Kosten der Fertigstellung) angesetzt.

Grundsätzlich muss das Controlling damit rechnen, dass Schätzungen bewusst niedrig angesetzt werden, um die Genehmigung zur Durchführung eines beantragten Projekts zu erhalten. Zur Gegensteuerung solcher unerwünschten **Manipulationen** bieten sich u.a. die folgenden Möglichkeiten an:

❑ **Monetäre Anreize** (Belohnungen) für möglichst realistische Schätzungen.

❑ **Differenzierte Genehmigungsgrenzen** für die einzelnen Projektteams. Das könnte entsprechend der bisherigen Schätzerfolge der Antragsteller geschehen.

❑ **Überprüfung ausgewählter Projekte**, die nach einem Zufallsverfahren bestimmt werden. Die Zufallsauswahl sollte so erfolgen, dass sich eine um so höhere Auswahlwahrscheinlichkeit ergibt, je größer das Antragsvolumen ist.

❑ **Zuweisung von Strafkosten** an Projektteams mit in der Vergangenheit hohen Mittelüberschreitungen. Die einem Projektteam bereits bei der Antragstellung zugewiesenen Strafkosten können allerdings so hoch sein, dass jedes Projekt als „unbefriedigend" ausgeschieden wird. Um das von vornherein zu vermeiden, könnten vom Projektmanagement noch niedrigere Schätzungen vorgenommen werden.

2.4 Ressourcenbeanspruchung

Meistens können nur die in die **engere Wahl** gezogenen Projekte durchgeführt werden, deren Anforderungen die zur Verfügung stehenden Kapazitäten (zunächst) nicht übersteigen.

> Der **Kapazitätsbedarf** ist für homogene Ressourcen getrennt zu ermitteln. Die Verteilung der zur Verfügung stehenden Mittel auf vorgesehene Projekte erfolgt nach deren **Dringlichkeit**.

Die Forderung nach schneller Erledigung findet ihren unmittelbaren Ausdruck in der projektbezogenen **Zeitpriorität**, die es unter folgenden Bedingungen einzuhalten gilt:

❑ Gleichmäßige Belastung innerhalb der einzelnen Kapazitätsgruppen.
❑ Hohe Auslastung der verfügbaren Betriebsmittel.
❑ Keine Erhöhung der Kapazität.

Vielfach sind es diese Nebenbedingungen, die dazu führen, dass **Belastungsspitzen** (Engpässe) durch Nutzung zeitlicher Spielräume abgeglichen werden müssen. Wenn möglich, sollte ein Kapazitätsabgleich so erfolgen, dass Vorgänge bei Engpässen in Phasen mit Unterauslastung **verschoben** werden.

Ein Kapazitätsabgleich ist auch dadurch zu erreichen, dass Vorgänge **gestreckt** werden, d.h. für ein Arbeitspaket werden nicht 5 Arbeitskräfte 3 Wochen, sondern 3 Arbeitskräfte 5 Wochen lang benötigt. Unter gegebenen Umständen ist auch der umgekehrte Fall einer **Stauchung** denkbar.

Sprechen keine ablauftechnischen Gründe dagegen, ist es schließlich auch möglich, Vorgänge zeitlich zu **unterbrechen**.

Reichen die genannten Möglichkeiten eines Kapazitätsabgleichs nicht aus, sind **Projektverlängerungen** notwendig. Sollen die vorgesehenen Projekte unbedingt termingerecht abgeschlossen werden, muss die **Kapazität erhöht** werden, sei es durch

❑ Überstunden oder Sonderschichten,
❑ Einstellung zusätzlicher Arbeitskräfte oder Anschaffung weiterer Betriebsmittel,
❑ Outsourcing bestimmter Projektarbeiten.

Während die Belegung der Kapazität für die Ressourcengruppen innerhalb eines Projekts noch durch „intelligentes Probieren" erfolgen kann, dürfte ein Computereinsatz unerlässlich sein, wenn die Vorgänge mehrerer Projekte um gemeinsame Kapazitäten konkurrieren. Dazu gibt es verschiedene **Verfahren der Kapazitätsnivellierung**, die auf der Grundlage heuristischer Methoden zu brauchbaren Lösungen führen.

2.5 Projektüberwachung

Genehmigte und in Arbeit befindliche Projekte sind vom **Controlling** zu überwachen. Auslöser (Trigger) eines Kontrollvorgangs können sein: Das Erreichen eines zuvor festgelegten Meilensteins, die Vermutung einer Abweichung oder das Interesse an Zwischen- und Endergebnissen.

Aspekte der **mitlaufenden Projektkontrollen** (Projektfortschrittskontrollen) sind:

❑ Zeitdauern (Bearbeitungs-, Liege- und Wartezeiten),
❑ Kosten (angefallen, restlich),
❑ Leistungen (Quantität, Qualität),
❑ Kapazitäten der Potenzialfaktoren (Betriebsmittel, Personen).

Die Anzahl der **Zeitpunkte** mitlaufender Projektkontrollen steigt mit der Komplexität, dem Innovationsgrad und/oder der Zeitdauer des Projekts. Dabei festgestellte Abweichungen sind zu analysieren und in das interne Berichtwesen aufzunehmen.

Bei der **Abweichungsanalyse** sind einmalige Ursachen von strukturellen Ursachen zu trennen. Oftmals lassen sich festgestellte Terminverzögerungen nur über kostensteigernde Maßnahmen ausgleichen. Eine hohe Aufmerksamkeit sollte – auch ohne aktuelle Abweichungen – solchen Arbeitspaketen zukommen, die die größten **Potenziale** bezüglich der Zeitreduzierung (bei Prozessen mit langen Durchlaufzeiten) und Kostensenkung (bei Prozessen mit hohen Kosten) haben.

Bei den Leistungen (Output) sind deren Effektivität und bei den Kapazitäten (Input) deren Effizienz zu beurteilen. Ist eine direkte **Messung des Leistungsfortschritts** nicht möglich, kann eine Schätzung des Fertigstellungsgrads auch mithilfe von Inputgrößen erfolgen. So kann beispielsweise angenommen werden, dass die noch nicht verbrauchten Reststunden umgekehrt proportional zum Leistungsfortschritt stehen. Beispiel: Werden noch 20 % der geplanten Stunden gebraucht, gilt die Leistung als zu 80 % erbracht. Diesbezüglich sind vom Controlling geeignete Kennzahlen zu formulieren und deren Veränderungen im Zeitablauf zu überwachen.

Für wertmäßig **kleinere Projekte** oder voneinander abgrenzbare Projektabschnitte reichen oft kurze Darstellungen über den gegenwärtigen Stand aus. Dagegen sind für wertmäßig **größere Projekte** umfangreichere Statusberichte üblich, die, gegebenenfalls nach Veranlassung korrigierender Maßnahmen, das voraussichtliche Projektende mitberücksichtigen.

In Abhängigkeit von den Ergebnissen mitlaufender Kontrollen kann über **Fortführung oder Abbruch** eines Projekts entschieden werden. Dabei befindet sich das Management allerdings in folgendem Dilemma: Einerseits will man vermeiden, dass Projekte fortgesetzt werden, deren Erfolgsaussichten gering sind, wobei ein früher Projektabbruch die Ressourcen schont, die bei anderen Projekten dringend benötigt werden. Andererseits kann eine zu frühe Abbruchentscheidung zu Verlusten führen, denn die bereits angefallenen Kosten gelten als verloren (Sunk Costs).

Die Entscheidung über einen Projektabbruch wird zweckmäßigerweise durch **Zeitvergleiche** gesteuert. Danach sollte ein Projektabbruch erst dann in Erwägung gezogen werden, wenn die Projektbewertung gegenüber früheren Beurteilungen deutlich ungünstiger ausfällt, Synergieeffekte zu anderen Projekten ausbleiben oder gravierende Zeit- bzw. Kostenüberschreitungen auftreten. Ist das alles nicht oder nur in unbedeutendem Umfang der Fall, kann das Projekt fortgesetzt werden.

Wird das Projekt erfolgreich abgeschlossen, dienen **nachträgliche Projektkontrollen** der Verbesserung künftiger Schätzungen (Lerneffekt). Deshalb sind alle möglichen Einflüsse auf die Abweichungen zwischen den Soll- und Ist-Werten zu analysieren, wobei auch das aus abgebrochenen Projekten hervorgegangene Wissen zu verwerten ist.

3. Qualitätscontrolling

Unter den Ansätzen zur Förderung und Sicherung der physischen Qualität von Produktionsfaktoren, Prozessen und Produkten geht der des **Total Quality-Management** (TQM) am Weitesten. Danach soll ein durchgängiges Qualitätsbewusstsein im Unternehmen nicht nur geschaffen, sondern vielmehr auch in einer Qualitätskultur gelebt werden, was bedeutet:

❑ **Produkte** (einschließlich Dienstleistungen) haben das zu leisten, was für den Kunden wichtig ist, was ihn zufrieden macht, was er gegebenenfalls auch vom Wettbewerber bekommt und wofür er zu zahlen bereit ist.

❑ **Lieferanten** haben eine den Anforderungen entsprechend hohe und mindestens gleichbleibende Qualität zu gewährleisten. Kommt es dennoch zum vorzeitigen Ausfall von in Gebrauch befindlicher Produkte, sind die von Kunden beanstandeten Defekte umgehend zu beseitigen (Garantie, Kulanz), statistisch zu erfassen und den Ursachen nach zu analysieren.

❑ **Fehlervermeidung** statt Fehlerbeseitigung heißt, dass jeder Mitarbeiter für die Fehlerfreiheit seiner Arbeit selbst verantwortlich ist.

3.1 Produktqualität

Anzustreben ist eine Produktqualität, die den Erwartungen der Kunden entspricht. Dann nämlich ist für das Unternehmen eine **Unique Selling Proposition** (USP) im Sinne eines einzigartigen Verkaufsvorteils möglich.

3.1.1 Produktwert

Als **Produktwert** lässt sich derjenige Betrag bezeichnen, den der Kunde für ein Produkt und dessen Nutzen, d.h. Wirtschaftlichkeit, Bequemlichkeit, Zeit- und Energieersparnis, Design oder Service- und Umweltfreundlichkeit gemäß der Dringlichkeit seines Bedarfs zu zahlen bereit ist.

Den Kunden sollen **neue Produkte** einen höheren Nutzen bieten als bisherige Produkte. Als neu werden Produkte bezeichnet, die *objektiv* neu sind (Innovation) oder in dieser Form (*subjektiv* neu) bislang nicht im Sortiment des Unternehmens enthalten waren.

Im Rahmen der **Wertgestaltung** lassen sich *neue* Produkte sowohl nach ihren Funktionen, als auch nach den Kosten der diese Funktionen erfüllenden Komponenten (Baugruppen, Teile) und Arbeitsgänge untersuchen, um den Produktwert zu steigern bzw. unnötige Kosten zu vermeiden (vgl. dazu auch die an späterer Stelle behandelte Zielkostenrechnung).

Durch regelmäßige **Wertanalysen** kann versucht werden, *bestehende* Produkte zu verbessern und/oder deren Kosten zu senken.

3.1.2 Produktausfälle

In Abhängigkeit von der **Zuverlässigkeit** sind Ausfälle während der Lebensdauer von **Gebrauchsgütern** wie folgt möglich:

❑ **Frühausfälle**, die meistens auf Konstruktions-, Material-, Montage- oder Bedienungsfehlern beruhen. Anfangs auftretende Mängel werden innerhalb der Garantiezeit behoben.

❑ **Zufallsausfälle**, die plötzlich entstehen und meistens nicht vorhersehbar sind. Die Ausfallrate über die Nutzungszeit lässt sich gewöhnlich durch regelmäßige Wartung senken. Dennoch auftretende Schäden sind durch den Kundendienst in angemessener Zeit zu beseitigen.

❑ **Abnutzungsausfälle**, die infolge von Verschleiß oder Materialermüdung erst nach einer längeren Zeit auftreten. Sofern die Behebung eines altersbedingten Schadens nicht mehr wirtschaftlich ist, ensteht für die Kunden ein Ersatzbedarf.

Die Produktausfälle sind statistisch zu erfassen und vom **Controlling** zu analysieren, zu beurteilen und zu dokumentieren.

Zeichnen Sie eine idealtypische Produktausfallkurve mit den Abschnitten der Früh-, Zufalls- und Abnutzungsausfälle!

Seite 242

3.2 Prozessqualität

Die **Gestaltung von Prozessen** hat in Übereinstimmung mit den durch Regeln und Routinen festgelegten Qualitätsanforderungen bzw. -merkmalen zu erfolgen.

Von Bedeutung sind dabei **Null Fehler-Programme**, denenzufolge die Beschäftigten eine Arbeit nur dann weitergeben dürfen, wenn diese *absolut* fehlerfrei ist. Wichtig ist auch das Vorhandensein von Potenzialen zur **Verkürzung der Durchlaufzeit** von Aufträgen oder Erzeugnissen durch die Fertigung.

Mittels der **Wertzuwachskurve** lässt sich der zeitliche Verlauf der Wertschöpfung feststellen. In der nachstehenden Abbildung entspricht die Fläche unterhalb der Wertzuwachskurve der Kapitalbindung im Umlaufvermögen (Vorräte) während der Dauer des Fertigungsprozesses.

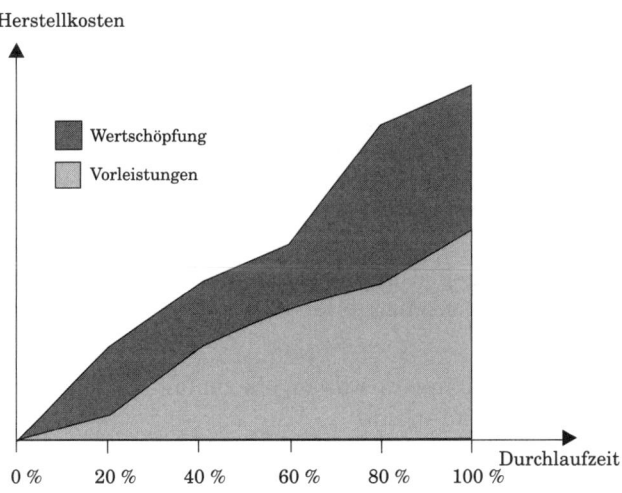

Eine **Verbesserung der Wertzuwachskurve** lässt sich erreichen durch

❏ **Verkürzung der Durchlaufzeit:** Überlappung oder Parallelisierung von Prozessen, Reduzierung nicht wertschöpfender Verteil-, Liege-, Transport-, Rüst- und Nacharbeitszeiten.

❏ **Senkung der Herstellkosten:** Montagegerechtere Konstruktion, Automatisierung von Montageprozessen, fertigungssynchrone Beschaffung zur Senkung der Lagerbestände im Vorfeld der eigentlichen Fertigung (Pre Processing).

❏ **Veränderung des Steigungsverhaltens:** Teure Zukaufteile und kostenintensive Veredelungsleistungen werden an das Ende der Herstellung verlagert.

Um das Qualitätsbewusstsein der in Prozesse eingebundenen Arbeitnehmer zu verbessern, können **Qualitätszirkel** eingerichtet werden. Dabei handelt es sich um organisierte Kleingruppen, denen jeweils gleichgeordnete Personen eines Arbeitsbereichs angehören, die Fehler dort erkennen und beseitigen sollen, wo sie auftreten, nämlich am eigenen Arbeitsplatz. Der Zweck dabei ist, das Qualitätsinteresse der Beschäftigten zu wecken und deren Qualitätsbewusstsein bzw. -verantwortung zu fördern. Den betroffenen Beschäftigten können dafür **monetäre Anzeize** in Aussicht gestellt werden.

3.3 Qualitätssicherung

Die **Festlegung der Qualitätsmerkmale** im Rahmen der stofflichen Verwirklichung von Produkten und deren Komponenten sollte bereits bei der Konstruktion erfolgen. Das Ergebnis sind Fertigungsunterlagen wie Zeichnungen, Stücklisten und Teile-Verwendungsnachweise, Prüf-, Montage- und Transportvorschriften sowie Angaben über Festigkeit, Oberfläche und Toleranzen der zu verarbeitenden Werkstoffe und Zukaufteile.

Die Anforderungen an die Konstruktion werden um so größer sein, je mehr den Besonderheiten der späteren Bearbeitungsstationen Rechnung getragen werden muss. Sofern dabei algorithmierbare Beziehungen vorliegen, kann es zum **Computer Aided Design** (CAD) kommen, verstanden als Möglichkeit

❏ zum Abruf maßstäblich geplotteter Wiederhol- und Normteile, Werkstoffdaten oder anderer alphanumerisch bzw. bildhaft dokumentierter Unterlagen,

❏ zur Berechnung der Strukturen von Varianten, also der geometrischen Anordnung von Teilen und Baugruppen, was gegebenenfalls im Dialogverkehr mit den Konstrukteuren erfolgen kann und

❏ zur Bereitstellung grafischer Darstellungen, aus denen sich die zur Fertigung benötigten Angaben für numerisch gesteuerte Maschinen ableiten lassen.

Als **Maßnahmen** zur Realisierung der geplanten Qualität lassen sich solche Wertschöpfungsaktivitäten bezeichnen, die geeignet sind, Ausschussquoten und Nacharbeiten in der Fertigung sowie Früh- und Zufallsausfälle in Gebrauch befindlicher Produkte zu senken, wenn nicht gar auszuschalten.

Um die Qualitätsfähigkeit der Zulieferer beurteilen zu können, verlangen Unternehmen häufig schon vor der Auftragsvergabe den **Nachweis bestimmter Qualitätssicherungsmaßnahmen**. Um die Anforderungen an Qualitätssicherungssysteme zu vereinheitlichen, hat beispielsweise die *International Standardization Organization* (ISO) das **Normenwerk ISO 9000 : 2000** geschaffen, das sich durch weltweite Akzeptanz auszeichnet und deshalb auch vom *Deutschen Institut für Normung* unverändert übernommen wurde. Das Normenwerk umfasst als wesentlich angesehene Elemente: 9000 (Grundlagen und Begriffe), 9001 (Qualitätsmanagementsysteme – Anforderungen), 9004 (Qualitätsmanagementsysteme – Leitfaden zur Leistungsverbesserung) und 9011 (Leitfaden für das Audit von Qualitäts- und Umweltmanagementsystemen). Die Zahl 2000 steht für das Jahr des Inkrafttretens der Normen.

Werden die Normen erfüllt, besteht die Möglichkeit der **Zertifizierung**, d.h. der Ausstellung einer im internationalen Geschäftsverkehr verwendbaren Urkunde mit ISO-Logo, die dem Unternehmen die Übereinstimmung seines Qualitätsmanagementsystems mit dem internationalen Standard bescheinigt, dem Abnehmer aufwändige Eingangskontrollen erspart und bei Reklamationen die Frage nach der Schuld und Haftpflicht schnell zu klären hilft. Die Erwartungen an eine Zertifizierung dürfen allerdings nicht zu hoch angesetzt werden. So fordert das ISO-Normenwerk beispielsweise nur die Erfüllung bestimmter **Mindeststandards** der Branche. Geprüft werden auch nicht die Produktqualität selbst, sondern die Arbeitsabläufe (Prozesse), personelle Zuständigkeiten und Mitarbeiterqualifikationen.

3.4 Qualitätskosten

Die aus Kundensicht im Unternehmen notwendigen **Qualitätskosten** werden *traditionell* untergliedert in

☐ **Fehlerverhütungskosten:** Diese entstehen durch vorbeugende Maßnahmen zur Vermeidung von Fehlern und betreffen den Produktentwurf, die Prüfplanung in der Produktion, die Beurteilung und Zertifizierung von Lieferanten sowie Schulungen des Personals.

☐ **Prüfkosten:** Diese fallen an durch planmäßige Qualitätsprüfungen und betreffen die Produkterprobung sowie Wareneingangs-, Prozess- und Endkontrollen.

☐ **Interne Fehlerkosten:** Diese ergeben sich vor der Auslieferung von Produkten bzw. der Erbringung von Dienstleistungen.

☐ **Externe Fehlerkosten:** Diese treten erst nach der Auslieferung der Produkte an die Kunden bzw. nach Erbringung von Dienstleistungen auf und betreffen Reklamationen, Retouren, Garantie- und Kulanzleistungen, die Produkthaftung sowie Imageverluste.

Die traditionelle, d.h. technisch orientierte Gruppierung der Qualitätskosten wird jedoch zunehmend infrage gestellt. **Schwerpunkt der Kritik** ist die Behandlung gegenläufiger Kosten, denn mit zunehmenden Qualitätsanforderungen steigen die Fehlerverhütungs- und Prüfkosten, während die Fehlerkosten sinken. Daraus ergibt sich ein angestrebtes Qualitätsniveau, das jenseits der „Null-Fehler-Grenze" liegt und damit keine absolute Fehlerfreiheit gewährleistet. Dieser Mangel der traditionellen Einteilung der Qualitätskosten hat unter Steuerungsaspekten zu einer **Neuaufteilung der Qualitätskosten** geführt:

❑ **Kosten der Übereinstimmung**, die auf die Erfüllung der Kundenerwartungen ausgerichtet sind und sich zusammensetzen aus den Fehlerverhütungskosten sowie dem werterhaltenden Teil der Prüfkosten. Durch die stärkere Beachtung der Prävention wird der investive Charakter der Qualitätskosten hervorgehoben.

❑ **Kosten der Abweichung**, die aufgrund einer nicht den Kundenanforderungen entsprechenden Leistung entstehen und damit eine Verschwendung von Ressourcen darstellen. Es handelt sich dabei um den wertvernichtenden Teil der Prüfkosten und die Fehlerkosten, um Fehlleistungen auszugleichen. Während eine Untererfüllung der Bedürfnisse externer Kunden zu Kosten (Garantie- und Kulanzleistungen) führt, kann für eine Übererfüllung der Leistungen meistens kein höherer Preis erzielt werden, sodass die hierdurch entstehenden Opportunitätskosten ebenfalls zu den Abweichungskosten gehören. Der Block der Abweichungskosten lässt sich reduzieren, wenn der prozessuale Charakter der Qualität entlang der Wertschöpfungskette stärker beachtet wird als bisher.

Die angesprochenen Sachverhalte soll die folgende **Abbildung** verdeutlichen (*Wildemann*).

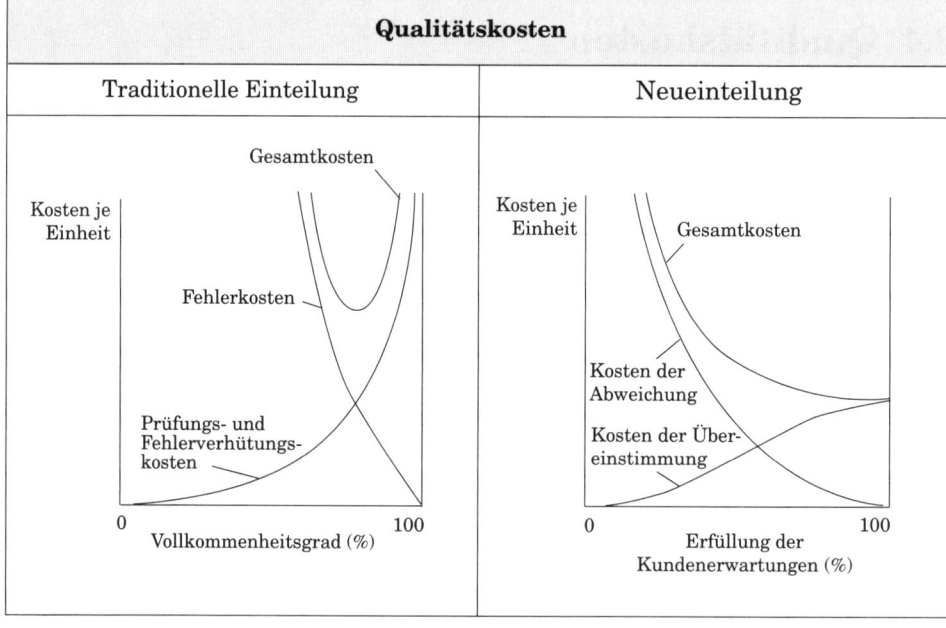

3.5 Qualitätsüberwachung

Durch die **Überwachung der Qualität** sollen Abweichungen von Qualitätsmerkmalen erkannt und analysiert werden. Die Qualitätskontrolle sollte möglichst automatisch erfolgen, um das Personal von zeitlich wiederkehrenden, d.h. monotonen Arbeiten zu entlasten.

4. Investitionscontrolling

Zu den **Aufgaben des Investitionscontrolling** gehören:

❑ Investitionsanregung (Vorschlagsrecht).

❑ Bereitstellung von Methoden und Informationen zur Investitionsplanung.

❑ Durchführung dynamischer Investitionsrechnungen.

❑ Koordination des Investitionsvolumens und des Kapitaleinsatzes.

❑ Investitionsbegleitung, um dem Management bei unerwartet auftretenden Risiken und Fehlentwicklungen geeignete Maßnahmen der Nachsteuerung vorzuschlagen.

❑ Investitionsnachrechnungen (Wirtschaftlichkeitskontrolle).

Die erste **Investitions*nach*rechnung** sollte möglichst früh, d. h. unmittelbar nach erfolgter Über- bzw. Inbetriebnahme (z. B. einer Maschine) stattfinden, um Schwachstellen bei der Planung oder Realisierung festzustellen und in Lerneffekte umzusetzen. Eine *weitere* Investitions*nach*rechnung kann spätestens nach einem Jahr erfolgen, um die Wirtschaftlichkeit und Kapazitätsauslastung zu beurteilen. Über *zusätzliche* Investitionskontrollen während der Betriebszeit bis hin zur Desinvestition ist situativ zu entscheiden.

Das **Desinvestitionscontrolling** hat dafür zu sorgen, dass nicht mehr benötigte Güter identifiziert und bestmöglich verwertet werden. Relativ einfach ist die Identifizierung bei Betriebsmitteln, die in der Bilanz auf den symbolischen Erinnerungswert von 1 € abgeschrieben sind. Für diese Objekte werden in der Produktkalkulation kalkulatorische Abschreibungen verrechnet, die in ihrer Höhe denen neuer, d.h. wieder zu beschaffender Objekte (Ersatzinvestitionen) ähneln, ohne jedoch deren Rationalisierungspotenzial zu besitzen. Um eben dieses Rationalisierungspotenzial nutzen zu können, sollten Betriebsmittel spätestens nach Erreichen der Abschreibungsfrist ausgesondert und (gegebenenfalls) durch solche in der Zwischenzeit technisch verbesserten Objekte ersetzt werden. Außerdem lassen sich dadurch reale Substanzvernichtungen vermeiden, die im Zusammenhang mit den bereits erwähnten Scheingewinnen stehen.

Für die zum Verkauf vorgesehenen Betriebsmittel ist der am Markt erzielbare Preis zu ermitteln. Um diesen bestimmen zu können, ist eine Zusammenstellung aller das Betriebsmittel betreffenden Stammdaten in einer Übersicht erforderlich, die potenziellen Erwerbern zur Verfügung gestellt wird. Auf der Grundlage dieser Übersicht finden dann – gegebenenfalls auch über das Internet – entweder bilaterale Verhandlungen statt, die sich allerdings lange hinziehen können, oder die Interessenten werden aufgefordert, im Rahmen eines zeitlich begrenzten Bieterverfahrens (Auktion) ihre Angebote abzugeben. Aus allen eingehenden Angeboten wird dann der Erwerber mit der größten Zahlungsbereitschaft ausgewählt.

5. Webcontrolling

Das Internet gestattet die Einrichtung **elektronischer Marktplätze** (Internet-Plattformen, Value Webs), auf denen sich eine Vielzahl von Herstellern, Lieferanten, Händlern, Dienstleistern und Kunden trifft. Grundsätzlich kann sich das Unternehmen an einer oder mehreren fremd betriebenen E-Marktplätzen beteiligen, wobei die Fremdbetreiber üblicherweise Gebühren für die Übernahme der Intermediationsfunktion verlangen. Konzerne können auch eigene Marktplätze (Plattformen) schaffen, wenn die Bündelung von Geschäftsaktivitäten dieses von der Größe her sinnvoll erscheinen lässt.

Mithilfe von **Navigatoren** als Such- und Informationsfilter könen Nutzer auf elektronischen Marktplätzen herumsurfen und bei Bedarf auf die jeweiligen Websites zugreifen. Ein Beispiel dafür sind elektronische **Portale**, die eine Informationsaggregation und -aufbereitung für Nutzer vornehmen, um deren Informationsverarbeitungskapazität in Bezug auf die Datenmassen des Internet zu entlasten. Die Navigation in einem Portal kann katalogbasiert (über sich verzweigende Baumstrukturen) oder schlagwortbasiert (unter Eingabe von Suchbegriffen) erfolgen. Häufig müssen die Nutzer von Portalen bei ihrer Registrierung verschiedene Angaben über sich und ihre Präferenzen machen, aus denen die Portalbetreiber dann **Kundenprofile** ableiten.

In Zukunft wird mit einem zunehmendem **Wettbewerb** zwischen einer immer größer werdenden Zahl von elektronischen Marktplätzen gerechnet.

5.1 E-Business

Unter **Electronic Business** versteht man den Einsatz und die Nutzung von Internet-Technologien in Prozessen der Beschaffung (E-Procurement) und des Vertriebs (E-Commerce). Dazwischen angesiedelt ist die vernetzte Produktion (E-Factory), die technologisch zwar kein Problem mehr ist, in Anbetracht der hohen Komplexität aber praktisch noch nicht wesentlich über Insellösungen hinausgekommen ist.

Digitale Netzwerke können Kunden keine Produkte physisch anbieten, sondern nur deren informatorische oder emotionale **Inhalte** (Content) in Form von Bildern oder Texten. Da mit den Inhalten die Aufmerksamkeit der Kunden geweckt werden soll, spielen diese eine wichtige Rolle für Internet-Anbieter.

Bezüglich des elektronischen **Datenaustauschs** zwischen Unternehmen ist **EDI** (**E**lectronic **D**ata **I**nterchange) weit verbreitet. Dabei handelt es sich um eine international genormte Übertragungssprache für den Austausch anfallender Dokumente wie Bestellungen, Rechnungen, Lieferscheine, Zahlungsaufträge oder Bankauszüge. Die sich für Unternehmen daraus ergebenden Vorteile sind, dass bei eingehenden Daten erneute Dateneingaben und die damit verbundenen Fehlergefahren entfallen. Außerdem wird der Papierverbrauch reduziert, Portokosten werden vermieden und die Verarbeitung wird insgesamt schneller.

Effizienter und kostengünstiger als EDI ist die Übertragungssprache **XML** (**EX**tensible **M**ark-up **L**anguage) als Erweiterung des Web-Standards HTML. Damit ist es Unternehmen möglich, über das Internet und mit der entsprechenden Browser-Software alle Geschäftsprozesse online-fähig zu machen.

Von zunehmender Bedeutung für das E-Business sind **Netzeffekte**. Darunter versteht man die Kompatibilität der technisch zu vernetzenden Systemelemente (*indirekter* Netzeffekt) und die Anzahl der Nutzer, die die gleichen Systemelemente verwenden (*direkter* Netzeffekt). Beispielsweise steigt der Nutzen eines E-Mail-Systems sowohl mit der Verbreitung der im Einsatz befindlichen Geräte (Teilnehmerzahlen) als auch mit der Kompatibilität (Substituierbarkeit) der von verschiedenen Herstellern angebotenen Geräte *(Czichowsky)*.

5.2 E-Procurement

Unter **E-Procurement** versteht man die durch das elektronische Beschaffungswesen erreichbare Bündelung von *Einkaufsmacht*. In einem Konzern kann diesbezüglich die Ausgründung eines Shared Service Center von Vorteil sein, um Einkaufsgemeinschaften zu definierten Themenbereichen zu suchen oder gar selbst zu schaffen sowie Ausschreibungen durchzuführen.

Hauptzweck des E-Procurement ist die **Senkung der Beschaffungspreise und -zeiten** für standardisierte Güter (Commodities), die entweder in die Produktion einfließen oder für sonstige Zwecke (z.B. Büromaterial, Einrichtungsgegenstände, Präsente, Bücher, Reisen) gebraucht werden. Um das zu erreichen, sind die Transaktionsprozesse zu vereinfachen, interne Abläufe zu beschleunigen, die Prozesskosten zu senken und die Produktivität zu steigern.

Für das **Controlling** ergeben sich im Rahmen des E-Procurement interessante Aufgabenfelder, wie z.B. die Mitwirkung bei der

❏ Suche und Auswahl nach neuen Lieferanten und Logistikdienstleistern,

❏ Festlegung derjenigen Güter, die direkt vom Arbeitsplatz aus disponiert werden können und sollen,

❏ Kalkulation von Preisobergrenzen für die Beschaffungsgüter, gegebenenfalls für ein Bündel von Preisen mehrerer Komponenten (einschließlich Transport),

❏ Auswertung der Erfahrungen und Bereitstellung entsprechender Informationen
für Planungs- und Entscheidungszwecke.

Die Messung des Erfolgs durch E-Procurement durch das Controlling kann mithilfe
von **Kennzahlen** erfolgen, betreffend die Quote des Einkaufs über das Internet,
die Prozesskosten von Internet-Beschaffungen oder die Fehlerquote elektronischer
Beschaffungen *(Kusterer)*.

5.3 E-Commerce

Durch die Übernahme von Marken in das Internet wird E-Commerce zu einem
zusätzlichen Vertriebsweg, in dessen Mittelpunkt der Endkunde (Verbraucher,
Geschäftskunde) steht. Der Vorteil eines Online-Vertriebs besteht darin, dass er
billiger als der Offline-Vertrieb ist und den Kunden eine Nutzung rund um die Uhr
bietet.

Das **Kundeninteresse** auf elektronischen Marktplätzen wird für das Unternehmen zum immateriellen Wirtschaftsgut. Der Wettbewerb um die Aufmerksamkeit
der Kunden steigert deren *Nachfragemacht*, was das einzelne Unternehmen dazu
veranlassen kann, Kundengemeinschaften (Communities) und Einrichtungen für
Kundeninteraktionen untereinander (Diskussionsforen) zu schaffen, die bedarfs-
gerecht mit den für sie relevanten Informationen versorgt werden.

Um **Handel im Internet** mittels multimedialer Medien interaktiv zu betreiben,
bestehen für ein Unternehmen die folgenden Möglichkeiten des E-Commerce:

❏ **Business-to-Consumer** (B2C) als Geschäftsmodell für das Unternehmen und
seine *Endkunden* (Verbraucher). Das Angebot von Inhalten über personenbe-
zogene Güter und Dienstleistungen entnimmt der Kunde den elektronischen
Katalogen. Virtuelle Agenten helfen beim Füllen des Einkaufswagens. Geliefert
wird über Logistikdienstleister direkt an die Endkunden. Über **Hotlines** können
Anfragen oder Beschwerden von Kunden sofort erledigt werden.

❏ **Business-to-Business** (B2B) als Geschäftsmodell für das Unternehmen und
anderen gewerblichen Partnern, also mit Zulieferern und Firmenkunden (z.B.
Handelsunternehmen). Unter Einschaltung von **Internet-Auktionshäusern**
lassen sich nicht betriebsnotwendige Wirtschaftsgüter versteigern.

Jede Website generiert sich ihre spezifische Nutzergruppe. Starke Websites zeichnen
sich besonders durch ihre Interaktivität aus. Zur Verbesserung der Kundenbezie-
hungen kann das **Controlling** an Maßnahmen zur Erstellung von Nutzerprofilen
beteiligt werden. Bereits beim ersten Seitenaufruf hinterlässt der Besucher als
potenzieller Kunde eine Spur, die sich stärker konkretisiert, wenn er tatsächlich
über einen Katalog seinen Warenkorb füllt. Diese Spuren gilt es transparent zu
machen, zu analysieren und für einen fortgesetzten, kontinuierlichen Dialog proaktiv zu nutzen *(Schwarz)*.

An **Kennzahlen** lassen sich hier vom Controlling beispielsweise ermitteln *(Gräf):* Kontakteffizienz (Anzahl der Erstkontakte/Größe der anvisierten Zielgruppe), Kaufauslösung (Anzahl Erstkäufer/Anzahl der Online-Besucher) oder Kundenbindung (Anzahl der Mehrfachkäufer/Anzahl der Online-Käufer).

Durch **Umsetzung der Kundeninformationen** am „Customer Touch Point" lassen sich Produkte an die Bedürfnisse und Wünsche der Kunden anpassen, Materialbestände reduzieren, der Kundendienst individuell gestalten und schließlich die Marktanteile erhöhen.

 Beurteilen Sie digitale Kundenprofile als immaterielle Vermögenswerte aus Sicht des Controlling!

Seite 242

6. Internationales Controlling

Ob ein Unternehmen als „international" bezeichnet werden kann, richtet sich nach dem Umfang und der relativen Bedeutung seiner **Auslandsaktivitäten**.

6.1 Gründe der Internationalisierung

Stagnierende Binnenmärkte und zunehmender Wettbewerb durch ausländische Anbieter auf den Binnenmärkten sind die häufigsten Gründe für die zunehmende **Bearbeitung ausländischer Märkte** *(Welge / Holtbrügge).*

Hinzu kommt, dass international tätige Unternehmen aus der Fähigkeit zur Nutzung weltweit bestehender **Synergiepotenziale** besondere Wettbewerbsvorteile erreichen können, die lokal oder national operierenden Unternehmen nicht offen stehen. Die besonderen Wettbewerbsvorteile liegen im Wesentlichen in der Ausnutzung von Differenzen zwischen Ländern (z.B. unterschiedliche Bedürfnis-, Markt-, Produktions- und Faktorkostenstrukturen, länderspezifische Qualifikationen des Personals) und der Ausnutzung einer größeren Markt- und Verhandlungsmacht (z.B. internationale Preisdifferenzierungen).

Die Vielfalt des weltweiten Umfelds stellt hohe **Anforderungen an die Managementfähigkeiten** und betrifft insbesondere die Schaffung und Nutzung länderübergreifenden Wissens zur Überwindung räumlicher (lokaler, nationaler) und kultureller Barrieren.

6.2 Wege der Internationalisierung

Begonnen wird meistens mit dem **Export**.

Übersteigt der Export irgendwann eine kritische Größe und/oder sind bestimmte Markteintrittsbarrieren (Handelshemmnisse wie z.B. Zölle, Local Content-Vorschriften oder Währungsrisiken) auf Dauer so stark, dass der Export zu teuer oder zu schwierig wird, steigt unter Aufgabe der wirtschaftlichen Selbstständigkeit die Bedeutung von **Kooperationen** (Strategische Allianzen) mit Unternehmen des Ziellandes.

Soll demgegenüber die wirtschaftliche Selbstständigkeit des Unternehmens nicht aufgegeben werden, wird es zu **Direktinvestitionen** im Gastland kommen. Das kann durch Ausgründung von Tochtergesellschaften geschehen, die im Gastland nur den Vertrieb oder weitere bzw. alle Unternehmensfunktionen übernehmen. Zweckmäßig kann es aber auch sein, sich an einem bereits bestehenden Auslandsunternehmen kapitalmäßig zu beteiligen (Joint Ventures) oder diese ganz zu übernehmen (Akquisition).

| | Wodurch unterscheiden sich Strategische Allianzen von Unternehmensakquisitionen und welche Bedeutung hat diese Unterscheidung in Bezug auf deren Koordination? | Seite 242 |

7. Beteiligungscontrolling

Von einer Unternehmensübernahme (Take Over) oder Mergers&Acquisitions-Transaktion (M&A) wird gesprochen, wenn sich ein Investor mittels **Direktinvestition** auf Dauer an einem anderen in- oder ausländischen Unternehmen als Zielobjekt *kapitalmäßig* beteiligt.

7.1 Beteiligungsmotive

Als **Gründe** für den Einstieg in ein anderes Unternehmen oder dessen Übernahme kommen infrage:

❑ Externes **Unternehmenswachstum** führt schneller zum Ziel, die Marktanteile zu steigern, als organisches (internes) Wachstum.

❑ Wegen der **Globalisierung der Märkte** reicht es nicht mehr aus, Marktanteile in nur einem Land zu gewinnen, sondern vielmehr auch in anderen Ländern, wenn nicht gar weltweit.

Gegen einen beabsichtigten Unternehmenszusammenschluss kann die zuständige **Kartellbehörde** aus wettbewerbsrechtlichen Bedenken ihre Genehmigung verweigern. Ein Problem ist dabei die Definition des *relevanten* Markts. Die EU-Kommission, die in Europa für die Genehmigung von M&A-Transaktionen ab einer bestimmten Größenordnung zuständig ist, hat in einer amtlichen Bekanntmachung den Prozess der **Marktabgrenzung** ausführlich erläutert. Gelegentlich wird eine kartellbehördliche Genehmigung an die Bedingung geknüpft, dass sich das nach einer Übernahme neu formierte Unternehmen von solchen Geschäftsteilen trennt, bei denen eine **Marktbeherrschung** gesehen wird.

7.2 Übernahmeprozess

Eine Firmenübernahme beginnt mit der Untersuchung von **Akquisitionsbedarf und -möglichkeiten** durch das Pre Merger-Management.

Die **Absicht einer Übernahme** sollte nach Möglichkeit erst dann der Belegschaft und Öffentlichkeit bekannt gegeben werden, wenn die Verhandlungen über den Erwerb abgeschlossen sind und ein Übernahmevertrag paraphiert wurde.

7.2.1 Bildung von Projektteams

Die vom Investor ins Auge gefassten Übernahmekandidaten (Zielunternehmen) werden zweckmäßigerweise als **Projekte** behandelt, wobei für jedes dieser Projekte ein Team zu bilden ist.

Die Projektteams sind meistens **interdisziplinär besetzt**, d.h. ihnen gehören neben Fach- und Führungskräften (darunter auch Controller) aus dem Erwerberunternehmen auch externe Experten an, wie z.B. M&A-Berater oder Wirtschaftsprüfer. Innerhalb der Projektteams bestehen die **Aufgaben externer Berater** in der gutachterlichen Begleitung der Transaktion, der Steuerung entsprechender Prozesse (einschließlich der Preisermittlung), der Verhandlungsführung und der Koordination der Abschlussarbeiten nach erfolgter Einigung.

Bezüglich der **Übernahmeverhandlungen** geht es innerhalb der Projektteams vor allem um die Schaffung eines konstruktiven Verhandlungsklimas (Neutralisationsfunktion), weil von externen Beratern auch solche Dinge angesprochen werden können, die sich Käufer und Verkäufer nicht zu sagen trauen, ohne den Verhandlungsablauf empfindlich zu stören.

7.2.2 Due Diligence

Als Schwerpunktphase innerhalb des Verhandlungsprozesses gilt die **Due Diligence**, die nach internationalen Standards erfolgen sollte. Dabei handelt es sich um einen aus der Transaktionslehre stammenden Sachverhalt der Analyse und Bewertung, der sich übersetzen lässt mit „gebührende Sorgfalt" bezüglich des Übernahmekandidaten.

Die Aufgabe des für die Due Diligence zuständigen Projektteams wird zunächst darin bestehen, innerhalb einer mehr oder weniger eng begrenzten Zeitspanne über das Zielunternehmen und dessen Management möglichst viele **Informationen zusammenzutragen**, betreffend das wirtschaftliche, soziale, technologische und ökologische Umfeld, die gesetzlichen Rahmenbedingungen, anhängige und drohende Rechtsstreitigkeiten, Umweltlasten, nicht bilanzierte Vermögensgegenstände (wie z. B. Leasingobjekte oder immaterielle Leistungspotenziale und -optionen), Verlustaufträge, gegebene Garantien und Verpflichtungen in den Funktionsbereichen des Zielunternehmens.

Die dem Projektteam vom Verkäufer überlassenen **Unterlagen** sind üblicherweise Jahresabschlüsse, Geschäftspläne, Vertragsdokumente, Kalkulationen und gegebenenfalls externe Gutachten.

Grundsätzlich ist davon auszugehen, dass das Projektteam zwar möglichst vollständige Information zu beschaffen versucht, der Verkäufer aber eher vorsichtig mit der Herausgabe interner Daten sein wird. Deswegen erfolgt die Offenlegung vertraulicher Informationen meistens erst nach Unterzeichnung einer Vertraulichkeitserklärung und der Abgabe einer **Absichtserklärung** (Letter of Intent) durch den potenziellen Investor *(Berens / Brauner)*.

7.2.3 Bewertungsmethoden

Anhand der zusammengetragenen, stukturierten und analysierten Unterlagen bewertet das Projektteam das Zielunternehmen unter Verwendung der gängigen **Methoden zur Bewertung ganzer Unternehmen.**

Da es eine Vielzahl solcher Methoden gibt, die für ein und dasselbe Unternehmen zu unterschiedlichen Werten führen, wird festzustellen sein, welche dieser Methoden am Besten den **Grundsätzen ordnungsmäßiger Unternehmensbewertung** entspricht: Der

❑ **Grundsatz der Subjektivität** berücksichtigt die subjektiven Nutzenpotenziale des Erwerbers, sei es durch Erschließung neuer Marktsegmente und/oder höhere Marktanteile im Kerngeschäft.

❑ **Grundsatz der Zweckadäquanz** erkennt an, dass der Unternehmenswert mit dem Zweck der Bewertung variiert.

❑ **Grundsatz der Zukunftsbezogenheit** geht davon aus, dass der Erwerber nur diejenigen Vorteile vergüten möchte, die ihm von der Übernahme an zukommen werden.

❑ **Grundsatz der Bewertungseinheit** sieht unter der Annahme der Fortführung (Going Concern) eine Bewertung aller bilanzierten nicht bilanzierten Vermögensgegenstände vor.

Nach diesen Grundsätzen wird das Zielobjekt zunächst unter dem Gesichtspunkt der **Fortführung als eigenständige Wirtschaftseinheit** (Stand alone) beurteilt, dessen Wert sich gegebenenfalls noch durch Restrukturierungsmaßnahmen steigern lässt. Danach sind die im Zusammenhang mit der Eingliederung in den Unternehmensverbund erwarteten Synergiepotenziale und Risikoeffekte zu quantifizieren. Das entsprechende **Bewertungsschema** einer Due Diligence kann damit das folgende Aussehen haben *(Weismüller)*:

Position	Sachverhalt
Stand alone-Wert	Gegenwartswert der zukünftigen Cashflows bei unveränderter Fortführung des Übernahmekandidaten
+ Restrukturierungswert	Werterhöhung durch Verbesserung von Strukturen und Prozessen ohne Akquisition des Übernahmekandidaten
+ Synergiewert	Wertsteigerung durch Realisierung von Verbundeffekten bei Akquisition des Übernahmekandidaten
– Übernahmerisiken	Wertminderung durch Übernahme redundanter Ressourcen oder Überschätzung von Verbundvorteilen
= Wertobergrenze des Übernahmekandidaten für den Erwerber	Die Akquisition ist nur dann wirtschaftlich sinnvoll, wenn der Kaufpreis kleiner/gleich dem errechneten Wert ist.

Die zur Bestimmung der Wertobergrenze des Übernahmekandidaten aus der Sicht des Käufers häufig verwendete **Discounted Cash-flow-Methode** (DCF) wird später im Zusammenhang mit den Verfahren der dynamischen Investitionsrechnung beschrieben.

Unter Berücksichtigung des Ermessens der Bewerter sowie durch den Ansatz von Paketzuschlägen bei der Übernahme des ganzen Unternehmens bzw. von Abschlägen bei der Übernahme nur eines Teils des Zielobjekts ist anzunehmen, dass der faire **Unternehmenswert** innerhalb einer Bandbreite liegen wird.

Im weiteren Verhandlungsprozess müssen sich Käufer und Verkäufer auf den **endgültigen Preis** einigen. Nach Auffassung von M&A-Experten wird bei den meisten Übernahmen ein zu hoher Preis bezahlt, wenn sich zur gleichen Zeit mehrere Investoren für das Zielobjekt interessieren.

Kommt es zum Vertragsabschluss, muss der Investor den vereinbarten **Kaufpreis zahlen**. Mitunter werden in Höhe des Kaufpreises auch eigene Aktien, Aktien börsennotierter Tochtergesellschaften oder Aktien des neuen Gemeinschaftsunternehmens als **Tauschwährung** eingesetzt *(Rappaport / Sirower)*.

7.3 Fortführung eines erworbenen Unternehmens

Nach dem Erwerb kann das neue Unternehmen, gegebenenfalls nach einer **Restrukturierung**, rechtlich selbstständig fortgeführt werden (Going Concern).

Die Betreuung des erworbenen Unternehmens kann zunächst durch das zentrale **Beteiligungscontrolling** erfolgen. Das kann in der Weise geschehen, dass sich das Controlling des Stammhauses regelmäßig die relevanten Einzeldaten und Kennzahlen beschafft, um diese in das interne Berichtswesen aufzunehmen.

Später kann beim übernommenen Unternehmen ein **dezentrales Controlling** vorgesehen werden, das in konzernüblicher Weise für die notwendigen dezentralen Steuerungsprozesse zuständig ist *(Beck / Lingnau)*.

7.4 Eingliederung eines erworbenen Unternehmens

Nach dem Kauf kann eine **Fusion** vorgesehen sein, die sich im Rahmen einer Gesamtrechtsnachfolge nach den Regelungen des Umwandlungsgesetzes vollzieht. Durch die Fusion gehen alte Identitäten unter, weil entweder ein Unternehmen in dem anderen Unternehmen aufgeht (Verschmelzung durch Aufnahme) oder beide Unternehmen in einem neu gegründeten Unternehmen aufgehen. Die Folge ist, dass ein oder sogar beide Firmennamen verschwinden und ein neuer Firmenname gesucht werden muss.

Mit der Entstehung eines aus der Fusion hervorgegangenen Gemeinschaftsunternehmens müssen die ursprünglichen Unternehmensgrenzen zu Gunsten einer neuen Organisationsbildung aufgelöst werden. Ein spezielles **Post Merger-Management** sollte sich dabei um alle wesentlichen Aspekte der Integration des erworbenen Unternehmens kümmern, einschließlich der Harmonisierung der existierenden Risikomanagement-Systeme.

Auf Konzernebene kann das **Beteiligungscontrolling** das Post Merger-Management bei der Lösung anstehender Aufgaben unterstützen, wie z.B. bei der

❏ **Ausgliederung:** Nicht betriebsnotwendige Teile oder renditeschwache Bereiche des erworbenen Unternehmens lassen sich an Dritte verkaufen oder werden stillgelegt (Desinvestitionen).

❏ **Integration:** Um die Kernfähigkeiten und Stärken beider Unternehmen zu nutzen, Ressourcen zusammenzuführen und Synergien auszuschöpfen, ist das Rumpfunternehmen zügig in die bestehende Konzernorganisation einzugliedern. Gleichartige Aktivitäten sind zu bündeln und Schnittstellen zwischen den Unternehmen zu beseitigen. Das geschieht meistens unter hohem Zeitdruck.

Auch die **Strategischen Geschäftseinheiten** sind entsprechend der neuen Verantwortlichkeiten zu restrukturieren und den betroffenen Handlungsträgern nachvollziehbar zu kommunizieren.

Die Festlegung einer neuen **Unternehmensidentität** (Coporate Identity) wird um so schwieriger sein, je unterschiedlicher die Unternehmenskulturen sind. Ein anderer Firmenname kann eine Neupositionierung des Gemeinschaftsunternehmens am Markt deutlich machen.

❑ **Nachrechnung:** Nach erfolgter Integration des erworbenen Rumpfunternehmens in die Konzernorganisation lässt sich zu gegebener Zeit der tatsächliche Akquisitionserfolg feststellen, indem untersucht wird, ob und inwieweit sich die Investition in das Übernahmeobjekt gelohnt hat. Durch Gegenüberstellung der um Fusions- und Folgekosten sowie Desinvestitionserlöse modifizierten Investitionsausgabe einerseits und des auf der Grundlage neuester Daten ermittelten Barwerts der zukünftigen Cashflows andererseits, werden Wertsteigerungen bzw. -vernichtungen sichtbar.

Das integrierte Rumpfunternehmen erhält ein eigenes **Controlling** mit den im Konzern üblichen Aufgaben und Zuständigkeiten. Führen konkurrierende Ziele oder länderspezifische Kulturunterschiede zu **Störungen**, muss das zentrale Controlling eingreifen.

Erläutern Sie, was unter folgenden Begriffen zu verstehen ist, die Sie in diesem Kapitel kennen gelernt haben:	
o Erfolgsfaktoren	o Qualitätskosten
o Marktanteil	o Internet-Plattform
o Marktwachstum	o Netzeffekte
o Projektstruktur	o E-Procurement
o Produktqualität	o E-Commerce
o Prozessqualität	o Mergers&Acquisitions
o Qualitätssicherung	o Due Diligence

Seite 242

G. Instrumente des strategischen Controlling

Die Instrumente des strategischen Controlling sind **Methoden und Modelle**. Die **Auswahl der nachstehend beschriebenen Instrumente** ist nicht vollständig und kann es auch gar nicht sein, denn laufend werden neue Instrumente entwickelt, die, sofern sie erfolgreich getestet wurden, allgemeine Bedeutung erlangen und bisherige Instrumente ersetzen können.

1. Produktlebenszyklus

Das **Konzept des Lebenszyklus** geht davon aus, dass die meisten Produkte nur eine begrenzte Lebensdauer haben, die mit dem erstmaligen Anbieten des Produkts am Markt beginnt und mit dem Herausnehmen des Produkts aus dem Sortiment endet. In der **erweiterten Fassung** können dem Lebenszyklus noch die Phasen der Produktentwicklung, der Produktionsplanung und der Vorbereitung des Markteintritts vorgeschaltet werden. In diesen Vorlaufphasen fallen nur Ausgaben an, während Einnahmen durch Umsatz erst mit dem Absatz des Produkts erzielt werden können.

> Der Produktlebenszyklus (PLZ) ist keine Gesetzmäßigkeit, sondern vielmehr ein vom Management des Unternehmens **aktiv zu gestaltender Prozess**. Deshalb gibt es auch Produkte ohne erkennbaren Lebenszyklus.

1.1 Diffusionsmodell

Üblicherweise wird der PLZ in mehrere **Phasen** eingeteilt:

- ❑ **Einführungsphase** mit zunächst geringen Absatzmengen, kaum Wettbewerb, Verlusten und negativem Cashflow.

- ❑ **Wachstumsphase** mit schnell steigenden Absatzmengen, zunehmendem Wettbewerb und geringen Gewinnen bei immer noch negativem Cashflow.

- ❑ **Reifephase** mit Spitzenabsatz, stabilem Wettbewerb, hohen Gewinnen und positivem Cashflow.

- ❑ **Rückgangsphase** mit rückläufigen Absatzmengen, abnehmendem Wettbewerb, sinkenden Gewinnen und nur noch mäßigem Cashflow.

Eine häufig verwendete Darstellung des PLZ zeigt die **Umsatzentwicklung** eines Produkts:

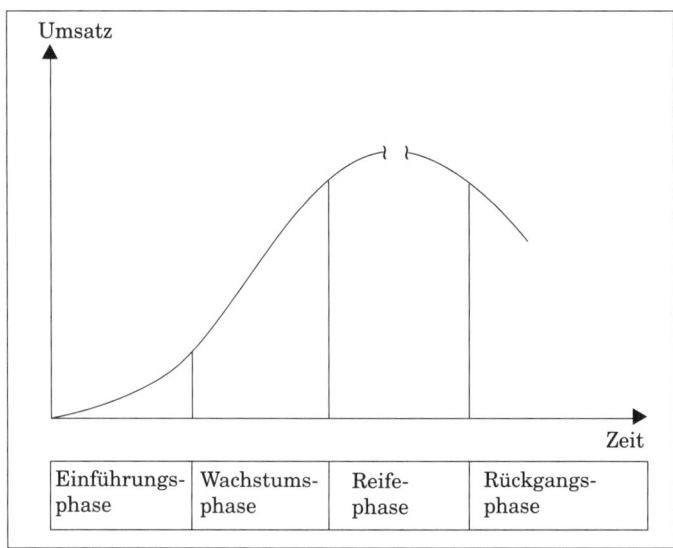

Ist das Produkt am Markt eingeführt, können **Reaktionen von Konkurrenten** dazu führen, dass der geplante Umsatz mit dem Produkt geschmälert wird und/ oder sich die erwartete Laufzeit des Produkts verkürzt. Zum Ausgleich kann daran gedacht werden, das **eigene Produkt** zu

❏ **modifizieren**, um es neuen Verwendungszwecken zuzuführen und dadurch einen Folgezyklus beginnen zu lassen,

❏ **differenzieren**, um durch Überarbeitung und Verbesserung des Produkts die Rückgangsphase um so weiter hinauszuschieben, je häufiger solche als Relaunch bezeichneten Vorgänge erfolgreich sein werden.

In beiden Fällen wird das Sortiment des Unternehmens breiter, weil der Anteil **kundenbezogener Anpassungen** (Variantenvielfalt, Mass Customization) steigt. Für die meisten Produkte kommt aber irgendwann der Zeitpunkt der **Ausmusterung**, um gegebenenfalls Platz zu machen für Nachfolger.

Bei Gebrauchsgütern wird der PLZ häufig noch ergänzt durch einen **Servicelebenszyklus**, dessen idealtypischer Verlauf mit dem ersten ausgelieferten Produkt beginnt und mit dem letzten nicht mehr genutzten Produkt endet. Als präferenzbildendes Absatzinstrument sind Serviceleistungen erforderlich, um, abgesehen vom Ersatzteilgeschäft und Recycling, durch vorbeugende Instandhaltung (Wartung, Pflege und Inspektion) die abgesetzten Produkte vor Ausfällen zu schützen bzw. durch Ausfälle verloren gegangene Gebrauchsfähigkeit wieder herzustellen (Reparatur).

1.2 Preismodell

Um die mit einem neuen Produkt in den Vorlaufphasen entstandenen Kosten schnell zu amortisieren, kann das Unternehmen vorsehen, das Produkt (sofern es sich um eine echte Innovation handelt) mit einem hohen **Abrahmungspreis** (Skimming Pricing) am Markt einzuführen.

Mit zunehmender Nachfrage nach dem Produkt und um unerwünschte Wettbewerber vom Markt fernzuhalten, kann das Unternehmen im Zeitablauf kontinuierliche **Preissenkungen** vornehmen, wie es die traditionelle Preis-Absatz-Funktion empfiehlt.

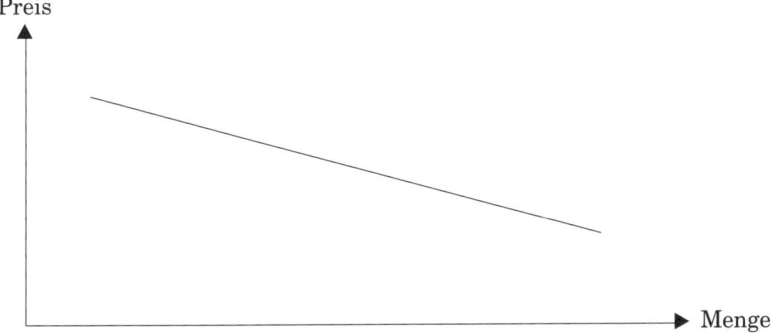

Bei der Festlegung der Verkaufs- bzw. Servicepreise sind **Mindestgrenzen** zu beachten, bei deren Unterschreitung die angestrebten Ziele nicht mehr erfüllt werden können. Diesbezüglich lassen sich unterscheiden:

❑ **Liquiditätsorientierte Preisuntergrenzen**, wenn in Ausnahmesituationen (Krisen) die Liquidität des Unternehmens gefährdet ist, was zur Folge hat, dass (zumindest vorübergehend) die Aufrechterhaltung der Zahlungsfähigkeit wichtiger ist als die Realisierung des Erfolgsziels.

❑ **Kurzfristige Preisuntergrenzen**, die den variablen Stückkosten entsprechen und dazu dienen, Zusatzaufträge der Kunden in Abhängigkeit von der eigenen Kapazitätsauslastung und den geforderten bzw. erzielbaren Deckungsbeiträgen zu beurteilen.

❑ **Langfristige Preisuntergrenzen**, die sicherstellen sollen, dass auf Dauer die Selbstkosten gedeckt sind und ein gewünschter Gewinn erzielt wird.

Als Instrument der **Preisdifferenzierung** sind Preisnachlässe (Rabatte) möglich. Zweckmäßig ist eine hierarchisch abgestufte Befugnis zur Gewährung von Rabatten. So lassen sich den Vertriebsmitarbeitern (Kundenbetreuer, Verkäufer) für bestimmte Produktlinien prozentuale Rabattobergrenzen vorgeben. Hat der Vertriebsmitarbeiter den Eindruck, die Situation (bezogen auf die Auftragsgröße, die Bedeutung des Kunden, ein dem Kunden eventuell vorliegendes Konkurrenzangebot u.Ä.) erfordere weitergehende Preiszugeständnisse, die außerhalb seiner Befugnis liegen, muss er sich diese vom Vertriebsleiter oder einem Vertreter der obersten Führungsebene genehmigen lassen. Problematisch wird die Angelegenheit allerdings dann, wenn der Verkäufer von sich aus – um den Auftrag und die damit verbundenen Provisionen unbedingt zu erhalten – einen höheren Rabatt gewährt, den er sich nachträglich genehmigen lassen muss oder dessen Gewinnminderung er durch Zusatzgeschäfte mit entsprechenden Deckungsbeiträge selbst auszugleichen beabsichtigt. Deshalb sollten vom Controlling in regelmäßigen Abständen sämtliche **Ausnahmefälle höherer Rabattgewährung** dahingehend überprüft werden, welche Auswirkungen auf das Ergebnis damit verbunden sind und welche Vertriebsmitarbeiter wie oft die internen Richtlinien der Rabattgewährung verletzt haben.

1.3 Interne Lizenzen

Als interne Lizenzen lassen sich jene **Umsatzanteile** neu entwickelter Produkte bezeichnen, die zwischen dem Entwicklungs- und Marketingbereich ausgehandelt werden. Sie ähneln den mit externen Patentinhabern vereinbarten Lizenzgebühren, allerdings werden interne Lizenzen nicht gezahlt, sondern im Unternehmen verrechnet. Ein zur Steuerung interner Lizenzen verwendbares Instrument ist die **Projektdeckungsrechnung**, die Auskunft darüber gibt, ob und wann die Entwicklungsausgaben über interne Lizenzen wieder hereingeholt werden und darüber hinaus einen Gewinn erwirtschaften.

Die Ergebnisse der Projektdeckungsrechnung gelten allerdings immer nur für den **Fall des rechtzeitigen Markteintritts**. Verspätet sich der Markteintritt, müssen häufig die Mengenerwartungen zurückgenommen werden, wodurch das Risiko entsteht, dass die Entwicklungsausgaben nicht gedeckt werden. Dieses Risikos wegen besteht für das Controlling die Notwendigkeit, Zeitsenkungspotenziale von Prozessen sichtbar zu machen und ansonsten auf die **Opportunitätskosten der Entwicklungszeit** hinzuweisen. Letztere ergeben sich beispielsweise dann, wenn Kostensenkungseffekte erst später als geplant erreichbar sind oder länger gebundene F&E-Kapazitäten den anschließenden Entwicklungsprojekten verloren gehen.

2. Portfoliomatrix

Ein Portfolio dient der Darstellung einer **Gesamtheit von gleichartigen Sachverhalten** in einer Übersicht.

Der **Zweck der Darstellung** von Sachverhalten in einem Portfolio ist es,

❑ eine Menge von Einzelaspekten und die zwischen ihnen bestehenden Zusammenhängen sichtbar zu machen, um beispielsweise Kommunikationsprozesse zu unterstützen,

❑ verloren gegangene Gleichgewichte zu erkennen und wiederherzustellen sowie

❑ unter alternativen Handlungsmöglichkeiten (Optionen) zu wählen.

2.1 Portfoliogestaltung

Die Darstellung eines Portfolios erfolgt üblicherweise anhand einer **Matrix**, bei der meistens die eine Achsengröße als durch das Unternehmen beeinflussbar gilt, während die andere Achsengröße als gegeben angesehen wird.

Die **Achsen der Portfoliomatrix** lassen sich durch Angabe jeweils nur eines Faktors (eindimensionales Kriterium) oder eines ganzen Faktorenbündels (mehrdimensionales Kriterium) kennzeichnen. Durch die Unterscheidung der Ausprägungen der Kriterien in jeweils *niedrig* und *hoch* entstehen **vier Matrixfelder**, die häufig mit einprägsamen Kurzbezeichnungen versehen werden. Für den Fall, dass für beide Achsen auch *mittlere* Ausprägungen vorgesehen werden, gelangt man zu **neun Matrixfeldern**.

In den Matrixfeldern erfolgt die **Positionierung der Betrachtungsobjekte** üblicherweise durch Kreise, wobei die Kreise um so größer sind, je bedeutender ein Betrachtungsobjekt im Vergleich zu den übrigen Betrachtungsobjekten ist. Sofern die Übersichtlichkeit nicht darunter leidet, lassen sich kritische Teilaspekte jeweils durch herausgestellte Kreisausschnitte kenntlich machen.

Die Positionierungen in einer Portfoliomatrix sind statisch, d.h. sie beziehen sich auf einen Zeitpunkt. Soll die **Zeit** explizit berücksichtigt werden, indem Veränderungen (Entwicklungen) aufzuzeigen sind, empfiehlt sich entweder die paarweise Visualisierung derselben Betrachtungsobjekte nach den Kriterien „Heute" und „Später" oder die Visualisierung in getrennten Ist- und Soll-Portfolios. Begonnen wird bei der Portfoliobetrachtung zweckmäßigerweise mit dem Soll-Portfolio, weil andernfalls die Gefahr der einfachen Fortschreibung des Ist-Portfolios in die Zukunft besteht.

2.2 Portfolioarten

Innerhalb des Unternehmens kann es eine **Portfoliohierarchie** der nachstehenden Art geben:

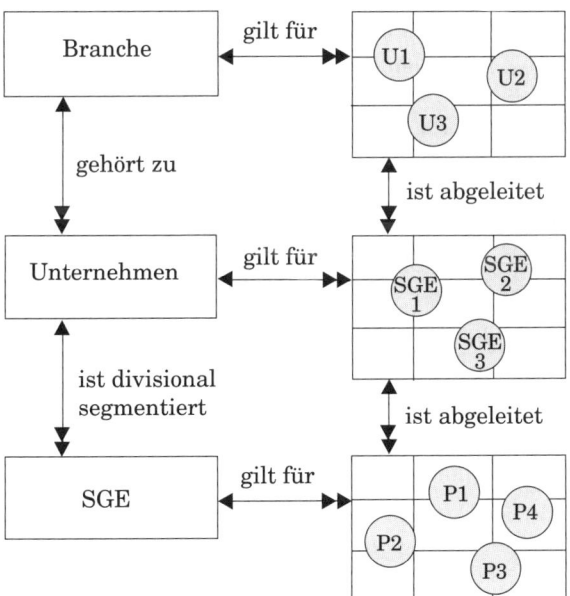

Die Abbildung soll zum Ausdruck bringen, dass die **Elemente eines Portfolio** des Unternehmens (U) die SGEs sind, während die Portfolios der SGEs die Produktgruppen oder einzelnen Produkte (P) sein können.

Die wohl bekannteste Portfoliomatrix ist die des **Produktportfolios** mit vier Feldern von der Beratungsgesellschaft *Boston Consulting Group*:

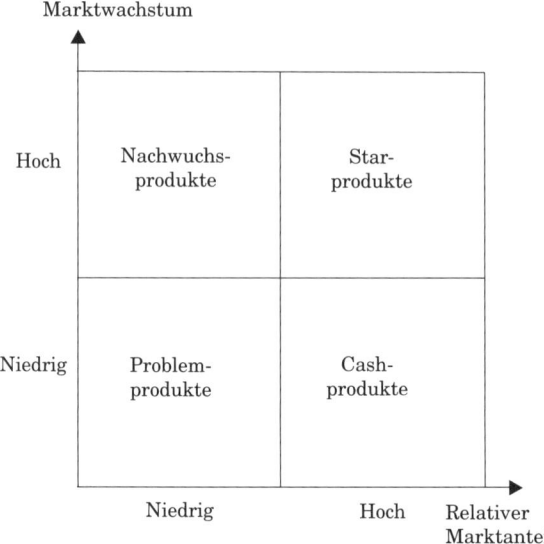

Die für die Achsen verwendeten **eindimensionalen Kriterien** sind die beiden von der PIMS-Studie identifizierten dominanten Erfolgsfaktoren. In der folgenden Abbildung sind Produkte nach ihrem **Umsatz** positioniert, wobei die Kreise um so größer sind, je höher der Umsatz ist.

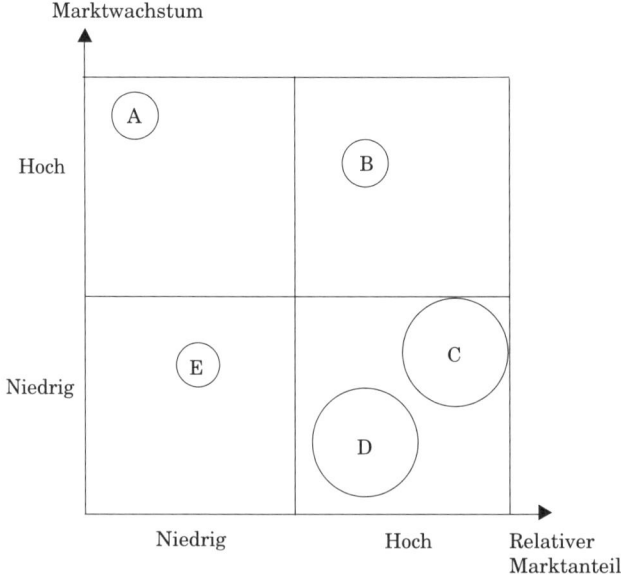

Entsprechend ihrer Phase im PLZ sind die mit dem Produktportfolio verbundenen **strategischen Optionen** bei den

❏ **Nachwuchsprodukten:** Offensive oder Rückzug,
❏ **Starprodukten:** Investition und Wachstum,
❏ **Cashprodukten:** Abschöpfung,
❏ **Problemprodukten:** Desinvestition.

Das Produktportfolio kann auch aufzeigen, welche der Produkte heute den Cashflow liefern, aus dem die übrigen Produkte **innenfinanziert** werden, die heute Cashflow verbrauchen, aber später Cashflow liefern.

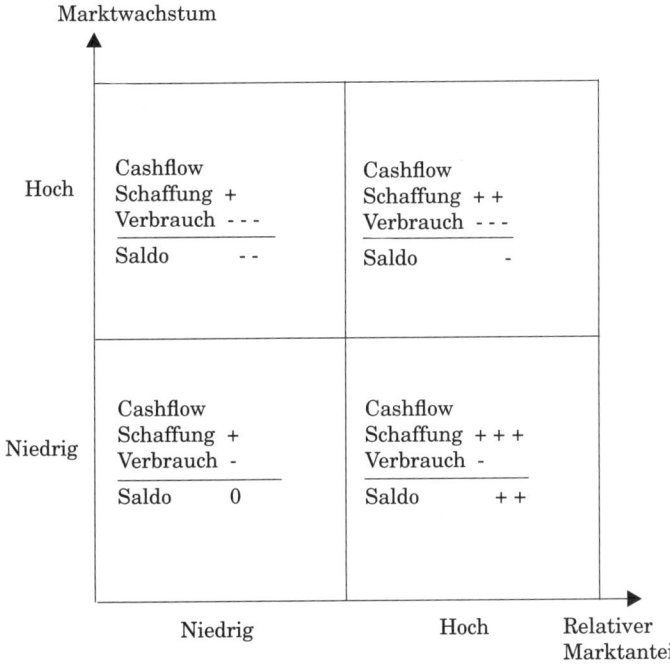

 Beurteilen Sie die heutige und künftige Umsatz- und Finanzsituation des Unternehmens anhand der beiden Vier-Felder-Portfolios! Welche Schlussfolgerungen lassen sich daraus ziehen?   Seite 242

Ein ähnlich bekanntes, jedoch auf neun Felder erweitertes **Produktportfolio** stammt von der Beratungsgesellschaft *McKinsey*:

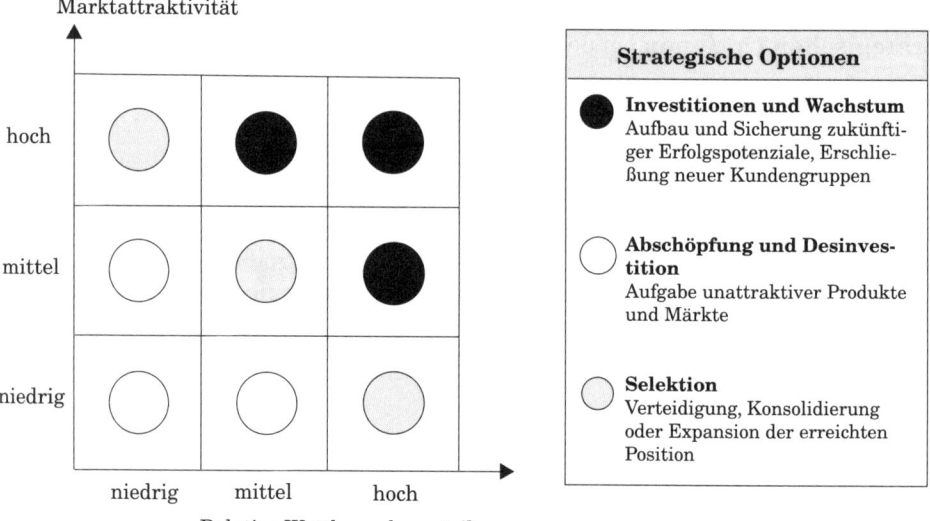

Die zur Kennzeichnung der Achsen verwendeten Kriterien sind **mehrdimensio-nal**, setzen sich wie folgt zusammen und sind nach den unternehmensspezifischen Besonderheiten zu gewichten:

❑ **Marktattraktivität:** Marktgröße und -wachstum, Marktqualität (darunter Investitionsintensität, Spielraum für Preisgestaltung, Größe und Anzahl der Wettbewerber) sowie Versorgungs- und Umweltsituation.

❑ **Relative Wettbewerbsvorteile**: Relative Marktposition (mit Marktanteil, Finanzkraft, Wachstumsrate, Rentabilität und Image des Unternehmens), relatives Produktions-, Vertriebs- und F&E-Potenzial sowie die relative Qualität des Personals.

Beispielhaft werden zwei weitere Portfolios bezüglich der **Technologien** und des **Personals** gezeigt:

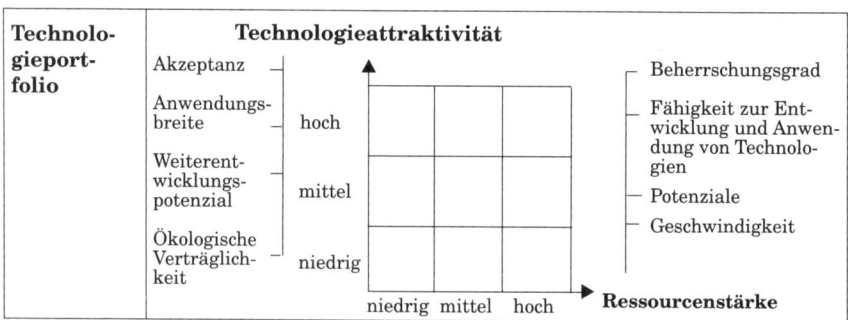

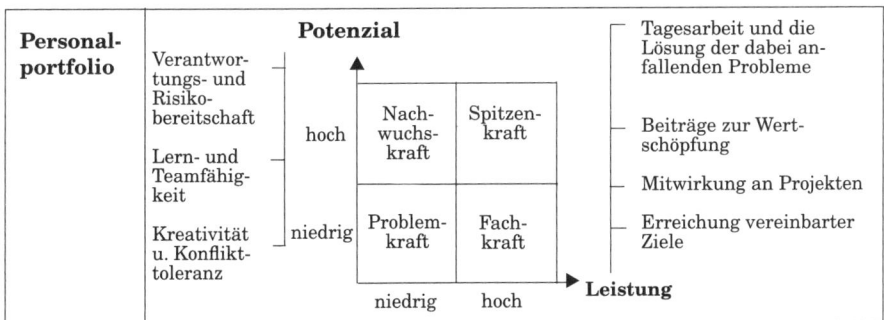

Ansonsten gibt es in der Literatur eine **Vielzahl** weiterer Portfolioanwendungen.

3. Erfahrungskurve

Nach dem **Konzept der Erfahrungskurve** lassen sich die auf die Wertschöpfung bezogenen, inflationsbereinigten Stückkosten eines Produkts potenziell um jeweils einen bestimmten Prozentsatz reduzieren, wenn sich die kumulierte Ausbringungsmenge verdoppelt.

Eine **Mengenverdopplung** in der Ausbringung ist um so leichter möglich, je größer das jährliche Mengenwachstum ist.

Die **Kosten der Wertschöpfung** sind – wie bereits ausgeführt – im Wesentlichen die Personalkosten, weshalb die Bedeutung der Erfahrungskurve im Unternehmen mit der Arbeitsintensität steigt bzw. mit der Kapitalintensität sinkt.

Als **Stückkosten eines Produkts** kommen infrage:

❑ Stückkosten der letzten Produkteinheit,
❑ durchschnittliche Stückkosten einer Bezugsperiode (Monat, Quartal, Jahr) oder
❑ durchschnittliche Stückkosten der kumulierten Menge.

Die **Inflationsbereinigung** der Kosten erfolgt durch den Ansatz geeigneter Deflatoren. Als solche lassen sich Indexzahlen verwenden, die – jeweils bezogen auf ein Referenzjahr – von Fachverbänden oder der amtlichen Statistik in regelmäßigen Abständen veröffentlicht werden.

Die mit der Erfahrungskurve erreichbaren Effekte wirken nicht automatisch, sondern **potenziell**, d.h. es muss vom Management etwas zu deren Realisierung getan werden.

Da die Erfahrungskurve von ihrem Ansatz her für alle Unternehmen gilt, bietet sie die **Chance**, auch die Größenordnung der Kosten von Lieferanten und Wettbewerbern zu beurteilen.

3.1 Verlauf der Erfahrungskurve

Derjenige Prozentsatz, um den sich bei Verdopplung der kumulierten Ausbringungsmenge die realen Stückkosten (der Wertschöpfung) eines Produkts potenziell senken
lassen, wird auch als **Erfahrungsrate** bezeichnet. Beispielsweise bedeutet eine
80 %-Erfahrungskurve, dass die Stückkosten einer Periode potenziell auf 80 % der
Stückkosten der jeweils vorangegangenen Periode sinken. Dabei wird als Periode
derjenige Zeitraum angesehen, innerhalb dessen sich die Ausbringungsmenge, jeweils bezogen auf die Vorperiode, verdoppelt hat.

Die Erfahrungsrate wird aus **vergangenheitsbezogenen Kosteninformationen**
zu bestimmen versucht. Sie liegt meistens zwischen 70% (bei arbeitsintensiver Ein-
zelfertigung bzw. kleinen Stückzahlen) und 95 % (bei hoch automatisierter Fertigung).

Das empirisch am häufigsten getestete **Funktionsgesetz der Erfahrungskurve**
lautet:

$$k_x = k_1 \cdot x^{-b}$$

mit
x = Kumulierte Ausbringungsmenge
k_1 = Stückkosten für das erste Stück
k_x = Stückkosten für das x-te Stück
b = Erfahrungsrate

Nehmen die Stückkosten mit jeder Verdopplung der kumulierten Menge um
p % ab, ergibt sich die **Erfahrungsrate** b als log q/log 2, wobei q = 100 - p/100 ist.

In **grafischer Darstellung** hat eine (80 %-)Erfahrungskurve im arithmetischen
Maßstab einen degressiven Verlauf und bei doppelt-logarithmischem Maßstab einen
linearen Verlauf.

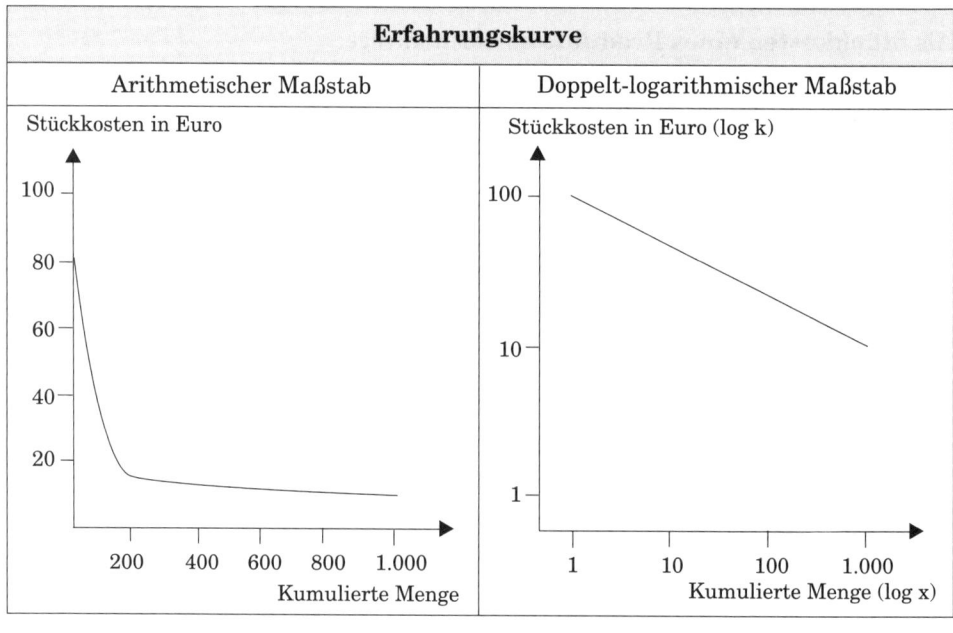

Die **Trend- oder Regressionsgerade** im doppelt-logarithmischen Maßstab ($\log k_x = \log k_1 - b \log x$) besagt, dass eine bestimmte prozentuale Veränderung der kumulierten Menge (als unabhängige Variable) eine konstante Veränderung der durchschnittlichen Stückkosten (als abhängige Variable) mitsichbringt.

3.2 Preismodell der Erfahrungskurve

Um mit einem neuen Produkt möglichst schnell ein hohes (kumuliertes) Absatzvolumen zu erreichen, kann die **Strategie der Marktdurchdringungspreise** (Penetration Pricing) vorgesehen werden, bei der sich, wie in nachstehender Abbildung (mit doppelt-logarithmischem) Maßstab dargestellt, mehrere idealtypische **Phasen** unterscheiden lassen:

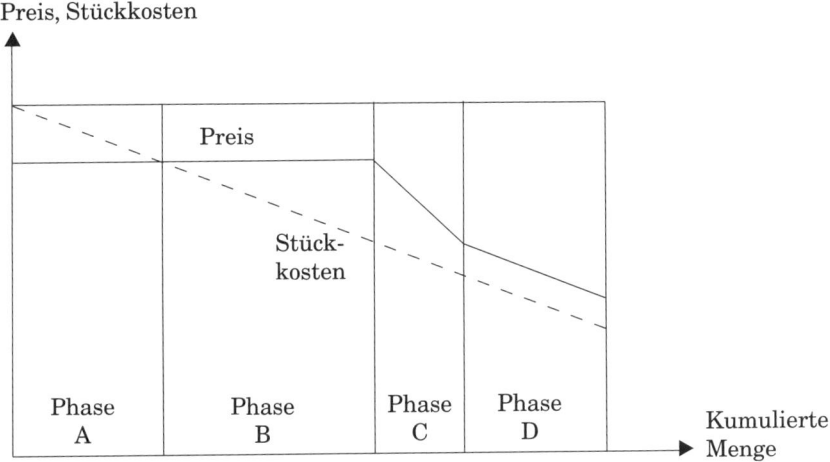

Dabei sind:

❑ **Einführungsphase A**: Die Preise liegen anfangs unter den Stückkosten, um Kunden für das neue Produkt zu gewinnen und Wettbewerber (wegen der Verluste) vom Markteintritt fernzuhalten.

❑ **Wachstumsphase B**: Durch die gesunkenen Stückkosten entstehen bei einem unveränderten Preis irgendwann Gewinne, die Wettbewerber anlocken. Das ist zunächst nicht dramatisch, da der Erstanbieter, wenn er seine Rolle richtig spielt, den größten Marktanteil behält und damit die relativ niedrigsten Stückkosten hat.

❑ **Krisenphase C**: Versucht ein nachrangiger Anbieter seinen Marktanteil durch aggressive Maßnahmen zu steigern, beginnt ein Preiskampf, d.h. der Preisverfall ist stärker als der Kostenrückgang. Dadurch werden kleinere Mitbewerber aus dem Markt gedrängt, sie geben auf oder wandern in Marktnischen ab, um dort vielleicht mit einer generischen Wettbewerbsstrategie der Segmentführerschaft der Marktführer zu werden.

❑ **Stabilitätsphase D**: Der Markt ist aufgeteilt und es entsteht ein Gleichgewicht zwischen Preis und Stückkosten.

3.3 Ursachen von Erfahrungskurveneffekten

Der mit der Erfahrungskurve begründete Kostenrückgang hat mehrere **Ursachen**:

☐ **Statische Erfahrungskurveneffekte**, auch Skaleneffekte (Economies of Scale) genannt, die sich auf die Ausbringungsmenge eines Produkts in jeweils einer Periode (Jahr) beziehen. Mit zunehmender Kapazitätsauslastung (Beschäftigung) ergibt sich die bekannte Fixkostendegression.

☐ **Dynamische Erfahrungskurveneffekte**, die einen Bezug auf die über die Zeit kumulierte Ausbringungsmenge des jeweils betrachteten Produkts haben:

- Der *technische Fortschritt* ermöglicht den Einsatz neuer Verfahren und damit die Herstellung neuer Produkte. Je früher eine Technologie am Markt substituiert wird, desto schwieriger wird es sein, das mit der Erfahrungskurve begründete Kostensenkungspotenzial voll auszuschöpfen. Umgekehrt gilt aber auch, dass ein Technologiesprung in der Regel bedeutende Kostensenkungspotenziale bietet.

- Durch *Rationalisierungsmaßnahmen* werden betriebliche Prozesse laufend verbessert.

- Wegen der routinemäßigen *Lernprozesse* der Arbeitnehmer, d.h. mit zunehmender Übung sich wiederholender Tätigkeiten sinkt deren Zeitbedarf, oder anders ausgedrückt, es steigt die Arbeitsproduktivität.

Einbezogen in das Konzept der Erfahrungskurve wird auch die sparsamere Verwendung von Material (durch weniger Ausschuss bzw. Nacharbeit) und Energie, nicht aber die **Möglichkeit niedrigerer Einstandspreise**. Weil nicht immer damit zu rechnen ist, dass Lieferanten ihre (potenziellen) Kostenvorteile auch voll ausschöpfen, und selbst wenn sie das tun sollten, diese auch an ihre Abnehmer weitergeben, wird der Sachverhalt im Rahmen der Beschaffungsstrategie zu beachten sein.

Zeigen Sie unter Verwendung einer selbstgezeichneten Erfahrungskurve mit arithmetischem Maßstab, dass es bei relativ kleinen Verbrauchsmengen günstiger für das Unternehmen ist, diese von einem Lieferanten zu beziehen, der große Stückzahlen produziert, seine potenziellen Erfahrungskurveneffekte voll ausschöpft und diese an seine Kunden weitergibt.

Seite 243

3.4 Halbwertzeiten

Von Bedeutung für die Erfahrungsökonomie sind **Halbwertzeiten**, die jeweils einen Zeitraum (in Jahren) umfassen, innerhalb dessen ein zu verbessernder Leistungsparameter auf die Hälfte seines Ausgangswerts verringert werden kann. Je schneller der angestrebte Wert eines Leistungsparameters zu erreichen ist, d.h. je größer die Geschwindigkeit des Lernens und damit die Erfahrungskurveneffekte sind, desto kürzer ist die Halbwertzeit der angestrebten Verbesserungen.

Für Halbwertzeiten kommen nur **dynamische Erfahrungskurveneffekte** zum Tragen, da Verbesserungen der jeweiligen Leistungsparameter im Zeitablauf erfolgen.

3.5 Produktplattform

Das **Konzept der Produktplattform** geht davon aus, dass Kosten- und Zeiteinsparungen durch die Verwendung baugleicher Komponenten bzw. Module in möglichst vielen Produkten des Unternehmens erreichbar sind *(Volz)*.

Durch Senkung der Anzahl von Gleichteilen und Erhöhung der je Gleichteil erzeugten Stückzahlen werden die Voraussetzungen der **Massenproduktion** geschaffen, auf die die Erfahrungskurve besonders gut anwendbar ist.

Die Möglichkeit, Produkte im Sinne eines Baukastensystems durch Kombination von Gleichteilen und eines Restanteils spezifischer Teile zu erstellen, ist eine gute Voraussetzung für Produktdifferenzierungen in Richtung kundenindividueller **Mass Customization** *(Dudenhöffer)*.

Bei Vorliegen einer Plattformarchitektur müssen nicht alle Produktvarianten von Anfang an im Detail festliegen. Spätere Produktvarianten lassen sich hier als **Realoptionen** auffassen, die bei Bedarf ausgeübt werden können, aber nicht müssen.

Wird bereits bei der Entwicklung neuer Produkte auch die Verwendung von (vorhandenen) Gleichteilen geplant, brauchen diese nicht mehr neu entwickelt zu werden, was zu **Zeiteinsparungen** führt, welche die Zeit bis zum Markteintritt (Time-to-Market) verkürzen. Hinzu kommen noch die Zeiteinsparungen durch Verkürzung der Durchlaufzeit des Produkts durch die Fertigung.

 Machen Sie den Unterschied zwischen einem Stand-alone-Produkt und einem Produkt mit Bezug zu einer Plattform deutlich! Seite 243

4. Zielkostenrechnung

Bei der Zielkostenrechnung (Target Costing) geht es aus Sicht des Strategischen Kostenmanagement vor allem darum, die Erfolgsaussichten eines neu zu entwickelnden Produkts frühzeitig, d.h. möglichst noch vor dessen Entwicklungsbeginn abzuschätzen. Dabei stehen weniger das technisch Machbare, als vielmehr die **Anforderungen der externen Kunden** an eine Produktinnovation und deren Preis im Vordergrund *(Arnaout)*.

4.1 Ablauf

Auf der Grundlage der über den Lebenszyklus eines neuen Produkts erwarteten Stückzahlen wird unter expliziter Berücksichtigung des Entstehungs- und Nachsorgezyklus zunächst der als wettbewerbsfähig angesehene **Marktpreis** bestimmt.

Das geschieht vorzugsweise mit der **Conjoint-Analyse**, indem aus den Ergebnissen einer indirekten Kundenbefragung die Präferenzen sowie die Preisbereitschaft potenzieller Kunden festgestellt werden. Bezüglich der Präferenzen soll herausgefunden werden, welche Funktionen (Eigenschaften, Merkmale) und deren Ausprägungen das neue Produkt haben sollte und welchen Nutzen diese den Kunden bieten (*Teichert*).

Wird vom geplanten Marktpreis des Produkts die vom Unternehmen gewünschte **Gewinnspanne** abgezogen, bleiben als Restgröße die erlaubten Stückkosten übrig. Diese **Darfkosten** („Was *darf* das Produkt kosten?") bilden die Obergrenze für die Zielkosten des Produkts.

Ausgehend von den nutzenstiftenden **Funktionen** werden die **Komponenten** des Produkts bestimmt. Um den Blick für das Wesentliche nicht durch eine zu frühe Detaillierung zu verlieren, sollten zunächst nur die **Hauptfunktionen und -komponenten** des Produkts betrachtet und gegebenenfalls in Zusammenarbeit mit den infrage kommenden Lieferanten bewertet werden.

Unter Berücksichtigung der vom Unternehmen gegenwärtig eingesetzten bzw. künftig vorgesehenen Produktionsverfahren erfolgt eine Abschätzung der auf die Produktkomponenten bezogenen **Plankosten** (Standard Costs), um festzustellen: „Was *wird* das Produkt kosten?".

Die Kostenabschätzung kann mit den traditionellen Methoden der Produktkalkulation erfolgen. Dabei wird die Verwendung der **Methode** der Lebenszykluskosten (Life Cycle-Costing) empfohlen, die folgende drei Kostengruppen unterscheidet (*Siegwart / Senti, Troßmann*):

❑ **Vorlaufkosten**, betreffend die Einmalkosten der Entwicklung, der Lieferantenauswahl, der Vorbereitung der Produktion und des Markteintritts.

❑ **Begleitende Kosten** als stückzahlabhängige Kosten der klassischen Kalkulationsbereiche Material, Fertigung, Vertrieb und Verwaltung.

❑ **Nachsorgekosten** mit den Kosten für Produkthaftung, Reparaturen während der gesetzlichen Garantiezeit, für freiwillige Kulanzregelungen, Rücknahme und Beseitigung der physischen Reste ausgedienter Produkte sowie Stilllegung jener Betriebsmittel, die ursprünglich für die Produktion geschaffen wurden.

Aus diesen Kostengruppen werden für die gesamte über den Marktzyklus erwartete Absatzmenge die Produktstückkosten ermittelt, die dann im Top-down-Verfahren auf die verschiedenen Komponenten des Produkts heruntergebrochen werden. Das Ergebnis sind **Kostenanteile der Produktkomponenten**.

Weiterhin wird für jede Produktkomponente aus dem Verhältnis von „Relative Bedeutung für die Funktionserfüllung des Produkts" zu „Kostenanteil der Komponente in %" ein **Wertindex** (Zielkostenindex) berechnet, der im Idealfall genau eins ist. Dort wo das nicht zutrifft, sind folgende Schlussfolgerungen möglich: Produktkomponenten mit einem Wertindex von kleiner eins sind zu kostenintensiv bzw. mit einem Wertindex von größer eins sind aus Kundensicht zu leistungsschwach.

4.2 Wertsteuerung

In einem **Wertsteuerungsdiagramm** (Value Control Chart) werden nun die verschiedenen Produktkomponenten nach ihrer Nutzen-/Kosten-Relation der nachstehenden Art positioniert.

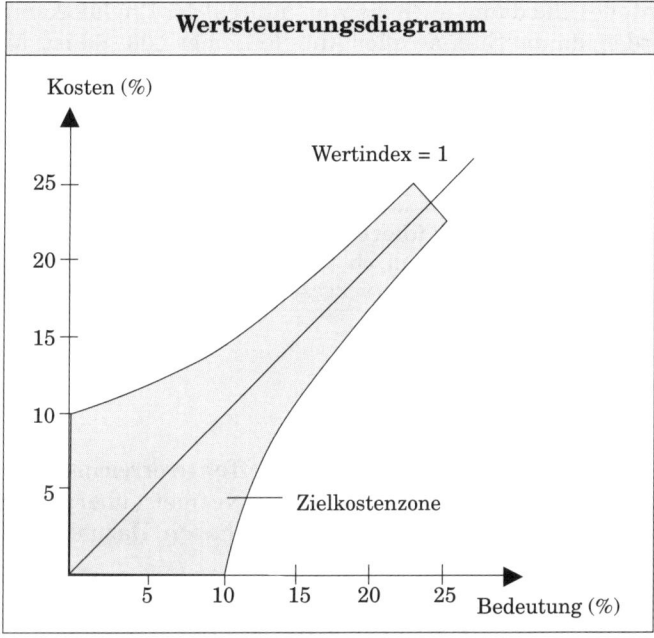

Werden Abweichungen vom Idealfall des Wertindex = 1 (Winkelhalbierende) toleriert, ist von der Unternehmensleitung durch Parametervorgaben eine nicht lineare **Zielkostenzone** (Entscheidungskorridor) festzulegen, die sicherstellt, dass für Komponenten mit hoher Bedeutung und hohen Kostenanteilen die Toleranzgrenzen enger sind als für Komponenten mit geringer Bedeutung und geringen Kostenanteilen. Üblicherweise hat die Zielkostenzone die gezeigten symmetrischen Grenzen.

Lassen die im Wertsteuerungsdiagramm vorgenommenen Positionierungen erkennen, dass der Wertindex einer Produktkomponente oberhalb der Zielkostenzone liegt, ist die Komponente zu teuer, was eine **Kostenlücke** bedeutet. Die zur Schließung solcher Kostenlücken geeigneten Maßnahmen können sein: Änderung der Produktgestaltung oder der technischen Ausstattung, Nutzung anderer Verfahrenstechniken, Vereinfachung bei solchen im Produkt verborgenen Komponenten (die von den

Kunden nicht erfasst werden, weil deren Funktionsfähigkeit vorausgesetzt wird), Verwendung von mehr Gleichteilen, Outsourcing und/oder die allgemeine Verbesserung interner Abläufe.

Liegt demgegenüber der Wertindex einer Produktkomponente unterhalb der Zielkostenzone, können funktionsverbessernde, d.h. auf die Steigerung des Produktwerts ausgerichtete **Mehrkosten** (z.B. für Qualitäts- und Sicherheitsverbesserungen) notwendig werden, um zu gewährleisten, dass diese im Moment noch leistungsschwache Komponente ihre Funktion zweckmäßiger, dauerhafter und vom Kunden besser wahrnehmbar erfüllt.

Sind **Funktions- bzw. Kostenanpassungen** bei einzelnen Produktkomponenten erforderlich, müssen die relativen Anteile der jeweiligen Komponenten wieder in absolute Werte zurück überführt werden. Nach Änderung dieser absoluten Werte müssen die Anteile (und damit auch die Wertindices) der Produktkomponenten neu berechnet werden, da die Summe aller Anteile immer 100 (%) ist. Mit den neuen Wertindices ist so lange in der vorstehend beschriebenen Weise zu verfahren, bis sich alle Wertindices innerhalb der Zielkostenzone befinden. Ist das der Fall, sind die **Zielkosten** (Target Costs) bestimmt. Zeigt sich, dass die Zielkosten die Darfkosten nur unwesentlich übersteigen, kann die Produktidee weiter verfolgt werden.

> Werden die **Darfkosten deutlich überschritten**, und gibt es keine sonstigen Einsparmöglichkeiten, wird zu überlegen sein, ob die gewünschte Gewinnspanne gesenkt oder das ganze Vorhaben vorübergehend zurückgestellt bzw. ganz verworfen werden soll.

5. Werthebel

Mit diesen lassen sich **Hebel- oder Leverageeffekte** erreichen, die dazu führen, dass Änderungen bestimmter Sachverhalte positive (meist überproportionale) Auswirkungen auf den Gewinn bzw. die Rentabilität haben. Dazu einige Beispiele.

5.1 Finanzwirtschaftlicher Werthebel

Dieser besteht darin, dass sich durch **Aufnahme von zusätzlichem Fremdkapital** die Rentabilität (r_{EK}) des Eigenkapitals (EK) steigern lässt, sofern der Zinssatz (i) für das Fremdkapital (FK) kleiner ist als die Gesamtkapitalrentabilität (r_{GK}):

$$r_{EK} = r_{GK} + (r_{GK} - i) \times FK/EK$$

Dabei sind:
r_{EK} = (Gewinn x 100)/EK
r_{GK} = (EBIT x 100)/GK
GK = EK + FK
FK/EK = Verschuldungsgrad

Überprüfen Sie anhand folgender Angaben die Behauptung: „Niedrig verzinsliches Fremdkapital steigert die Eigenkapitalrentabilität"!

Gesamtkapital	= 800.000 €
Fremdkapitalzinssatz	= 8 % p.a.
Fremdkapitalanteil	= a) 0 %, b) 20 %, c) 50 % u. d) 80 %
EBIT	= 80.000 € p.a

Seite 243

Mit steigendem Verschuldungsgrad (als reziprokem Wert der Kapitalstruktur) verschlechtert sich die **Bonität** (Risikoklasse) des Unternehmens.

Während die externe **Beurteilung der Bonität** kleiner und mittlerer Unternehmen üblicherweise durch Geschäftsbanken auf der Grundlage von Basel II erfolgt, übernehmen diese Aufgabe bei Großunternehmen meistens Ratingagenturen. Bei letzteren gilt:

❑ Ein vom Unternehmen bei einer Agentur beantragtes **Rating** erfolgt auf der Grundlage von unternehmensinternen, zum Teil vertraulichen Informationen. Die Ratingagentur wird einen Auftrag dann ablehnen, wenn das Unternehmen die für das **Bonitäts-Stripping** geforderten Informationen (z.B. Angaben der Unternehmensplanung und -strategie, der Entwicklung des Unternehmens sowie sonstiger unternehmensspezifischer Gesichtspunkte) nicht bereitstellen kann oder will.

❑ Veröffentlicht wird das Rating unter Angabe der jeweiligen **Risikoklasse**, deren Skala, entsprechend der in den USA üblichen Schulnoten, von A bis D reicht. Durch Angabe sowohl von Triple-, Double- und Single-A-B-C- **Stufen**, als auch von **Modifikatoren** (bei *Standard & Poor's* sind es + und -, bei *Moody's* die Zahlen 1 bis 3) lässt sich der auf das Fremdkapital bezogene Grad des Verzugs- und Ausfallrisikos angeben *(Füser/Gleißner)*.

In Abhängigkeit vom Rating muss der Schuldner bei zunehmender Verschuldung mit **Zinszuschlägen** (Risikoprämien) gegenüber dem Zinssatz bei erstklassiger Bonität (AAA-Rating) rechnen, welche die Fremdkapitalkosten erhöhen.

Die Zinssatzsteigerungen haben zur Folge, dass ein Unternehmen vom finanzwirtschaftlichen Hebeleffekt immer nur begrenzt profitieren kann, und zwar so lange, bis der Zinssatz für das Fremdkapital die (unsichere) Gesamtkapitalrentabilität erreicht.

5.2 Leistungswirtschaftlicher Werthebel

Beim Übergang von einer arbeits- zu einer kapitalintensiven **Produktion** steigen die Fixkosten (wegen der mit zunehmenden Sachinvestitionen verbundenen Abschreibungen und Zinsen) und es sinken die variablen Kosten (durch entfallende Lohneinzelkosten). Da bei statischer Betrachtung die fixen Stückkosten mit zunehmender Ausbringungsmenge degressiv fallen (Economies of Scale), kommt der **Kapazitätsauslastung** (Beschäftigung) eine große Bedeutung zu *(Polleit)*.

Der leistungswirtschaftliche Hebeleffekt, der durch die **Struktur der fixen und variablen Kosten** bestimmt wird, bewirkt, dass Absatzschwankungen den Gewinn um so stärker verändern, je größer der Fixkostenanteil an der Kostenstruktur ist.

5.3 Werthebel bei der Beschaffung

Dieser betrifft den **Gewinnbeitrag einer Materialkostensenkung**.

Das soll für ein Unternehmen gezeigt werden, das vereinfachend ohne Fremdkapital arbeitet:

❏ In der **Ausgangslage** hat das Unternehmen einen Materialkostenanteil in Höhe von 50 % des Umsatzes und kalkuliert mit einer Umsatzgewinnrate von 5 %. Bei einem Umsatz von 100 Geldeinheiten (GE) beträgt der Gewinn also 5 GE. Des Weiteren sind die Selbstkosten 95 GE, d.h. die Materialkosten 50 GE und die Restkosten 45 GE.

❏ Bei einer **Materialkosteneinsparung von 3 %** sinken die Materialkosten auf (50 · 0,97 =) 48,5 GE, die zusammen mit den unveränderten Restkosten zu Selbstkosten von 93,5 GE führen. Nach deren Abzug vom Umsatz verbleibt ein Gewinn von 6,5 GE. Die Umsatzrendite beträgt nunmehr 6,5 %.

Ergebnis: Die Hebelwirkung einer 3 %igen Materialkostensenkung beträgt unter den gegebenen Bedingungen ((6,5 : 5) - 1) · 100 = 30 %.

5.4 Werthebel bei einer Kooperation

Ein Unternehmen kann einen **Auftrag** (z.B. über eine Ausschreibung) erhalten, den es aber alleine nicht durchführen kann oder will.

Zunächst wird das Unternehmen als (Haupt-)Akteur prüfen, ob sich der Auftrag lohnt und eine vorläufige Kalkulation vornehmen. Dazu werden, in Anlehnung an die Zielkostenrechnung, die **Darfkosten des Auftrags** ermittelt, indem vom Auftragswert die gewünschte Gewinnspanne abgezogen wird.

Danach wird der Auftrag in homogene **Leistungsanteile** zerlegt. Für die Erledigung derjenigen Leistungsanteile, die der Akteur als fokales Unternehmen nicht selbst zu übernehmen beabsichtigt, müssen Partner (Mitakteure) gefunden werden, die jeweils für ihren Leistungsanteil eine genaue Kostenschätzung vornehmen sollten.

> Die mit den Leistungsanteilen verbundenen Kosten der an der Auftragsdurchführung aller beteiligten Partner bilden die erwarteten **Gesamtkosten des Auftrags** (Plankosten).

Liegen die Plankosten unter den Darfkosten, kann es zur Auftragsvergabe kommen, sofern die **Gewinnverteilung** einvernehmlich geregelt wird. Diesbezüglich wird das fokale Unternehmen für die Aktivierung des Netzwerks, die Koordination der Auftragsabwicklung und die Übernahme der auftragsbezogenen Wagnisse einen Betrag geltend machen, der als **Unternehmerlohn** bezeichnet werden soll. Die um diesen Unternehmerlohn gekürzte Gewinnspanne kann dann, bezogen auf den Auftragswert, als kalkulatorischer Gewinn an die Beteiligten der Leistungserstellung verteilt werden.

Für den Hauptakteur ergibt sich ein **Leverageeffekt**, der, wie aus nachstehender Abbildung ersichtlich, seinen Gewinnanteil nach oben hebelt.

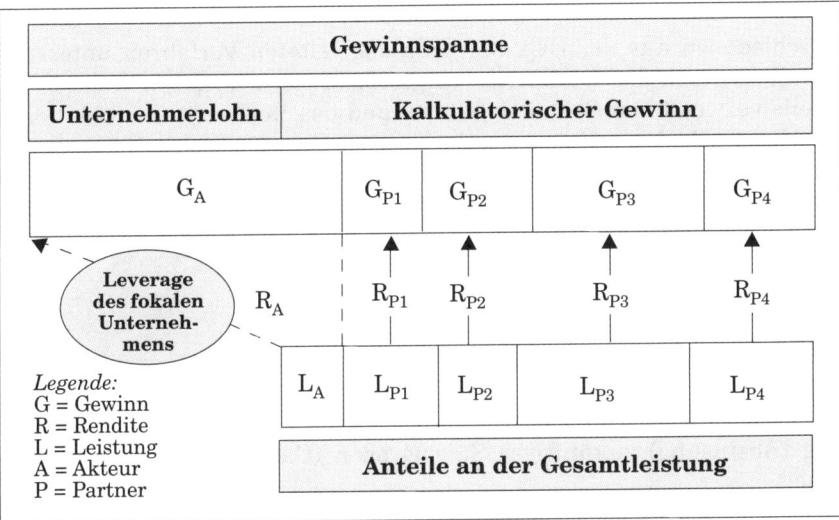

Quelle: Schuh u.a.

Daraus ergeben sich für das fokale Unternehmen bei einer Kooperation zwei **Aspekte**, die es interessant erscheinen lassen, Hauptakteur eines virtuellen Unternehmens zu werden:

❑ Bereits eine kleine Verringerung der Rendite der Partner bewirkt eine große Gewinnsteigerung für das fokale Unternehmen.

❑ Mit sinkendem Leistungsanteil des fokalen Unternehmens erhöht sich dessen Gewinn überproportional.

6. Methoden der dynamischen Investitionsrechnung

Die Vorteilhaftigkeit von (Sach-)Investitionen lässt sich durch **Investitionsrechnungen** feststellen.

Besonderes Kennzeichen *dynamischer* Investitionsrechnungen ist die explizite **Berücksichtigung der Zeit**. Demgegenüber lassen die einfacher strukturierten *statischen* Investitionsrechnungen die Zeit außer Acht und betrachten stattdessen nur ein einziges Jahr (z.B. laufendes, durchschnittliches oder repräsentatives Geschäftsjahr).

> Grundlage dynamischer Investitionsrechnungen ist die **Discounted Cashflow-Methode** (DCF-Methode).

6.1 Discounted Cashflow-Methode

Die verschiedenen aus der DCF-Methode abgeleiteten Verfahren unterscheiden sich vor allem durch den **Diskontierungsfaktor**, aber auch durch die Definition der jeweils verwendeten Cashflow-Größen und des Restwerts (Liquidationserlös, Terminal Value). Zu den verfahrenstechnischen Besonderheiten dynamischer Investitionsrechnungen, wie z.B. der Wiederanlageprämisse, dem Ansatz von Differenzinvestitionen oder der Behandlung negativer Cashflows, wird auf die umfangreich vorhandene **Spezialliteratur** verwiesen (vgl. beispielsweise *Olfert / Reichel*).

6.2 Diskontierungsfaktoren

Der Zeitwert des Geldes (Barwert) wird – wie bereits ausgeführt – durch **Diskontierung** (Abzinsung) zukünftiger Stromgrößen (Cashflows) auf die Gegenwart berechnet.

6.2.1 Kalkulationszinsfuß

Der Kalkulationszinsfuß ist eine vom Management für die zu bewertenden Investitionsvorhaben geforderte, also autonom vorgegebene **Mindestrendite**.

Da es den *richtigen* **Kalkulationszinsfuß** nicht gibt, wird ein Opportunitätskostensatz verwendet, der üblicherweise dem durchschnittlichen landesüblichen Sollzins risikofreier Anleihen der letzten fünf Jahre entspricht und der in der Größenordnung zwischen 8 und 10 % liegt. Der Kalkulationszinsfuß hat den **Vorteil**, dass er einfach zu bestimmen ist, denn die Mittelherkunft (Kapitalstruktur), Steuern, Risikoprämien der Kapitalanleger und aktuelle Zinssätze des Marktes bleiben außerhalb der Betrachtung.

> Ermittelt wird der **Kapitalwert** einer Investition als Differenz zwischen der Anschaffungsausgabe und dem Barwert der diskontierten Brutto Cashflows, die mit der Investition in unmittelbarem Zusammenhang stehen.

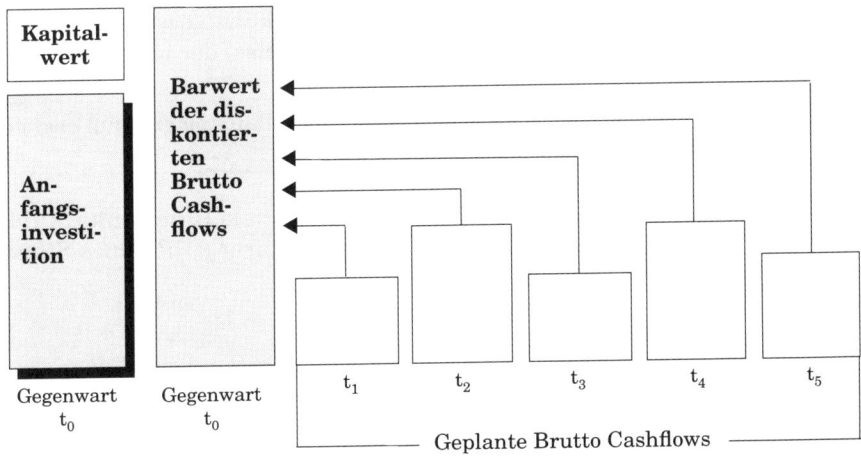

Die Berechnung des Kapitalwerts kann mittels **Tabellenkalkulation** auf der Grundlage der Funktion „Net Present Value" (NPV) eines Standard-Softwareprogramms (z.B. *Microsoft Excel*) erfolgen.

Die beim Kauf des betrachteten Investitionsobjekts fälligen (sicheren) **Anschaffungsausgaben** (einschließlich Nebenausgaben) oder die zu dessen Selbsterstellung kalkulierten **Herstell(ungs)kosten** müssen nicht abgezinst werden, da sie in der Gegenwart erfolgen.

Alle bis zum Planungshorizont geschätzten **Brutto Cashflows** entstammen internen Planungsrechnungen. Die Abzinsung der Periodenwerte auf die Gegenwart erfolgt mit dem Faktor $(1 + i/100)^{-t}$, wobei i der Kalkulationszinsfuß in % und t das jeweilige Jahr kennzeichnen.

Ein **Restwert** fällt dann nicht an, wenn der Planungshorizont identisch ist mit der wirtschaftlichen Nutzungsdauer des Objekts. Sofern das nicht der Fall ist, muss der Restwert, z.B. in Höhe der bis dahin noch nicht erfolgten (kalkulatorischen) Abschreibungen, geschätzt und auch auf die Gegenwart abgezinst werden.

Ist der errechnete **Kapitalwert der Investition negativ**, wird die Investition *nicht* getätigt, da die geforderte Mindestrendite nicht erreichbar ist.

Bei einem **positiven Kapitalwert** der Investition muss weiter gerechnet werden. Dabei wird mit einem *über* dem Kalkulationszinsfuß liegenden **Versuchszinsfuß** ein *zweiter* (niedrigerer) Kapitalwert ermittelt.

6.2.2 Interner Zinsfuß

Als interner Zinsfuß wird der die **Rentabilität der Investition** ausdrückende Diskontierungsfaktor bezeichnet, bei dem der Kapitalwert *genau Null* ist.

Aus der **linearen Interpolation** der beiden mit dem Kalkulations- und Versuchszinsfuß ermittelten Kapitalwerte ergibt sich (näherungsweise) der interne Zinsfuß.

> Derjenige Prozentsatz, um den der interne Zinsfuß den Kalkulationszinsfuß übersteigt, ist als **Überrendite** anzusehen.

Die genaue Berechnung des internen Zinsfußes kann mittels **Tabellenkalkulation** auf der Grundlage der Funktion „Internal Rate of Return" (IRR) eines Standard-Softwareprogramms (z.B. *Microsoft Excel*) erfolgen.

6.2.3 Risikoadjustierter Zinsfuß

Eine Berücksichtigung des Risikos in dynamischen Investitionsrechnungen kann erfolgen nach der

❑ **Sicherheitsäquivalenz-Methode**, indem der Erwartungswert der Wahrscheinlichkeitsverteilung über die unsicheren Cashflows durch jeweils einen absoluten (periodischen) Risikoabschlag reduziert wird, oder

❑ **Risikozuschlags-Methode**, indem der risikofreie Abzinsungsfaktor (Kalkulationszinsfuß) um eine Risikoprämie erhöht wird.

Bezüglich der hier im Vordergrund stehenden Risikozuschlags-Methode stellt sich die Frage nach dem **risikoadäquaten Diskontierungsfaktor**. Einfach zu lösen ist das Problem bei Risikoneutralität, weil in diesem Fall aus der Sicht des Management *keine* Risikoprämien anzusetzen wären. In anderen Fällen der Risikoaversion und -freude sind unterschiedliche Risikoprämien im Diskontierungsfaktor zu berücksichtigen, die allerdings nur *subjektiv* bestimmt werden können. Dabei ist zu beachten, dass mit steigendem Diskontierungsfaktor – unter sonst gleichbleibenden Bedingungen – die Zahl der sich lohnenden Investitionen abnimmt.

6.2.4 Gewichteter Kapitalkostensatz

Der gewichtete Kapitalkostensatz als zunehmend verwendeter Diskontierungsfaktor wird aus **Größen des Kapitalmarkts** abgeleitet. Da das nicht ganz einfach ist, sollte dieser Diskontierungsfaktor nur zur Berechnung hinreichend großer Investitionen bzw. zur Bewertung ganzer Unternehmen verwendet werden.

Als Diskontierungsfaktor ist der **WACC (W**eighted **A**verage **C**ost of **C**apital) in der Weise zu bestimmen, dass für die Eigen- und Fremdkapitalanteile durchschnittliche Basiskostensätze ermittelt werden, die durch spezifische Zu- bzw. Abschläge modifiziert werden können. Wie sich der WACC berechnen lässt, wird am Beispiel der Bewertung des ganzen Unternehmens beschrieben. Der auf diese Weise ermittelte WACC kann dann zur Berechnung sowohl des Kapitalwerts einer Investition als auch der oben genannten Überrendite verwendet werden.

6.2.4.1 Berechnung des Unternehmenswerts

Die **Berechnung des Unternehmenswerts** (UW) geschieht wie folgt:

❏ Die für die Jahre t (= 1,2,...,T) bis zum Planungshorizont T erwarteten Free Cashflows (FCFs) werden mit $(1 + WACC)^{-T}$ auf die Gegenwart diskontiert, wobei der WACC in seiner Dezimalform verwendet wird.

❏ Für die Zeit nach dem Planungshorizont T werden weitere erzielbare FCFs unterstellt, wobei vereinfachend mit nur einer Repräsentativgröße der Restwert berechnet wird. Als Repräsentativgröße wird häufig der für das letzte Planjahr geschätzte FCF verwendet. Diese Größe wird mit WACC $(1 + WACC)^{-T}$ auf die Gegenwart diskontiert, wobei der WACC vor der Klammer als Prozentsatz verwendet wird.

❏ Berücksichtigung findet auch - sofern vorhanden - das nicht betriebsnotwendige Vermögen des Unternehmens, bewertet zu (aktuellen) Buchwerten (sofern keine immateriellen Vermögenswerte vorhanden sind), sonst zu Marktwerten.

Damit lautet die zur **Berechnung des Unternehmenswerts** verwendbare Formel

$$UW = \frac{FCF_1}{(1+WACC)^1} + \frac{FCF_2}{(1+WACC)^2} + ... + \frac{FCF_T}{(1+WACC)^T} + \frac{FCF_T \cdot WACC(\%)}{(1+WACC)^T} + \text{Nicht betriebsnotwendiges Vermögen}$$

Die nachstehende **Abbildung** soll das Vorgehen visualisieren *(Olfert / Reichel):*

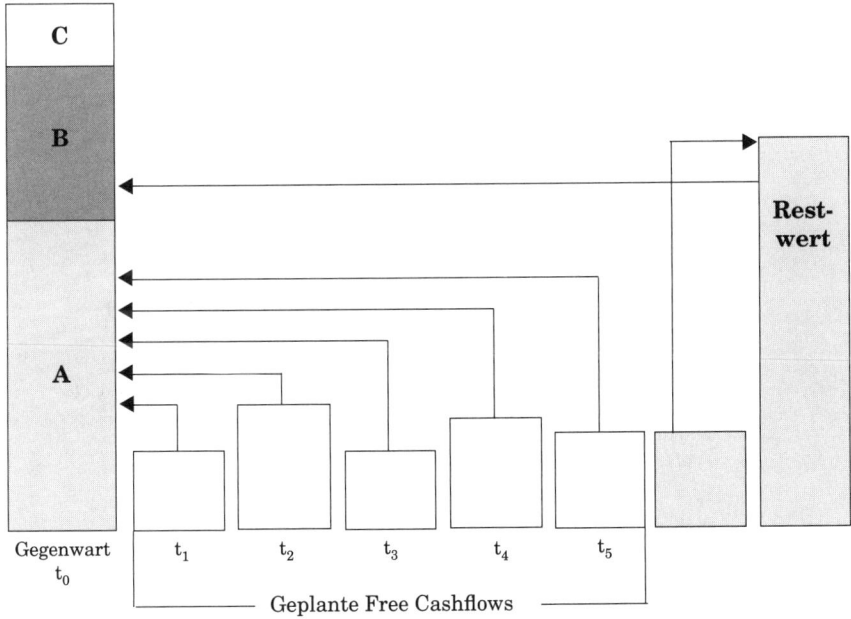

Darin sind: **A** = Barwert der diskontierten Plan-FCF´s
B = Diskontierter Restwert
C = Nicht betriebsnotwendiges Vermögen

6.2.4.2 Verschuldungsgrad

Zur Bestimmung des optimalen Verschuldungsgrads knüpft die so genannte traditionelle These an das Verhalten der Kapitalgeber an und geht davon aus, dass die durchschnittlichen Gesamtkapitalkosten steigen, nachdem sie durch Substitution von teurem Eigenkapital durch billigeres Fremdkapital gemäß des oben beschriebenen finanzwirtschaftlichen Hebeleffekts gefallen waren.

Von dem Punkt an, ab dem das passiert, steigt das **finanzwirtschaftliche Risiko**, und zwar wegen der Verpflichtung des Unternehmens zum Kapitaldienst, also zu vertragsbedingten Zahlungen bezüglich der Zinsen und Tilgung. Zur Kompensation dieses Risikos verlangen die Eigen- und Fremdkapitalgeber jeweils **Risikoprämien**, was die durchschnittlichen Gesamtkapitalkosten steigen lässt.

Wie die nachstehende Abbildung deutlich machen soll, erreicht das Unternehmen dort den optimalen Verschuldungsgrad (VGopt) und – durch Spiegelung der Kurve der Gesamtkapitalkosten – seinen höchsten Marktwert, wo sich die durchschnittlichen **Gesamtkapitalkosten im Minimum** befinden.

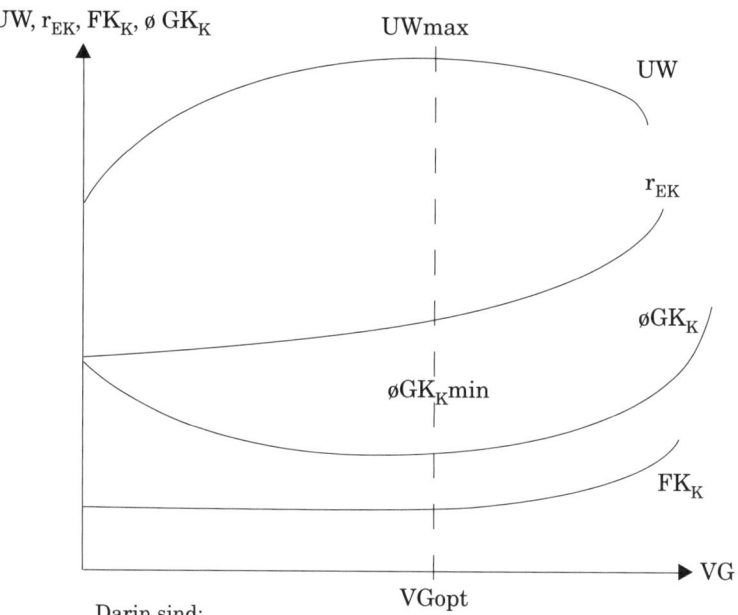

Darin sind:

UW	=	Unternehmenswert
r_{EK}	=	Eigenkapitalrentabilität
$øGK_K$	=	Durchschnittliche Gesamtkapitalkosten
FK_K	=	Fremdkapitalkosten
VG	=	Verschuldungsgrad

Warum braucht ein Unternehmen überhaupt Eigenkapital und warum ist der Anteil des Eigenkapitals an der Kapitalstruktur des Unternehmens möglichst klein zu halten?

Seite 243

Bezüglich des **Eigenkapitals** sollte in Anbetracht der in der Bilanz der Unternehmen meistens nicht enthaltenen immateriellen Vermögenswerte, die vom Unternehmen selbst geschaffen werden, mit **Marktwerten** gearbeitet werden. Außerdem ist das **Zirkularitätsproblem** zu beachten, weil einerseits der Marktwert des Eigenkapitals die Voraussetzung für die Berechnung des WACC ist, aber andererseits durch die Anwendung des WACC der Marktwert des Eigenkapitals ermittelt werden soll. Lösen lässt sich dieses Problem durch mathematische Iteration, oder – wie hier – durch die Annahme eines in Zukunft in etwa gleich bleibenden **Verschuldungsgrades** (Ernst).

Zur Verdeutlichung vorstehender Aussagen dient die folgende **Wertetabelle**:

Kapitalanteile			
Kapitalart	Bilanzansatz	Wertansatz	Relation
Grundkapital	Buchwert 150	Marktwert 600	40 %
Rücklagen	Buchwert 150	–	–
Fremdkapital	Buchwert 900	Buchwert 900	60 %
	Gesamt 1.200	Gesamt 1.500	

Entsprechend dieser Strukturrelation wird im Rechenbeispiel die **Gewichtung der Kapitalkosten** vorgenommen.

Wenn der Marktwert den Buchwert des Unternehmens übersteigt, wird der Differenzbetrag auch als „Wissenskapital" (Intellectual Capital) bezeichnet.
Welche immateriellen Vermögenswerte (Intangible Assets) bestimmen die Höhe dieses Wissenskapitals?

Seite 243 f.

6.2.4.3 Fremdkapitalkosten

Beim Fremdkapital entspricht dem **Basiskostensatz** der vertraglich festgelegte Nominalzins der jeweiligen Finanzierungsform.

Haben bestimmte Fremdkapitalformen, wie z.B. Pensionsrückstellungen oder Zero Bonds keinen Nominalzins, oder ist der Zinssatz variabel (z.B. bei Floating Rate Notes), lassen sich jeweils feste Basiszinssätze entweder durch Nebenrechnungen ermitteln oder es werden ersatzweise **Opportunitätskosten** in Höhe der Rendite risikofreier Staatsanleihen angesetzt.

Der Basiskostensatz erhält gegebenenfalls einen **Zuschlag** in Höhe der periodisierten Kapitalbeschaffungskosten (einschließlich Disagios) sowie der jährlichen Nebenkosten.

Ein **Abschlag** ergibt sich in Höhe des Steuersatzes, indem der Kostensatz für das gesamte Fremdkapital k_{FK} mit dem Faktor (1 - s) multipliziert wird, wobei „s" der Steuersatz des Unternehmens in Dezimalform ist (Tax Shield).

6.2.4.4 Eigenkapitalkosten

Da es keine festen Vereinbarungen mit den Eigentümern über die **Rendite des Eigenkapitals** gibt, muss diese hoch genug sein, damit Investoren bereit sind, Aktien der Gesellschaft zu erwerben und zu halten. Die von den Eigentümern erwartete Rendite ist der relevante Kostensatz des Eigenkapitals k_{EK}. Für börsennotierte Aktiengesellschaften lässt sich die Erwartung der Eigentümer bezüglich der Eigenkapitalrendite des Unternehmens, also $E(r_a)$, nach **CAPM** (**C**apital **A**sset **P**ricing **M**odel) wie folgt ermitteln:

$$E(r_a) = r_f + (E(r_m) - r_f) \cdot \text{ß}_a$$

Dabei sind:
E = Erwartungswert
r_a = Rendite der Aktie des Unternehmens
r_f = Rendite eines risikolosen Wertpapiers
r_m = Rendite des Marktportfolio
ß_a = Maß für das spezifische Risiko der Aktie

Zur Darstellung der Beziehungen, die zwischen den in der Rechenformel genannten Größen bestehen, verwendet CAPM die folgende, aus einer empirisch festzustellenden Punktwolke und auf der Basis einer linearen Regression näherungsweise zu berechnende **Wertpapierlinie** (Security Market Line):

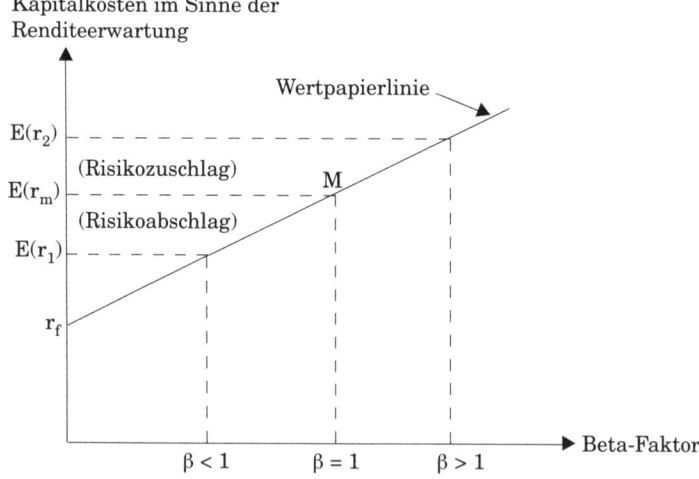

Bezüglich der **Rendite des Marktportfolios** r_m wird vereinfachend davon ausgegangen, dass diese einem Aktienindex, wie etwa dem DAX (Deutscher Aktienindex) oder einem seiner Unterformen entspricht.

Der auf der Grundlage fundamentaler Daten geschätzte **Risikogewichtungsfaktor** β (Beta) ist Ausdruck für das systematische Risiko, das vom Anleger nicht wegdiversifiziert werden kann. Oder anders gesagt: Der Beta-Faktor drückt den statistischen Zusammenhang zwischen der Volatilität der Aktienrendite und der Volatilität des Aktienindex aus. Ist im Sonderfall der Beta-Faktor genau eins, entspricht die Veränderung der Aktienrendite der des Marktportfolios. Entsprechend drückt ein Beta-Faktor größer (kleiner) eins aus, ob die einzelne Aktienrendite stärker (weniger stark) schwankt als der Aktienindex.

Für **nicht börsennotierte Gesellschaften**, für die keine oder nur wenige Marktdaten vorliegen, müssen Beta-Faktoren durch Befragung der Gesellschafter, nach Benchmarks mit einem börsennotierten Vergleichsunternehmen oder branchen- bzw. spartenspezifischer Durchschnittsgrößen näherungsweise zu bestimmen versucht werden.

6.2.4.5 Gewichtung der Kapitalkosten

Werden die jeweiligen Kapitalkostensätze mit ihren Kapitalanteilen gewichtet und addiert, ergibt sich WACC als der für das Unternehmen **gewichtete Durchschnittskostensatz von Eigen- und Fremdkapital**:

$$WACC = (k_{FK} \cdot (1 - s) \cdot \frac{FK}{EK + FK}) + k_{EK} \cdot \frac{EK}{EK + FK}$$

Das soll mit den Zahlen der vorgenannten Wertetabelle verdeutlicht werden:

Kapitalstruktur (Eigen- zu Fremdkapital in %) 40 : 60	
Eigenkapitalkosten	
Risikofreie Anleihe	8,5 %
Marktrisikoprämie	5,0 %
Unternehmensspezifische Risikoprämie (β = 1,3)	1,5 %
Kostensatz k_{EK}	15,0 %
Fremdkapitalkosten	
Zinssatz der Risikoklasse (inkl. Nebenkosten)	10,0 %
Steuersatz = 40 % (fiktiv)	
Kostensatz nach Steuern $k_{FK} \cdot (1 - s)$	6,0 %
Kapitalkostensatz WACC	
aus Eigen- und Fremdkapitalkosten	
(15 x 0,4) + (6,0 x 0,6)	9,6 %

Dieser Kapitalkostensatz WACC kann als Diskontierungsfaktor zur Berechnung der Wirtschaftlichkeit einer Investition verwendet werden.

Ändern sich im Zeitablauf die zur Berechnung des Diskontierungsfaktors WACC erforderlichen Daten nur unwesentlich, dürfte eine **Überprüfung des WACC** durch das Controlling in längeren Zeitabständen ausreichen. Kommt es allerdings im Zeitablauf zu stärkeren Veränderungen der Unternehmens- und/oder Marktsituation, sind **häufigere Neuberechnungen des WACC** unerlässlich.

Im Zusammenhang mit Investitionsentscheidungen gibt es mindestens drei verschiedene Zinsfüße: Den

1. Kalkulationszinsfuß,
2. Internen Zinsfuß und
3. durchschnittlich gewichteten Kapitalkostensatz (WACC) aus der Sicht der Kapitalgeber.

Erläutern Sie diese Zinsfüße und machen Sie deren Unterschiede deutlich!

Seite 244

7. ABC-Klassifizierung

In Funktionsbereichen des Unternehmens, in denen Massenerscheinungen vorkommen, kann es zu einer **Dreiteilung** (Klassifikation) der Massen kommen, um das Wesentliche vom Unwesentlichen zu trennen und sich dann auf das Wesentliche zu konzentrieren.

Allgemein zeigt die **ABC-Analyse**, dass ein kleiner Anteil einer Größe X einem großen Anteil einer anderen Größe Y entspricht. Es handelt sich hierbei um den A-Fall. Der C-Fall ist genau umgekehrt und der B-Fall liegt irgendwo dazwischen.

Die grafische Darstellung dieser Sachverhalte führt zu einer **Konzentrationskurve** (Pareto- oder Lorenzkurve) mit folgendem Aussehen:

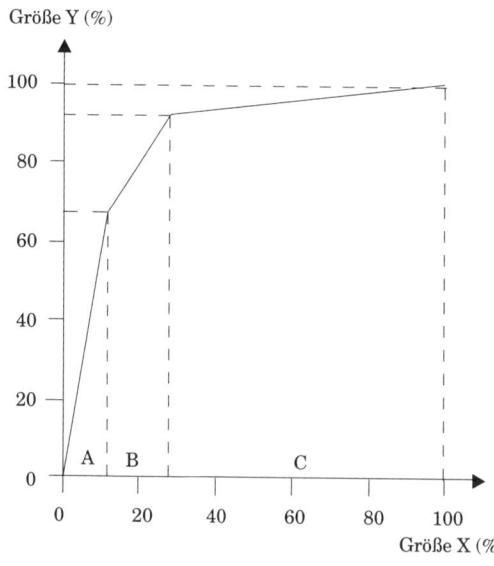

Weit verbreitet ist die **ABC-Analyse** bezüglich

❑ des **Materials**, weil festgestellt wurde, dass häufig eine relativ kleine Anzahl der Materialpositionen den Hauptteil der kumulierten Jahresverbrauchswerte repräsentieren. Der Jahresverbrauchswert jeweils einer Materialposition wird ermittelt aus der Multiplikation von Mengen mit dem Preis, wobei gilt: 1.000 Stück zu je 10 € werden gleichwertig angesehen wie 10 Stück zu je 1.000 €. Die verbrauchsstarken A-Teile werden bedarfsgesteuert (etwa fertigungssynchron), sie haben nur kleine Bestellmengen und Sicherheitsbestände, jedoch sollten sie häufig permanenten Inventuren unterzogen werden. Im Gegensatz dazu werden die C-Teile verbrauchsgesteuert, d.h. die Bestellmengen und Sicherheitsbestände können großzügig bemessen werden. Die dazwischen liegenden B-Teile sind situativ zu steuern.

❑ der **Lieferanten**, wobei dem Beschaffungsvolumen die Lieferanten mit großer, mittlerer und geringer Bedeutung gegenübergestellt werden. Die größten Zulieferer (A-Lieferanten) eignen sich für Komplettlieferungen, sie verfügen meistens über die größten Kostensenkungspotenziale (Erfahrungskurveneffekte) und gelten als weitgehend krisenunanfällig. Um die Zahl der Zulieferer zu begrenzen, kann versucht werden, Aufgaben der C-Lieferanten mit auf die A-Lieferanten zu übertragen.

❑ der **Produkte**, unter denen die umsatzstärksten A-Produkte gefördert und die umsatzschwächsten C-Produkte schrittweise aus dem Sortiment genommen werden sollten. Die C-Produkte sind insofern schwierig zu beurteilen, da sie in Abhängigkeit von ihrer Phase im Produktlebenszyklus entweder Aufsteiger oder Absteiger sein können.

❑ der **Kunden**, die nach dem Umsatz als Key Accounts (A- bzw. Großkunden) regelmäßig und intensiv betreut oder als C-Kunden nur in längeren zeitlichen Abständen besucht bzw. auf möglichst einfache Weise kontaktiert werden sollten.

8. Punktbewertung

Hierbei handelt es sich um ein analytisches Instrument, mit dem Entscheidungs- oder Handlungsalternativen nach mehreren verschiedenartigen Kriterien (Merkmalen quantitativer und qualitativer Art) beurteilt und verglichen werden.

Die **Vorgehensweise** bei der Punktbewertung (Scoring) geschieht in mehreren Schritten:

❑ **Bestimmung der relevanten Kriterien**, wobei darauf zu achten ist, dass sich die Kriterien nicht überschneiden.

❑ **Festlegung der Gewichtungsfaktoren**, entsprechend der relativen Bedeutung der Kriterien für die Alternativen. Je mehr Kriterien zu gewichten sind, desto geringer sind die einzelnen Gewichte, denn die Summe aller Gewichte ist immer 100 % (oder 1 bei Dezimalangaben).

❑ **Angabe einer Bewertungsskala** zur Berechnung der Teilnutzen der Alternativen. Dazu gibt es folgende Möglichkeiten: *Nominalskala*, bei der die Ausprägungen eines Kriteriums gleichberechtigt nebeneinander stehen (z.b. das Kriterium ist erfüllt oder nicht). *Ordinalskala*, bei der sich die Ausprägungen eines Kriteriums in einer Rangreihe anordnen lässt (z.b. entsprechend der Notenskala sehr gut, gut, befriedigend, mangelhaft, ungenügend). *Kardinalskala*, bei der die Ausprägungen eines Kriteriums durch Zahlen (z.b. 1 bis 5) angegeben werden, wobei – in Umkehrung der Ordinalskala – die Zahl 5 den höchsten und die Zahl 1 den niedrigsten Nutzenwert angibt.

❑ **Berechnung der gewichteten Punktsumme** jeder Alternative durch Addition der einzelnen Teilnutzen.

❑ **Bewertung der Vorteilhaftigkeit** durch Bildung einer Rangfolge der Alternativen gemäß der gewichteten Teilnutzen und Auswahl der Alternative mit dem höchsten Gesamtnutzen.

Dazu ein **Beispiel**:

Punktbewertung für das Outsourcing von Randleistungen					
Kriterien	Gewichtungs- faktoren	Alternative 1		Alternative 2	
		Punkte	Produkt	Punkte	Produkt
1. Kostenersparnis	0,15	2	0,30	4	0,60
2. Kapitelfreisetzung	0,10	1	0,10	2	0,20
3. Wettbewerbsvorteile	0,30	5	1,50	3	0,90
4. Backsourcing möglich	0,05	3	0,15	2	0,10
5. Qualität der Leistung	0,20	2	0,40	3	0,60
6. Verlässlichkeit	0,10	4	0,40	5	0,50
7. Erfahrungseffekte	0,10	2	0,20	3	0,30
Summe	1,0		3,05		3,20

Bei rationalem Verhalten ist die Alternative 2 zu wählen, da diese den höheren Gesamtnutzen bietet.

> Auf der Grundlage von Punktbewertungsverfahren erfolgt auch das **Rating** von Agenturen und Geschäftsbanken bezüglich der Bonität (Kreditwürdigkeit) von Unternehmen.

Die **Vorteile** dieses Vorgehens bestehen in der Einfachheit der Bewertung und der Vergleichbarkeit auch qualitativer Sachverhalte. Dem stehen als **Nachteile** die subjektive Auswahl der Kriterien, die individuelle Festlegung der Gewichte und die persönlich geprägte Vergabe von Punktwerten gegenüber, was leicht dazu führen kann, dass eine von vornherein präferierte Alternative die beste Wahl ist.

9. Benchmarking

Unter **Benchmarking** versteht man im Allgemeinen den Vergleich des eigenen Unternehmens mit anderen Unternehmen, um zu lernen, was machbar ist.

9.1 Zweck

Beim Benchmarking geht es weniger um den Vergleich mit der Norm (Durchschnitt, wie beispielsweise bei Betriebsvergleichen), als vielmehr um den **Vergleich mit den Besten** (Champions, Marktführer, Weltmeister, Kompetenzcenter oder Center of Excellence). Damit wird Benchmarking zum Maßstab für **Best Practices** im Sinne der besten Art und Weise, wie beispielsweise eine Aktivität innerhalb einer Funktion oder Prozesskette besser und/oder schneller durchzuführen ist *(Siebert/Kempf)*.

Benchmarking ist kein einmaliger Vorgang, sondern ein **kontinuierlicher Prozess**, denn einmal ermittelte Unterschiede zwischen Unternehmen sind aufgrund der Umweltdynamik immer nur von begrenzter Dauer.

9.2 Ablauf

Bezüglich der **Vorgehensweise** ist zunächst eine Analyse der kritischen Funktionsbereiche oder Prozesse des Unternehmens sowie deren Umwelt zweckmäßig. Danach sind die Vergleichspartner zu bestimmen, an denen das Unternehmen gemessen werden soll. Schließlich sind die gefundenen Ergebnisse in geeigneter Weise darzustellen.

9.2.1 SWOT-Analysen

Um die kritischen Faktoren des Unternehmens identifizieren und beurteilen zu können, ist eine **Analyse der Ausgangslage** zweckmäßig.

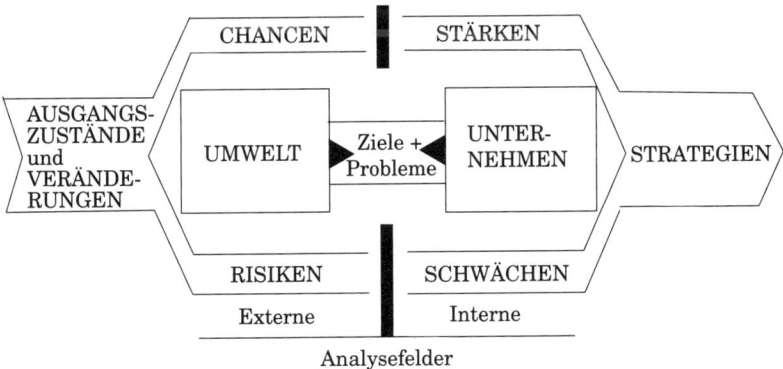

Durch so genannte **SWOT**-Analysen lassen sich die Stärken (**S**trength) und Schwächen (**W**eakness) des Unternehmens und die in seiner Umwelt liegenden Chancen (**O**pportunities) und Bedrohungen bzw. Risiken (**T**hreats) aufdecken.

Auf der Grundlage der daraus gewonnenen (kritischen) Sachverhalte findet dann ein **Vergleich** mit den Besten statt.

9.2.2 Vergleiche mit den Besten

In Abhängigkeit von den ausgewählten **Vergleichspartnern** lassen sich unterscheiden:

❑ **Internes Benchmarking** als Vergleich bezüglich ähnlicher oder gleichartiger Sachverhalte (wie z.B. Strukturen oder Prozesse) zwischen Bereichen des eigenen Unternehmens oder gegenüber verbundenen Unternehmen.

❑ **Externes Benchmarking** als Vergleich bezüglich von Produkten, Dienstleistungen, Prozessen, Strukturen, Spezifitäten, Virtualität, Prinzipien, Programmen und/oder Methoden mit Dritten (z.B. Partnern, Wettbewerbern).

Ein **Benchmarkprozess** kann wie folgt ablaufen *(Fischer)*:

❑ **Vorbereitung**, d.h. Bestimmung der Vergleichsobjekte und -kriterien, Auswahl des/der Vergleichsunternehmen, Datenbeschaffung durch Beobachtungen oder Befragungen (Interviews) von Kunden, Lieferanten und Mitarbeitern mit häufigen Kundenkontakten sowie aus allgemein zugänglichen Veröffentlichungen und externen Datenbanken.

❑ **Durchführung**, d.h. Ermittlung und Analyse von Unterschieden. Wird dabei festgestellt, dass die eigenen Ergebnisse gegenüber denen der Vergleichsunternehmen ungünstiger sind, wird untersucht, wo die Ursachen dafür liegen.

❑ **Umsetzung**, d.h. Formulierung von Verbesserungsvorschlägen zum Auf- und Ausbau von Stärken (z.B. bei Kernfähigkeiten) und zur Beseitigung von Schwächen (z.B. Weglassen von Aktivitäten ohne Wertschöpfung oder Zusammenlegung bzw. Rationalisierung von Routinevorgängen etwa in einem Shared Service Center). Diese Verbesserungsvorschläge können den Anschluss an das/die Vergleichsunternehmen beabsichtigen, sie können aber auch bewusst anders sein, wenn sich dadurch Wettbewerbsvorteile schaffen lassen.

10. Balanced Scorecard

Unter der **Balanced Scorecard** (BSC) versteht man eine ausgewogene Zusammenstellung von Kenngrößen bzw. -zahlen und deren Darstellung zum Zwecke der Kommunikation und Steuerung von Visionen (Absichten) bzw. Strategien des Unternehmens mit den für die operative Umsetzung relevanten Aktionen.

10.1 Aufbau

Unterschieden werden beim Scorecarding mehrere **Perspektiven** (Sichten), wobei eine Perspektive die finanziellen Erfolgs- und Messgrößen umfasst, während die übrigen Perspektiven, die für den Erfolg wichtigen Ursachenfaktoren und Leistungstreiber kennzeichnen.

Jeweils eine Perspektive betrifft die **Teilaspekte einer bestimmten Absicht oder Strategie**. Bedingung dabei ist, dass jeweils ein Ziel (im Sinne des Management by Objectives) mindestens einer Perspektive und eine Messgröße (zur Messung der Zielerreichung) einem Ziel zugeordnet werden. Ist eine Zielerreichung nicht unmittelbar messbar, können ersatzweise geeignete Indikatoren (so genannte Proxy Variable) herangezogen werden.

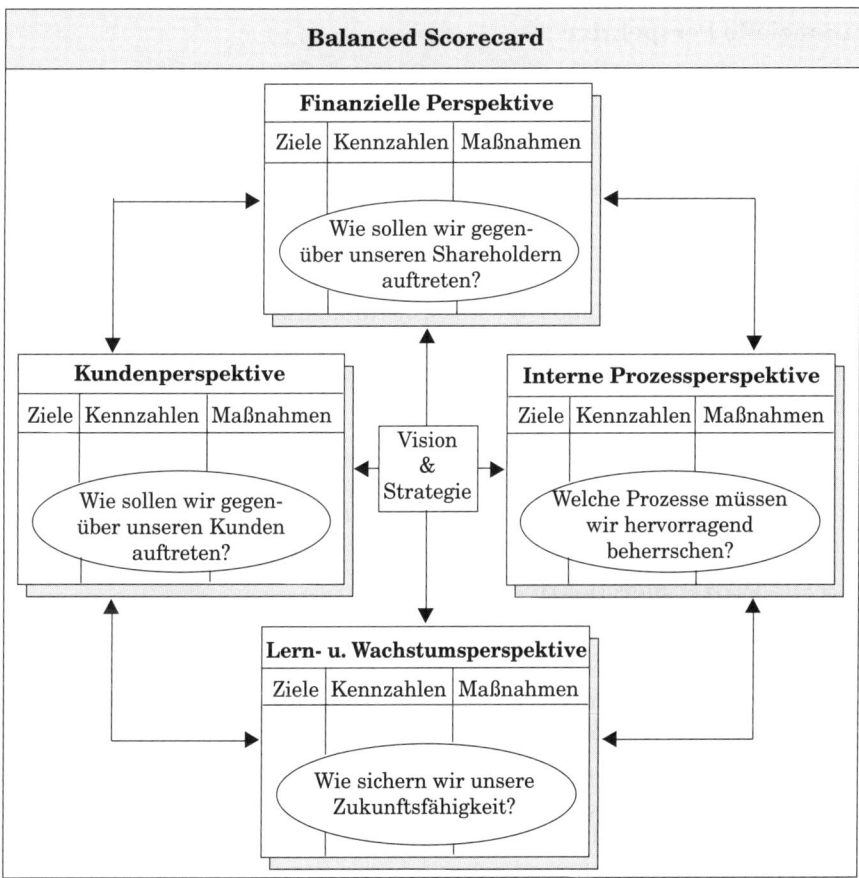

Quelle: Kaplan / Norton

Die Perspektiven gelten als **ausgewogen**, wenn sie eine überschaubare Anzahl operationaler Ziel- und Messgrößen enthalten und diese in ihrem systematischen Verbund quantifiziert und für die Betrachtungsperiode als Kennzahlen ausgewiesen werden. Geht man von etwa vier bis sechs Kennzahlen je Perspektive aus, können mit einem Katalog von bis zu zwei Dutzend Kennzahlen die Ergebnisse des Unternehmens sowie die dahinter stehenden Wert- bzw. Leistungstreiber transparent gemacht werden *(Ehrmann)*.

10.2　Ziel- und Messgrößen

Die für ein Unternehmen relevanten Steuerungsgrößen betreffen die von *Kaplan /
Norton* vorgeschlagenen vier **Standardperspektiven**:

❑ **Finanzielle Perspektive**

Zielgrößen: Ertragskraft und Wert des Unternehmens sichern bzw. steigern, Kostentransparenz verbessern, Produktivitäts-, Rationalisierungs- und Kostensenkungspotenziale ausschöpfen.

Messgrößen: Umsatz, Kosten, Gewinn, Rendite, Cashflow, Deckungsbeitrag, Wertschöpfung.

❑ **Kundenperspektive**

Zielgrößen: Marktpositionen verbessern, Kundenwünsche erfüllen, Produktinnovationen entwickeln, Dienstleistungsangebot erhöhen, marktgerechte Nutzen-/Kosten-Relationen erreichen, Vertrieb beschleunigen, Reklamations- und Umtauschraten senken.

Messgrößen: Marktanteil und -wachstum, Produkt- und Servicevielfalt, Kundenzufriedenheit und -loyalität, Umsatzanteile mit Innovationen und Key Accounts (A-Kunden), Lieferpünktlichkeit, Produktausfälle, Wiederkaufraten, Image (z.B. von Marken).

❑ **Interne Prozessperspektive**

Zielgrößen: Abläufe beschleunigen, Prozesskostensätze senken, Prozess- und Servicequalität steigern, nicht wertschöpfende Tätigkeiten reduzieren bzw. beseitigen, Fehlerraten senken, Vielfalt beherrschen, Verbundeffekte ausschöpfen, Umweltschutz beachten bzw. fördern.

Messgrößen: Geschwindigkeit der Entwicklung und Markteinführung neuer Produkte (Time-to-Market), Bearbeitungs-, Transport- und Liegezeiten, Flächen, Lagerbestände, Losgrößen und Bestellmengen, Anteil der verspäteten bzw. fehlerhaften Lieferungen an der Gesamtzahl der Kundenaufträge, Kapazitätsauslastung.

❑ **Lern- und Wachstumsperspektive**

Zielgrößen: Qualifizierung und Motivation der Beschäftigten steigern, Leistungsfähigkeit der Informationssysteme verbessern, Projektdauern reduzieren.

Messgrößen: Umsatz, Wertschöpfung, Kompetenz und Produktivität je Arbeitnehmer, Individual- und Teaminteressen, Unternehmenskultur, Fluktuationsraten, Wissensverteilung und Beiträge zur Wissensbasis, Patentanmeldungen, Anzahl der eingereichten bzw. umgesetzten Verbesserungsvorschläge.

Die finanziellen und nicht finanziellen Kennzahlen der BSC sind vom Controlling in das interne **Berichtswesen** des Unternehmens zu integrieren. Dort werden die Kennzahlen durch die Ergebnisse laufender Kontrollen ergänzt.

Erläutern Sie die Ursache-Wirkungskette der Balanced Scorecard! Machen Sie deutlich, dass es nicht ausreicht, sich alleine auf finanzielle Steuerungsgrößen zu verlassen, um den steigenden Anforderungen der Märkte entsprechen zu können.

Seite 244

10.3 Erweiterungen

Mit zunehmender Erfahrung im Umgang mit dem BSC-Ansatz sind u. a. folgende **Erweiterungen** möglich:

❑ Anzunehmen ist, dass bezüglich der Kunden (Qualität), Prozesse (Zeit, Kosten) und der Nachhaltigkeit die **Lern- und Wissensaspekte** an Bedeutung zunehmen werden.

❑ Ergänzt werden könnte der ursprüngliche BSC-Ansatz um **weitere Perspektiven**, wie z.B. einer
  - *Internet-Perspektive* (Customer E-Scorecard) bezüglich der Anteile an Stammkunden (Kundenzufriedenheit und -loyalität) und Neukunden (Conversion Rate als Relation aller Besucher einer Website zur Anzahl derjenigen Besucher, die tatsächlich einen Kauf tätigen).
  - *Ökologische Perspektive*, um der hier zu Lande großen Bedeutung des Umweltschutzes (als Teil der Nachhaltigkeit) gerecht zu werden.
  - *Lieferanten-Perspektive* bei hohem Outsourcing und der damit verbundenen Abnahme der Wertschöpfungstiefe.
  - *Wettbewerber-Perspektive* bei starker Konkurrenz.

Zu empfehlen ist außerdem die Erweiterung sämtlicher Perspektiven um **Risikoaspekte**. Dadurch würde sich eine „Risk Adjusted Balanced Scorecard" ergeben, die zur Durchführung der Aufgaben des eingangs beschriebenen Risikomanagements geeignet wäre *(Homburg / Stephan)*.

Vom **Controlling** kann der BSC-Ansatz als Instrument zur Verknüpfung der strategischen und operativen Planung verwendet werden. Dabei darf aber die überwiegend *quantitative* Ausrichtung der BSC nicht dazu führen, dass „weiche" Faktoren und deren *qualitative* Bewertungsmöglichkeiten vernachlässigt werden. Des Weiteren kann das Controlling unter Verwendung von OLAP-Werkzeugen spe-zifische **Auswertungen** vornehmen.

Im Zusammenhang mit den Ziel- und Messgrößen lässt sich in die BSC auch ein **Anreiz- und Entgeltsystem** integrieren, das die Beschäftigten motiviert, ihre Beiträge zur Steigerung des Unternehmenserfolgs zu erhöhen. Voraussetzung dafür ist jedoch, dass die Maßnahmen zur Verbesserung operativer Leistungen mit den strategischen Zielen in Einklang stehen, um zu vermeiden, dass das Unternehmensergebnis kurzfristig verbessert wird, sich langfristig aber negativ auf die Strategieumsetzung auswirkt. Erreichbar ist das durch die Verwendung verschiedener Kriterien zur Messung der Strategieverfolgung, die nach betrieblichen Besonderheiten zu gewichten sind.

Erläutern Sie, was unter folgenden Begriffen zu verstehen ist, die Sie in diesem Kapitel kennen gelernt haben:

○ Produktlebenszyklus	○ Hebeleffekt
○ Portfolio	○ Diskontierungsfaktoren
○ Erfahrungskurve	○ WACC
○ Halbwertzeit	○ ABC-Klassifikation
○ Produkt-Plattform	○ Punktbewertung
○ Zielkostenrechnung	○ Benchmarking
○ Lebenszykluskosten	○ Balanced Scorecard

Seite 244

H. Instrumente des operativen Controlling

Das operative Controlling hat einen **Zeithorizont** von einem Jahr und umfasst die **Phasen** der operativen Planung und Kontrolle:

❑ Die **operative Planung** knüpft an die Ergebnisse der strategischen Planung an, d.h. das erste Planjahr der strategischen Planung wird zum Budgetjahr der operativen Planung. Das bedeutet, die Budgetierung hat zu gewährleisten, dass Erfolgspotenziale ausgeschöpft und in Form von monetärem Erfolg (Gewinn) realisiert werden.

❑ Der Realisierung der Budgets folgt die **operative Kontrolle**, deren Aufgabe es ist, Abweichungen vom Budget festzustellen, zu analysieren, bis zum Planungshorizont zu prognostizieren und gegebenenfalls nachzusteuern.

> Die in beiden Phasen zur Anwendung kommenden Instrumente sind meistens **Ermittlungsmodelle**. In solchen Modellen werden Soll-Aussagen mit Zukunftsbezug (Planung) bzw. Ist-Aussagen über die Vergangenheit (Kontrolle) nach einfachen Rechenvorschriften auf der Grundlage hierarchisch aufgebauter Definitions- und Stromgleichungen formuliert.

1. Budgetierung

Die Budgetierung ist ein formaler Prozess, aus dem sich das in der Regel aus mehreren Modulen bestehende **Budget** ergibt, das auf das Erfolgsziel des Unternehmens ausgerichtet ist (Koordinationsfunktion). Die Koordination der im Zusammenhang mit der Budgetierung stehenden Vorgänge übernimmt das Controlling.

1.1 Zweck

Das Budget ist *ein* möglicher **Fahrplan für den operativen Erfolg**, zu dem es auch Alternativen gibt.

In **sachlicher Sicht** kann als Budgetierung das mengen- und wertmäßige Durchrechnen der in den Monaten bzw. Quartalen des Budgetjahres durchzuführenden operativen Maßnahmen mit den daraus erwarteten Gewinn- und Rentabilitätsziffern bezeichnet werden *(Mensch)*.

1.2 Ablauf

Der Prozess der Budgetierung ist so zu gestalten, dass die Module (Einzel- oder Teilbudgets) nach dem **Baukastenprinzip** in einer sachlich zweckmäßigen **Reihenfolge** erstellt werden *(Preißner)*.

Der zwischen den Modulen bestehende **Zusammenhang** kann wie folgt sein:

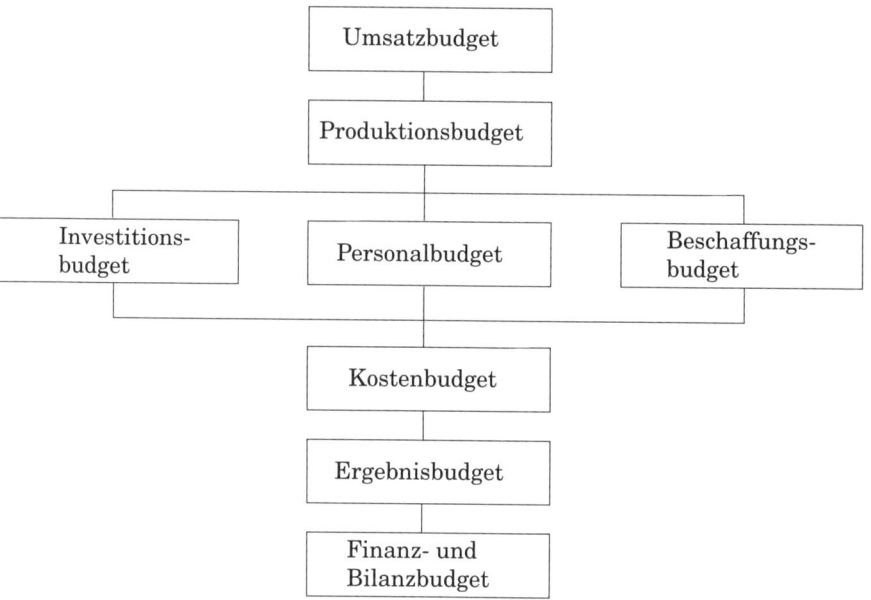

Die **Einzelbudgets** sind so zu gestalten, dass sie verhaltensbeeinflussend wirken. Das ist der Fall, wenn sie herausfordernd sind, aber von den Handlungsträgern erreicht werden können.

Die **Budgets ausländischer Konzerngesellschaften** werden vor Ort erst in Landeswährung erstellt und dann in die Konzernwährung umgerechnet. Notwendige Korrekturen erfolgen in umgekehrter Reihenfolge.

2. Einzelbudgets und deren Ermittlung

Bevor die Einzelbudgets erstellt werden können, sind von der Unternehmensleitung die auf den Beschaffungs- und Absatzmärkten angestrebten bzw. erwarteten Volumensänderungen (Wachstum) und Verteuerungseinflüsse (Preissteigerungen durch Inflation) als so genannte **Eckwerte** festzulegen.

Werden Wertgrößen der Vergangenheit (wie z.B. der erwartete Umsatz des laufenden Geschäftsjahres) mit den Eckwerten auf das nächste Jahr hochgerechnet, ist für deren Anwendung die **Reihenfolge** wichtig: Multipliziert werden die Ausgangswerte *erst* mit der Wachstumsrate und deren Summe *dann* mit der Preissteigerungsrate, und zwar nach der **Formel**, in der die beiden Raten in ihrer Dezimalform angegeben sind:

Wertgröße im Budget-jahr	=	Wertgröße des laufenden Geschäftsjahres $\times$ (1 + Wachstumsrate) $\times$ (1 + Preissteigerungsrate)

Außerdem lassen sich für das Unternehmen aus der strategischen Planung bekannte **Strukturwerte** (Standards) ableiten, die wie auch die Eckwerte zu Prämissen der Budgetierung werden. Beispielsweise können die auf den aktuellen Stand gebrachten Strukturwerte ausdrücken: Material- und Lohnanteile der Verkaufspreise nach Abzug von Rabatten, Skonti und sonstigen Erlösschmälerungen, Abschreibungen in % vom Sachanlagevermögen, Pauschalwertberichtigungen in % von den Vorräten bzw. zu Forderungen oder Verbindlichkeiten aus Lieferung und Leistung in % vom Materialeinsatz.

Eine sich aus der routinemäßigen Fortschreibung von Wertgrößen ergebende **Gefahr** besteht darin, dass die Einzelbudgets mit der Zeit ausufern, weil unter anderem auch ineffiziente Strukturen und die damit verbundenen Unwirtschaftlichkeiten in die Zukunft extrapoliert werden. Eine Möglichkeit zur Begrenzung dieser Gefahren bietet die **Null-Basis-Budgetierung** (Zero Base Budgeting), bei der alle Funktionen und Prozesse der Gemeinkostenbereiche in einem Mehrjahresrhythmus auf den Prüfstand gestellt werden. Zu gegebener Zeit wird analysiert, welche Aufgaben weiterhin notwendig sind und welche Abläufe anders gestaltet werden müssen. Dadurch, dass die Bereiche sukzessive bezüglich ihrer Schwachstellen und Engpässe untersucht werden, lässt sich das gesamte auf Fortschreibungen beruhende Budgetierungssystem im Zeitablauf verbessern. Ähnlich der Null-Basis-Budgetierung arbeitet auch die **Gemeinkosten-Wertanalyse** (vgl. dazu ausführlicher *Peemöller*).

Vor der eigentlichen Budgetierung kann noch eine **prozessorientierte Budgetierung** (Activity Based Budgeting) erfolgen. Der Zweck dieser Methode besteht darin, die stellenbezogenen Prozesskosten zu senken, und zwar durch Eliminierung nicht wertschöpfender Prozesse sowie durch Vereinfachung und Reduzierung des Zeitaufwands der übrigen Prozesse. Werden den wertschöpfenden Prozessen die von ihnen benötigten Ressourcen zugeordnet und bewertet, lassen sich die geplanten Prozesskosten als Vorgaben über Kostenstellen und Abteilungen nach oben hin weiter verdichten, wo sie die eigentliche Budgetierung ergänzen. Die Ermittlung von Einzelbudgets ausschließlich über Prozesse ist kaum möglich, da eine prozessorientierte Kostenkontrolle (Soll-Ist-Vergleich) problematisch ist. Die Gründe dafür liegen in den Schwierigkeiten der Prozesskostenrechnung als Ist-Rechnung, weil die Ist-Kosten nicht direkt (verursachungsgerecht), sondern nur über Schlüssel den Teilprozessen zugerechnet werden können *(Lorson)*.

Eine Bewegung, die sich unter dem Schlagwort **Beyond Budgeting** formiert hat, empfiehlt, auf die Budgetierung ganz zu verzichten. Zur Begründung werden angeführt: Die jährliche Budgetierung verbrauche viel Zeit und binde knappe Ressourcen, sie sei zu starr, um schnell auf Markt- und Wettbewerbsänderungen reagieren zu können, sie begünstige die Bildung unproduktiver Reserven, wenn aus Vorsichtsgründen mehr Ressourcen gefordert werden als notwendig sind und sie trübe den Blick für andere, bessere Möglichkeiten der Planung bzw. Führung. Ein überzeugendes Management- und Controllingkonzept bietet Beyond Budgeting allerdings nicht und es bleibt abzuwarten, ob es ein solches jemals geben wird. Die Diskussionen zu dieser Thematik beziehen sich bislang nur auf wenige Pionierunternehmen, von denen Budgets in den markt- und kundennahen Bereichen weitgehend durch andere Inhalte und Instrumente der Planung ersetzt wurden: Die **Inhalte** der Planung sind mehr strategischer Art und betreffen auch immaterielle Güter bzw. vorlaufende Sachziele. Empfohlene **Instrumente** sind nach den Vorstellungen der Vertreter des Beyond Budgeting die bereits ausführlich dargestellte Balanced Scorecard, rollierende Prognosen und das externe Benchmarking *(Hope/Frazer)*.

Selbstverständlich bleibt es Unternehmen überlassen, auf die Budgetierung zu verzichten. Wer das jedoch zu tun beabsichtigt, muss sich aber darüber im Klaren sein, dass dadurch die folgenden Gelegenheiten entfallen:

❏ Die **Verpflichtung der Planungsträger**, mindestens einmal jährlich über die Zukunftsaussichten des Unternehmens bis zum Budgethorizont im Detail nachdenken und in Zahlen konkretisieren zu müssen, ist eine gute Voraussetzung dafür, dass das auch tatsächlich geschieht. Den Planungsträgern sind die Budgettermine lange im Voraus bekannt, sodass sich jeder rechtzeitig darauf einstellen und entsprechend vorbereiten kann.

❏ Mittels **Budgetkontrollen** wird die Erfüllung der Sach- und Formalziele überwacht. Sofern auf Budgets und die damit in Verbindung stehenden Soll-Werte (Vorgaben) verzichtet wird, lassen sich keine Abweichungen mehr feststellen, die gemeinhin als das „Futter der Controller" gelten.

❏ Schließlich entfallen die später beschriebenen Möglichkeiten flexibler **Vorschau-rechnungen** (Forecasts) und die damit in Verbindung stehenden Nachsteuerungen.

Um diese Gelegenheiten auch weiterhin nutzen zu können, empfehlen die Befürworter eines **Advanced Budgeting** die Beibehaltung der Budgetierung, allerdings in verbesserter Form *(Rottke)*. Die Verbesserungen betreffen u. a. einen niedrigeren Detaillierungsgrad, d.h. um die **Komplexität der Budgetierung** zu reduzieren, sollten gemäß der ABC-Analyse nur noch jene 20 % der Variablen (Key Value Driver) berücksichtigt werden, die 80 % des Ergebnisses ausmachen. Eine solche Verschlankung der Budgetierung hat allerdings zur Folge, dass sich wegen der notwendigen Zusammenfassungen gewisse Planabweichungen von selbst ausgleichen und die sich dafür Verantwortlichen nur noch mit wenigen Ausnahmen (Ausreißern) beschäftigen müssen. Das steigert zwar die Flexibilität und erhöht die Geschwindigkeit, jedoch dürfen die Vereinfachungen nicht so weit gehen, dass alles hingenommen wird wie es kommt und deshalb weitere Transparenz schaffende Analysen unterbleiben. Und was den stärkeren Bezug des Beyond Budgeting zur strategischen Planung betrifft, kann man – wie vorstehend beschrieben – die aus der strategischen Planung abgeleiteten **Strukturwerte** zu Prämissen der Budgetierung machen.

2.1 Leistungsbudget

Aus den für das Budgetjahr geplanten Absatzmengen wird nach deren Multiplikation mit den Netto-Verkaufspreisen, d.h. nach Abzug von Erlösschmälerungen, der Plan-Umsatz ermittelt. Sofern keine Bestandsveränderungen, andere aktivierte Eigenleistungen und sonstige Betriebserlöse erwartet werden, ist der Plan-Umsatz die **ergebniswirksame Gesamtleistung** des Budgetjahres.

Die **Umsatzwerte** sollten getrennt nach Produkten (Eigenfertigung, Handelswaren, Service) und Absatzmärkten (Kundengruppen, Vertriebswege, Regionen) berechnet und miteinander verprobt werden. Um dabei den Rechenaufwand in Grenzen und die Ergebnisse überschaubar zu halten, wird meistens von Leitgrößen auf Gesamtheiten geschlossen (Hochrechnungen), wobei als **Produktleitgröße** (Prognosevariante) der Hauptumsatzträger jeweils einer Produktgruppe geeignet ist.

2.2 Produktionsbudget

Zwischen dem **Produktions- und Absatzprogramm** des Unternehmens besteht folgender Zusammenhang:

Produktionsprogramm	
Absatzbestimmte Leistungen	Innerbetriebliche Leistungen
Eigengefertigte Erzeugnisse	
Absatzprogramm	

(Handelswaren steht links neben "Eigengefertigte Erzeugnisse"; Absatzprogramm umfasst Handelswaren und Eigengefertigte Erzeugnisse)

Die in Bezug auf das **Produktionsprogramm** (Eigenfertigung) zu quantifizierenden Sachverhalte sind:

❑ **Produktionskapazität** als Leistungsvermögen der Potenzialfaktoren (Personal und Maschinen) jeweils einer Betrachtungseinheit.

❑ **Beschäftigung** als geplante Auslastung der Kapazität im Prozess der Leistungserstellung.

Es gibt verschiedene Ausprägungen der Produktionskapazität, unter denen die **verplanbare Kapazität** die wohl größte Bedeutung hat. Diese kann in der Weise ermittelt werden, dass von einer idealtypischen (maximalen) Kapazität ein Anteil von x % abgezogen wird, welcher der Höhe der auf Dauer bzw. im Durchschnitt außer Einsatz befindlichen Potenzialfaktoren entspricht. Was an Kapazität übrig bleibt

wird gleich 100 % gesetzt und als **Planbeschäftigung** des Budgetjahres bezeichnet.
Ist der geschätzte Anteil beispielsweise 20 %, ist später in der Plankostenrechnung
eine Überbeschäftigung bis maximal ((100 x (1 + 20/80) =) 125 % möglich.

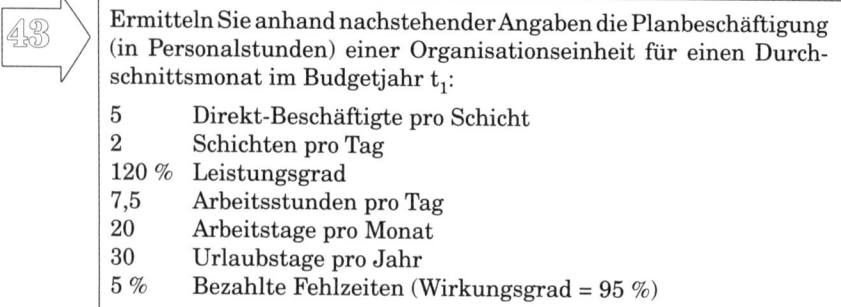

Ermitteln Sie anhand nachstehender Angaben die Planbeschäftigung
(in Personalstunden) einer Organisationseinheit für einen Durch-
schnittsmonat im Budgetjahr t_1:

5	Direkt-Beschäftigte pro Schicht
2	Schichten pro Tag
120 %	Leistungsgrad
7,5	Arbeitsstunden pro Tag
20	Arbeitstage pro Monat
30	Urlaubstage pro Jahr
5 %	Bezahlte Fehlzeiten (Wirkungsgrad = 95 %)

Seite 244

Was in diesem Zusammenhang die nachstehende **Abbildung** verdeutlichen soll,
ist, dass bei der Planbeschäftigung der zu verrechnende Fixkostenblock *genau*
gedeckt wird. Entsprechend ergeben sich Leerkosten bei Unterbeschäftigung bzw.
eine Fixkosten-Überdeckung bei Überbeschäftigung.

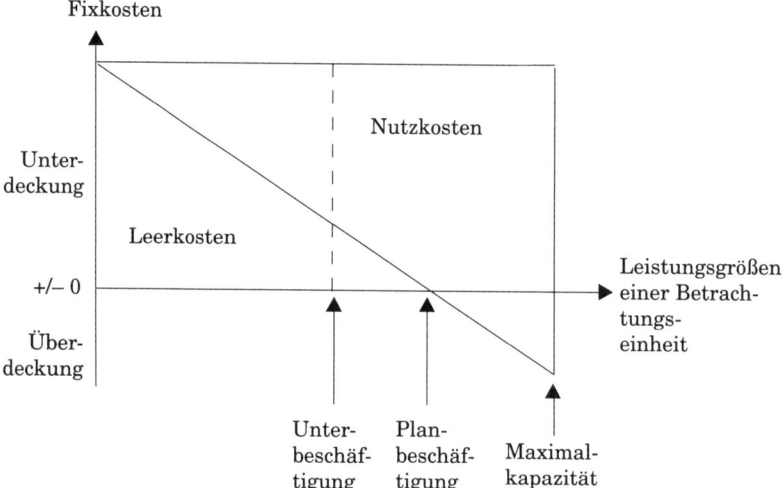

Bezüglich der **Überbeschäftigung** kann die Kostensituation auch so beschrieben
werden, dass ab der Planbeschäftigung die je Leistungseinheit kalkulierten Fixkosten in voller Höhe Gewinn sind. Das darf aber nicht so verstanden werden, dass
die Planbeschäftigung möglichst niedrig anzusetzen ist, um später schnell in den
Bereich der Überbeschäftigung zu gelangen. Dann nämlich werden die gesamten
Fixkosten auf eine kleinere Produktionsmenge verteilt, sodass in der Kalkulation
die anteiligen Fixkosten je Leistungseinheit hoch sind, was leicht dazu führen kann,
dass sich das Unternehmen aus dem Markt kalkuliert.

Entspricht der Produktions-Mix im Budgetjahr in etwa dem des Vorjahres, lässt sich durch Gegenüberstellung der periodischen Produktionsleistungen die **Beschäftigungsänderung** ermitteln. Aus der Wachstumsrate der Produktion kann mithilfe der Erfahrungskurve die mögliche Rationalisierungsrate berechnet werden.

Soll die Produktionskapazität im Budgetjahr des Unternehmens verändert werden, ergeben sich verschiedene Möglichkeiten der **Kapazitätsanpassung**: Bei

❑ **fehlender Kapazität** sind Investitionen, Personaleinstellungen und/oder ein Leistungszukauf von außen vorzusehen.

❑ **überschüssiger Kapazität** sind Desinvestitionen und Personalfreisetzungen in Erwägung zu ziehen. Außerdem ist ein Backsourcing bzw. die Zusatzbeschäftigung für Dritte zu prüfen.

Wird von der Möglichkeit der **Zusatzbeschäftigung für Dritte** Gebrauch gemacht, hat das Auswirkungen auf das dem Produktionsbudget vorgelagerte Umsatzbudget. Die übrigen Anpassungsmöglichkeiten beeinflussen nur die nachgelagerten Einzelbudgets.

Bewertet werden die Produktionsmengen mit ihren **Herstellkosten** (siehe dazu auch die in 4. gezeigte Zuschlagskalkulation).

2.3 Investitionsbudget

Die Vorteilhaftigkeit der im Budgetjahr vorgesehenen Investitionsprojekte lässt sich aus **Investitionsrechnungen** ersehen, für die üblicherweise das Controlling zuständig ist (*Olfert / Reichel*).

Als **Alternativen** einer vorgesehenen (Sach-)Investition kommen grundsätzlich auch infrage:

❑ Unterlassen der Investition („Weiter wie bisher")

❑ Fremdbezug von (Mehr-)Leistungen

❑ Generalüberholung vorhandener Anlagen.

Die im Budgetjahr zur Realisation geplanten (größeren, einmaligen) Projektinvestitionen und die (kleineren, regelmäßig wiederkehrenden) Normalinvestitionen haben unmittelbare **Auswirkungen** auf nachgelagerte Einzelbudgets: Bei

❑ **Kauf** gehen die Anschaffungsausgaben und die damit im Zusammenhang stehenden Nebenausgaben in das Finanz- und Bilanzbudget ein. Durch diese Ausgaben erhöhen sich das betriebsnotwendige Vermögen, die Kapitalkosten und Abschreibungen.

❑ **Leasing** fallen vertragsbedingte Fremdleistungskosten an, die in der Gewinn- und Verlustrechnung in gleicher Höhe als Aufwand erfasst werden.

2.4 Materialbudget

Der Einsatz von **Fertigungsmaterial** (Werkstoffe, Zukaufteile) lässt sich am besten über die Stücklisten der im Produktionsbudget enthaltenen Produkte berechnen. Das Fertigungsmaterial lässt sich aber auch pauschal ermitteln, und zwar als struktureller Prozentsatz von den Herstellkosten des Produktionsbudgets.

In ähnlicher Weise wird der wertmäßige **Handelswareneinsatz** aus den im Umsatzbudget vorgesehenen Handelsgeschäften abgeleitet. Auch hier kann mit einem strukturellen Prozentsatz gearbeitet werden.

In beiden Fällen handelt es sich um **Einzelkosten**, bei denen sich Kostensenkungen dadurch ergeben können, dass die Lieferanten die mit der Erfahrungskurve begründeten und ausgeschöpften Rationalisierungspotenziale ganz oder teilweise an ihre Kunden weitergeben.

Beim nicht unmittelbar leistungsbezogenen **Gemeinkostenmaterial** werden mögliche Kosteneinsparungen situativ zu berechnen sein, z.B. nach einem Lieferantenwechsel oder durch E-Procurement.

Der Materialbedarf berücksichtigt neben dem geplanten Materialeinsatz auch die **Veränderung der Lagerbestände**. Sofern der Materialzugang nicht fertigungssynchron (just in time), sondern in Abhängigkeit von den Bestellmengen oder Losgrößen mehr stoßweise erfolgt, kann hinsichtlich der Erfüllung des vom Unternehmen selbstgewählten Lieferbereitschaftsgrads eine Vorratshaltung (einschließlich Sicherheitsbestände) notwendig werden.

2.5 Personalbudget

2.5.1 Beschäftigtenzahl

An der Leistungserstellung sind die Beschäftigten entweder **direkt** oder **indirekt** beteiligt. Diese Unterscheidung ist insofern wichtig, als bei einer für das Budgetjahr geplanten Leistungssteigerung ein über die Fluktuation hinausgehendes Mehrpersonal unterschiedlich berechnet wird:

❑ Die Wachstumsrate der **direkt Beschäftigten** als Empfänger von Fertigungslohn (Akkord- und Prämienlohn) kann in der Weise ermittelt werden, dass die vorgesehene Wachstumsrate um die aus der Erfahrungskurve abgeleitete **Rationalisierungsrate** verringert wird.

❑ Bei den **indirekt Beschäftigten** als Empfänger von Gemeinkostenlohn, tariflichen Gehältern und außertariflichen Gehältern wird die Personalsteigerungsrate ebenfalls um die mit der Erfahrungskurve begründete Rationalisierungsrate gekürzt. Darüber hinaus kann noch der **Effekt der Kostendegression** bei zunehmender Kapazitätsauslastung berücksichtigt werden, der zu einer besseren Fixkostendeckung in den Gemeinkostenbereichen des Unternehmens führt. Die Kostendegressionsrate richtet sich vor allem danach, wie die Organisationseinheiten untereinander kapazitätsmäßig harmonisiert sind.

Soll es umgekehrt zu realen Leistungssenkungen kommen, sind über den Personalabbau hinausgehende **Remanenzwirkungen** (z. B. durch Sozialpläne) zu berücksichtigen.

2.5.2 Personalbasiskosten

Werden die für das Budgetjahr geplanten Beschäftigtenzahlen mit einem für das laufende Jahr ermittelten Durchschnittsentgelt multipliziert, ergeben sich zunächst die **realen Personalbasiskosten**. Dabei handelt es sich um **Einzelkosten**, sofern die Entgelte den *direkt* Beschäftigten zukommen (andernfalls sind es Gemeinkosten).

Das **Durchschnittsentgelt für tatsächlich geleistete Arbeit** umfasst:

❏ Lohn und Gehalt als Grundentgelt (ohne bezahlte Abwesenheit bei Urlaub, Feiertagen und Krankheit),

❏ Entgelt für zusätzliche Leistungen (z.B. Provisionen oder Prämien für Verbesserungsvorschläge),

❏ Zulagen für Leistungen, Arbeitsbereitschaft und -erschwernis sowie für die Übernahme von Funktionen (z.B. Vertretungen),

❏ Zuschläge für Mehr-, Schicht- und Nachtarbeit sowie für Arbeiten an Sonn- und Feiertagen.

Erhöht man die realen, d.h. auf das laufende Jahr bezogenen Personalbasiskosten der einer tariflichen Bindung unterliegenden Mitarbeiter um die erwartete **Tarifsteigerungsrate**, sind die **nominalen Personalbasiskosten** für das Budgetjahr bestimmt.

Keiner tariflichen Bindung unterliegen Führungskräfte. Häufig anzutreffen sind hier **frei vereinbarte Vergütungen**, die eine Kombination aus einem garantierten Jahresgehalt und variablen (erfolgsabhängigen) Vergütungsbestandteilen darstellen. Als Basisentgelt im Sinne eines die Existenz sichernden Lohns vergütet das garantierte Jahresgehalt diejenigen Anforderungen, die erforderlich sind, um die Aufgaben zu erfüllen, die mit einer bestimmten Funktion im Unternehmen verknüpft sind.

2.5.3 Personalzusatzkosten

Die **Personalzusatzkosten** umfassen als Gemeinkosten

❏ **gesetzlich** die Sozialversicherungsbeiträge des Arbeitgebers, die bezahlten Feiertage und die Entgeltfortzahlung im Krankheitsfall.

❏ **tariflich** die während der Urlaubszeit zu zahlenden Personalbasiskosten, das Urlaubsgeld, die Vermögensbildung und Sonderzahlungen (wie Gratifikationen oder ein zusätzliches Monatsentgelt bzw. Teile desselben).

❏ **betrieblich** die Altersversorgung.

Für die **betriebliche Altersversorgung** für die in der Betriebsvereinbarung festgelegten Begünstigten bilden Unternehmen traditionell Rückstellungen für Pensionszusagen oder sie leisten Beitragszahlungen an Direktversicherungen, Unterstützungs- bzw. Pensionskassen oder Pensionsfonds. In Abhängigkeit von der Höhe der Pensionsrückstellungen sind außerdem Pflichtbeiträge an den Pensions-Sicherungsverein zu entrichten.

2.5.4 Erfolgsabhängige Entlohnung

Zur Verhaltenssteuerung der Beschäftigten können **monetäre Anreizsysteme** eine variable Vergütung vorsehen. Zu genehmigen sind solche Anreizsysteme durch die Hauptversammlung der Gesellschaft.

Die **Berechnung der variablen Bezüge** kann sich an *harten* Kriterien, wie Gewinn, Cashflow oder Steigerung des Unternehmenswerts, orientieren. Sie kann aber auch *weiche* Kriterien, wie Kundenzufriedenheit oder Beiträge zur Förderung des beruflichen Nachwuchses, berücksichtigen.

> Gemäß **internationaler Gepflogenheiten** sollte der variable Anteil am Gesamtgehalt von Führungskräften mit mehr dispositiven Tätigkeiten einen relativ größeren Teil des Einkommens ausmachen als bei Mitarbeitern mit mehr ausführenden Tätigkeiten *(Bassen u.a.)*.

Zu den **Anreizsystemen für Mitarbeiter** gehören solche, die jährlich deren persönliche Performance honorieren. Ein Beispiel dafür sind **Mitarbeiteraktien**, die das Unternehmen durch den Rückkauf eigener Anteile oder durch eine bedingte Kapitalerhöhung beschaffen und zu ermäßigten Kursen (oder vielleicht ganz umsonst) an die Mitarbeiter ausgeben kann.

Bei den **Anreizsystemen für Führungskräfte** geht es darum, weniger die Beiträge zum Jahreserfolg (Gewinn), als vielmehr die langfristigen Erfolgsperspektiven (Steigerung des Unternehmenswerts) zu vergüten. Beispiel einer wertorientierten Vergütung für leitende Angestellte, ist die **Gewährung von Aktienoptionen** (Stock Options), für die es eine Vielzahl von Gestaltungsvarianten gibt. Typisch ist dabei Folgendes:

❑ Bevor die Führungskräfte Optionen erwerben können, müssen sie selbst **investieren**, und zwar in Aktien des Unternehmens. Die maximale Zahl der von den Führungskräften zum aktuellen Börsenkurs zu erwerbenden Unternehmensaktien richtet sich nach der Stellung in der Hierarchie. Zu jeder erworbenen Unternehmensaktie erhält die Führungskraft eine oder mehrere Optionen, die nach einer gesetzlich vorgeschriebenen Halte- oder Sperrfrist von mindestens zwei Jahren zum Bezug jeweils einer neuen Unternehmensaktie zu einem vorher festgelegten (niedrigeren) Basispreis berechtigen.

❑ Eine **Vorteilsbegrenzung** (Deckelung) durch Indexierung kann vorgesehen werden, wonach die Option nur dann ausgeübt werden darf, wenn die Performance der Unternehmensaktie einen Gesamtmarktindex (wie den DAX) oder Branchenindex übertrifft.

❑ Ansonsten liegt das **Risiko** der Führungskräfte in der Gefahr einer ungünstigen Kursentwicklung der zuvor erworbenen Aktien des Unternehmens.

❑ Die bei **Ausübung der Optionen** benötigten **Gesellschaftsaktien** stammen, ebenso wie bei den Mitarbeiteraktien, aus einer bedingten Kapitalerhöhung oder dem Rückkauf eigener Aktien.

Vom **Controlling** sind die variablen Personalkosten, die dem Unternehmen durch monetäre Anreizsysteme entstehen, zu quantifizieren. Außerdem sollte zu gegebener Zeit untersucht werden, ob und in welcher Höhe sich der Erfolg des Unternehmens durch das Anreizsystem tatsächlich verbessert hat. Dabei dürfte es allerdings schwierig sein, den auf das Anreizsystem entfallenden Anteil am realisierten Erfolgszuwachs exakt zu messen.

2.6 Budget der kalkulatorischen Kosten

Zur **Ermittlung** der **kalkulatorischen**

❑ **Abschreibungen** auf das Sachanlagevermögen sind nur diejenigen abnutzbaren Anlageobjekte auf Tageswerte (oder Wiederbeschaffungswerte) hochzurechnen, die in Vorperioden gekauft wurden, denn die im Budgetjahr geplanten Anlagenzugänge sind im Investitionsbudget bereits zu Tageswerten angesetzt.

Die Berechnung der Tageswerte des abnutzbaren Anlagevermögens erfolgt zweckmäßigerweise so, dass die jeweiligen Einstandswerte (oder Herstellungskosten bei Eigenfertigung) mittels **Preisindices** hochgerechnet werden, die sich, sofern nicht in Verbandstabellen enthalten, aus den vom *Statistischen Bundesamt* herausgegebenen „Index- und Faktorenreihen" ermitteln lassen.

Wird der Tageswert eines abnutzbaren Anlageobjekts durch die wirtschaftliche Nutzungsdauer dividiert, was einer **linearen Periodisierung** einer Anfangsinvestition entspricht, ergibt sich der kalkulatorische Abschreibungsbetrag dieses Objekts.

Sofern das Anlageobjekt über die wirtschaftliche Nutzungsdauer hinaus genutzt wird, fallen kalkulatorische Abschreibungen solange weiter an, bis das Objekt physisch aus dem Anlagevermögen des Unternehmens ausscheidet.

☐ **Zinsen** wird der in Investitionsrechnungen verwendete Diskontierungsfaktor auf das betriebsnotwendige Kapital bezogen.

☐ **Wagnisse** werden die vom Unternehmen selbst zu tragenden Risiken (z.B. aus Gewährleistung) bewertet.

Kalkulatorische Kosten sind immer **Gemeinkosten**.

 | Wie werden versicherbare Risiken, die fremdversichert oder selbstversichert werden, in der Kostenrechnung, der Gewinn- und Verlustrechnung sowie der Bilanz erfasst bzw. ausgewiesen? Seite 244

Bei **Personengesellschaften** gibt es an kalkulatorischen Kostenarten (Opportunitätskosten) außerdem noch den Unternehmerlohn und die Miete, die – sofern sie am Markt realisiert werden – in voller Höhe Gewinn sind.

Bezüglich der Bewertung des eingangs beschriebenen **betriebsnotwendigen Vermögens** gilt:

☐ Das **nicht abnutzbare Sachanlagevermögen** (z.B. Grundstücke) wird mit dem vollen Einstandswert berücksichtigt, weil dieses dauerhaft im Unternehmen gebunden ist und finanziert werden muss, und zwar auch dann, wenn der Tageswert unter den Einstandspreis sinken sollte.

☐ Das **abnutzbare Sachanlagevermögen** wird pauschal mit dem *halben* Tageswert berücksichtigt, weil bei linearer Abschreibung während der gesamten Nutzungsdauer die Anlageobjekte mit diesem Wert „durchschnittlich" im Unternehmen gebunden sind.

☐ Über den Ansatz von **Positionen der Finanzaktiva** (wie z.B. Wertpapiere) muss situativ entschieden werden. Grundsätzlich können Beteiligungen berücksichtigt werden, wenn sie für das Unternehmen eine strategische Bedeutung haben.

☐ Für die **übrigen Vermögenswerte**, insbesondere die des Umlaufvermögens (also Vorräte, Forderungen und flüssige Mittel) gelten deren Buchwerte.

 | Das Gesamtkapital eines Industriebetriebs ist in folgenden Vermögensgegenständen angelegt (Wertangaben in €):

Vermögensgegenstände	Einstandswert	Buchwert	Tageswert
Grundstücke	100.000	100.000	200.000
Gebäude/Maschinen	400.000	300.000	500.000
Fahrzeuge	40.000	25.000	50.000
Vorräte		120.000	
(davon Überbestände)		(16.000)	
Forderungen		60.000	
Wertpapiere (spekulativ)		20.000	38.000
Flüssige Mittel		15.000	

Das Abzugskapital beträgt 20.000 €.

Wie hoch sind die kalkulatorischen Zinsen für das Budgetjahr, wenn mit einem Kalkulationszinsfuß von 10 % p.a. gerechnet wird?

Seite 245

2.7 Budget der Fremdleistungskosten

Die Höhe dieser zu den **Gemeinkosten** zählenden Kostengruppe wird bestimmt durch Verträge (Mieten, Leasing, Fremdversicherungen, freie Mitarbeiter und Vertreter, Leiharbeitnehmer), betriebliche Aktionsprogramme (Werbung, Verkaufsförderung, Öffentlichkeitsarbeit), Gesetze und Verordnungen (öffentliche Abgaben) oder Einzelmaßnahmen (Reise-, Telekommunikations- und Postkosten, Wartung und Instandsetzung der Betriebsmittel durch Fremde) bestimmt.

Im Budget der Werbungskosten wird zweckmäßigerweise unterschieden werden zwischen Normal- und Sonderaktionen, wobei letztere zum Zwecke der Steigerung des Marktanteils vorgenommen werden.

Was kann bei der traditionellen Budgetierung mit einer solchen Trennung erreicht werden?

Seite 245

2.8 Ergebnisbudget

Das **Planergebnis** setzt sich zusammen aus dem budgetierten Betriebsergebnis und dem Neutralen Ergebnis.

Im Ergebnisbudget sind auch solche **Erfolgsbeiträge** zu berücksichtigen, die sich aus virtuellen Tätigkeiten sowie Aktivitäten in strategischen Netzwerken oder im E-Commerce ergeben. Anhand dieser Erfolgsbeiträge lässt sich feststellen, ob die Betätigungen lohnend sind.

2.8.1 Betriebsergebnis

Das budgetierte **Betriebsergebnis** ist

❏ nach dem **Gesamtkostenverfahren** die Differenz zwischen der Gesamtleistung (Leistungsbudget) und den Gesamtkosten (Addition der Kostenbudgets für Material, Personal, Abschreibungen, Zinsen, Wagnisse und Fremdleistungen) oder

❏ nach dem **Umsatzkostenverfahren** die Differenz zwischen dem Umsatz und den Selbstkosten der abgesetzten Produkte.

Das Betriebsergebnis ist bei beiden Verfahren gleich hoch. Werden zu dem budgetierten Betriebsergebnis die geplanten kalkulatorischen Abschreibungen und Zinsen sowie die Veränderungen der Pensionsrückstellungen (als Differenz der erwarteten Zuführungen und effektiven Rentenzahlungen) addiert, ergibt sich der geplante **Brutto-Cashflow** der Periode.

2.8.2 Neutrales Ergebnis

Die **dominanten Größen** der Neutralen Ergebnisrechnung des Budgetjahres sind:

❑ **Betriebsfremde Erträge und Aufwendungen**, die sich schwerpunktmäßig aus Währungsdifferenzen, Finanzgeschäften und/oder aus dem Verkauf nicht betriebsnotwendiger Vermögensteile resultieren.

❑ **Periodenfremde Erträge und Aufwendungen**, die aus Vorjahren stammen, jedoch erst im Budgetjahr ergebniswirksam werden, d.h. die im Zusammenhang mit der Bildung und Auflösung von Rückstellungen bzw. Wertberichtigungen anfallen.

❑ **Außerordentliche Erträge und Aufwendungen**, die für den Geschäftsablauf ungewöhnlich sind oder rein zufällig eintreten (z.B. nicht versicherter Schadensfall).

Außerdem müssen die bilanziellen Abschreibungen, die effektiven Zinsen für das Fremdkapital und die tatsächlichen Schäden mit den entsprechenden **kalkulatorischen Kosten** (Anders- und Zusatzkosten) verrechnet werden, da diese bereits in der Betriebsrechnung berücksichtigt wurden. Dabei lässt sich grundsätzlich feststellen, dass das Verrechnungsergebnis der Abschreibungen mit dem Alter der Sachanlagen und das Verrechnungsergebnis der Zinsen mit dem Eigenkapitalanteil an der Kapitalstruktur steigt. Sind in der Periode die kalkulatorischen Abschreibungen höher als die bilanziellen Abschreibungen, entstehen **Scheingewinne**, die – wie bereits erwähnt – im Falle ihrer Versteuerung zu einer realen Substanzvernichtung im Unternehmen führen.

Die meisten der in der Neutralen Ergebnisrechnung enthaltenen Positionen lassen sich nur schwer budgetieren, weil die dahinter stehenden Maßnahmen und Ereignisse durch das Unternehmen nur **in Grenzen beeinflussbar** sind. Da das Gesamtergebnis aber auch die Auswirkungen solcher Positionen mit einschließt, müssen diese der Höhe und ihrem zeitlichen Anfall nach geschätzt (prognostiziert) werden. Dabei wird man sich häufig an Erfahrungswerten orientieren.

2.9 Finanz- und Bilanzbudget

Im **Finanzbudget** werden der Finanzmittelbedarf bzw. -überschuss durch Gegenüberstellung der im Budgetjahr vorgesehenen Mittelverwendung den verfügbaren bzw. noch benötigten Finanzmitteln (Mittelherkunft) in einer Bewegungsbilanz ermittelt.

Die in der **Bewegungsbilanz** enthaltenen Positionswerte werden

❑ aus anderen **Einzelbudgets** übernommen (z.B. Investitionen und Desinvestitionen aus dem Investitionsbudget, Veränderungen der Werkstoff- und Handelswarenbestände aus dem Materialbudget, Veränderungen der unfertigen und fertigen Eigenerzeugnisse aus dem Produktionsbudget und der Gewinn aus den Ergebnisbudgets),

❑ durch **Finanzstrategien** vorgegeben (z.B. Kapitalerhöhung, Aufnahme von Fremdkapital, Rückkauf eigener Aktien),

❑ durch **Verträge** oder andere Vereinbarungen bestimmt (z.B. Schuldentilgung),

❑ durch **Nebenrechnungen** ermittelt (z.B. Veränderung der Pensionsrückstellungen gemäß eines in Auftrag gegebenen versicherungsmathematischen Gutachtens).

Zum Ausgleich eines Saldos zwischen Mittelherkunft und -verwendung können als **Pufferposten** die kurzfristigen Verbindlichkeiten dienen.

In Erweiterung der Bewegungsbilanz kann auch eine **Kapitalflussrechnung** vorgenommen werden. Diese hätte dann die Aufgabe, die Zahlungsmittelherkunft und -verwendung getrennt nach folgenden drei *Tätigkeitsbereichen* darzustellen *(Wysocki):*

❑ **Laufende Geschäftstätigkeit**, was im Wesentlichen mit der Beschaffung bzw. dem Verbrauch von Produktionsfaktoren und dem Umsatz zu tun hat.

❑ **Investitionstätigkeit**, die den Mitteleinsatz und seine Rückflüsse betrifft.

❑ **Finanzierungstätigkeit**, deren Ausweis von Veränderungen der Kapitalstruktur eine Abschätzung künftiger Ansprüche der Kapitalgeber gegenüber dem Unternehmen erleichtert.

Den Abschluss der Kapitalflussrechnung bildet ein *Finanzmittelnachweis*, der als **Fondsveränderungsrechnung** die Überleitung vom Finanzmittelbestand am Anfang des Budgetjahres, über die Zahlungssalden der drei genannten Tätigkeitsbereiche bis hin zum Finanzmittelbestand am Ende des Budgetjahres vornimmt.

Das **Bilanzbudget** (Planbilanz) ergibt sich aus der Zusammenfassung von Ausgangsbilanz (erwartete Schlussbilanz des *laufenden* Geschäftsjahres) und Bewegungsbilanz bzw. Kapitalflussrechnung des Budgetjahres.

Im Budgetjahr t_1 verändert sich die Bilanz (mit Zahlenangaben in Tsd €) eines Industriebetriebs voraussichtlich wie folgt:

Bilanzen

Aktiva	Erwartet t0	Plan t1	Passiva	Erwartet t0	Plan t1
Sachanlagen	7.400	9.200	Nennkapital	5.000	5.000
Finanzanlagen	0	1.000	Rücklagen	800	800
Vorräte	4.400	4.600	Pensionsrückstellg.	5.700	6.300
Forderungen	6.000	5.800	Bankdarlehen	4.100	5.300
Flüssige Mittel	2.000	2.100	Sonst. Verbindlk.	4.200	4.900
			Gewinn	0	400
Bilanzsumme	19.800	22.700	Bilanzsumme	19.800	22.700

Das Sachanlagevermögen (in Tsd €) entwickelt sich voraussichtlich gemäß nachstehender Übersicht:

Anfangsbestand	Investitionen	Abschreibungen	Endbestand
7.400	3.300	1.500	9.200

Wie hoch werden im Budgetjahr
1. der gesamte Kapitalbedarf,
2. der (Brutto-)Cashflow und
3. der von außen zu deckende Finanzbedarf sein?

Seite 245

3. Budgetvorgaben

Werden die im Budgetdurchlauf ermittelten Gewinn- und Rentabilitätsgrößen als nicht zufrieden stellend angesehen, müssen die Einzelbudgets mit neuen Eck- bzw. Strukturwerten und geänderten Geschäftsvolumen durchgerechnet werden. Dabei sollten die Verantwortlichen innerhalb der Budgethierarchie die Möglichkeit erhalten, die im **Top-down-Vorlauf** ermittelten Budgetpositionen auf ihre Realisierbarkeit hin zu überprüfen, um im **Bottom-up-Rücklauf** begründete Korrekturen in den jeweils übergeordneten Budgets geltend zu machen.

Ermitteln Sie anhand nachstehender Budgetwerte (in Tsd €) die Umsatzgewinnrate, den Kapitalumschlag und den Return on Investment (ROI), wobei Sie vereinfachend davon ausgehen, dass das Unternehmen ohne Fremdkapital arbeitet!

Umsatz	11.000
Sachanlagevermögen	1.500
Gemeinkosten	5.690
Werkstoff-Bestand	450
Einzelkosten	4.900
Halbfabrikate	650
Forderungen	310
Flüssige Mittel	85
Erhaltene Anzahlungen	100
Sonstige zinslose Verbindlichkeiten	60
Neutrales Ergebnis	+ 200
Fertigfabrikate	550

Seite 245

Um die Rechenarbeit in Grenzen zu halten, empfiehlt sich die Anwendung computergestützter **Tabellenkalkulationen**. Werden die vorstehend beschriebenen Einzelbudgets in miteinander verknüpfte Tabellen übertragen, sind „Was-ist-wenn-Analysen" möglich, indem gezeigt wird, wie sich Veränderungen von unabhängigen Variablen, wie etwa Preise, Qualitäten und/oder Mengen, auf die abhängigen Variablen, also Gewinne und/oder Renditen auswirken. Auf diese Weise kann man mit unterschiedlichen Prämissen verschiedene **Budgetalternativen** durchspielen, von denen schließlich eine von der Unternehmensleitung auszuwählen und zu genehmigen ist. Die genehmigten Einzelbudgets bilden für alle Organisationseinheiten und deren Verantwortliche die **Vorgaben für das Budgetjahr**.

Aus den Vorgaben lassen sich die **Plankosten** (Standard Costs) für die Funktionsbereiche ableiten. Bezüglich der dazu geeigneten Techniken wird auf die Spezialliteratur verwiesen. Darüber hinaus ist im Top-down-Vorgehen eine verursachungsgerechte Verteilung der Plankosten auf **Kostenstellen** und noch weiter nach **Prozessen** üblich, um – wie in nachstehender Abbildung angedeutet – die Kostenträger kalkulieren zu können.

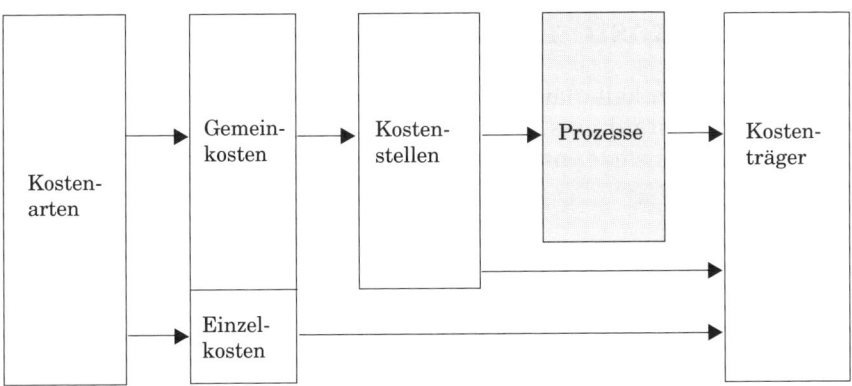

4. Kalkulation der Kostenträger

Mit den Budgetwerten lassen sich die **Kostenträger** (Produkte und Dienstleistungen, aber auch Projekte) kalkulieren.

Durch **Gegenüberstellung** der Ergebnisse der am häufigsten verwendeten Kalkulationsmethoden, nämlich der Zuschlags- und Prozesskostenkalkulation, sollen übersichtsartig deren Unterschiede aufgezeigt werden.

4.1 Zuschlagskalkulation

Verteilt man die budgetierten Kosten (Plankosten) des Unternehmens auf die Kostenträger, und zwar als Einzelkosten direkt oder als Gemeinkosten indirekt (über Kostenstellen und Prozesse), liegt der Fall einer **Zuschlagskalkulation** vor.

Werden in herkömmlicher Weise nur die *Funktionsbereiche* Beschaffung (Material), Fertigung (Produktion), Vertrieb (Absatz) und Verwaltung (einschließlich Controlling) berücksichtigt, hat die Zuschlagskalkulation das folgende **Aussehen**:

Zuschlagskalkulation		
Zeile	**Position**	**Gruppierung**
1	Materialeinzelkosten	Materialkosten
2	+ Materialgemeinkosten (%)	
3	+ Lohneinzelkosten	Fertigungskosten
4	+ Fertigungsgemeinkosten (%)	
5	+ Sondereinzelkosten der Fertigung	
6	= Herstellkosten (HK)	
7	+ Verwaltungsgemeinkosten (% von HK)	Verwaltungs- und Vertriebskosten
8	+ Vertriebsgemeinkosten (% von HK)	
9	+ Sondereinzelkosten des Vertriebs (soweit nicht Erlösschmälerungen)	
10	= Selbstkosten	
11	+ Gewinnzuschlag (in % vom Netto-Verkaufspreis)	
12	= Netto-Verkaufspreis (ohne MwSt)	

4.2 Prozesskostenkalkulation

Bei der Prozesskostenkalkulation handelt es sich ebenfalls um ein **Umlageverfahren auf Vollkostenbasis**, das die relativen Gemeinkostenzuschläge ersetzt durch *absolute* Kostensätze entsprechend der in den Kostenstellen vorkommenden Prozesse.

Bezüglich des Zusammenhangs der Prozesse untereinander ist von der eingangs dargestellten **Prozesshierarchie** auszugehen.

Üblicherweise läuft die Prozesskostenkalkulation in **mehreren Schritten** ab:

1. Schritt: Klassifizierung der Vorgänge

Unterschieden werden Vorgänge danach, ob sie

❏ **mengenabhängig** in Bezug auf die innerhalb der Kostenstelle zu erbringende Leistung sind, wie etwa die *Anzahl* von Aufträgen, Bestellungen, Umrüstungen, Transporten, Lieferungen, Buchungen, Kalkulationen, oder

❏ **mengenunabhängig** (neutral) in Bezug auf nicht quantifizierbare Arbeiten (wie z.B. für die Leitung einer Kostenstelle) sind.

Für jeden mengenabhängigen Vorgang ist eine **Bezugsgröße** (Kostentreiber) festzulegen, die die Kosten maßgeblich beeinflusst und deshalb die Grundlage für die verursachungsgerechte Weiterverrechnung der Gemeinkosten ist. Um die Prozesskostenrechnung überschaubar zu halten, sollte die Anzahl der Kostentreiber möglichst klein sein.

2. Schritt: Ermittlung der Kosten eines Vorgangs

Zunächst sind die **primären Kosten** der Vorgänge zu ermitteln. Das kann *direkt* erfolgen, indem Kosten entsprechend der geplanten Mengen verteilt werden. Es kann aber auch *indirekt* geschehen, indem die Stellenkosten über Schlüssel (z.B. Anzahl der Beschäftigten) auf die Vorgangsarten verteilt werden. Schwierig wird die Angelegenheit dann, wenn Personen an verschiedenen Vorgängen beteiligt sind.

Danach sind die Kosten der mengenneutralen Vorgänge **sekundär**, d.h. per Umlage auf die mengenabhängigen Vorgänge zu verteilen. Das geschieht meistens proportional zu den primären Kosten. Alternativ dazu besteht auch die Möglichkeit, die im Zusammenhang mit mengenneutralen Vorgängen anfallenden Kosten stellenübergreifend in einer Sammelposition zusammenzufassen und dann über prozentuale Zuschläge auf die Gesamtsumme der mengenabhängigen Einzel- und Prozesskosten des jeweils betrachteten Kostenträgers zu verteilen.

Zu den **Vorgangskosten** gelangt man, indem man – bezogen auf einen mengenabhängigen Vorgang – deren primäre und sekundäre Kosten addiert. Werden die Vorgangskosten dann durch die Vorgangsmenge dividiert, erhält man den **Vorgangskostensatz**. Dieser kann, sofern der Vorgang (im Sinne eines Einzelprozesses) nicht mit anderen Vorgängen verknüpft wird, unmittelbar in die Produktkalkulation einfließen.

3. Schritt: Ermittlung der Kosten einer Prozesskette

Werden Vorgänge, zwischen denen ein sachlicher Zusammenhang besteht, miteinander verknüpft, entsteht – wie eingangs ausgeführt – eine **Prozesskette.**

Die **Anzahl der Vorgänge** innerhalb einer Prozesskette ist abhängig von der Unterschiedlichkeit der Produkte und der angestrebten Genauigkeit der zu kalkulierenden Produktkosten.

Werden die Kostensätze der sachlich zu einer Prozesskette gehörenden Vorgänge kostenstellenübergreifend addiert, ergibt sich der **Prozesskostensatz.**

Für den Fall, dass sich für bestimmte Gemeinkosten eine prozessorientierte Verrechnung nicht lohnt oder diese sich nicht eindeutig einer Prozesskette zuordnen lassen, kann ein **Restgemeinkostensatz** gebildet werden.

4. Schritt: Produktkalkulation

Die auf ein Produkt verrechneten (absoluten) Einzel- und Prozesskosten sowie die (relativen) Restgemeinkosten ergeben die **Stückkosten** dieses Produkts.

4.3 Gegenüberstellung der Ergebnisse

Ein **Vergleich der Kalkulationsverfahren** zeigt die „kritische Menge", ab der die Prozesskostenkalkulation zu niedrigeren Stückkosten führt als die Zuschlagskalkulation.

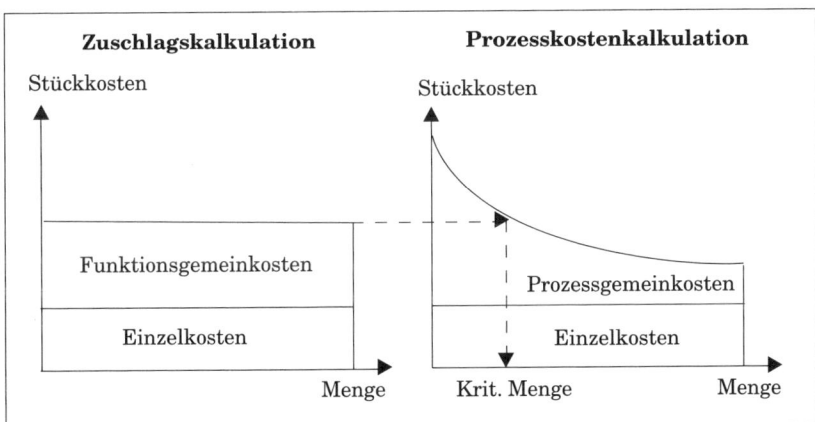

Die **Ergebnisunterschiede** kommen zu Stande, weil bei der

❏ Zuschlagskalkulation die Gemeinkostenzuschläge auf die Einzelkosten **relativ** (in %) sind, d.h. unabhängig von der Menge führt das zu konstanten, d.h. mengenunabhängigen Stückkosten.

❑ Prozesskostenkalkulation die Gemeinkostenzuschläge auf die Einzelkosten überwiegend **absolut** (in Geldeinheiten) sind, d.h. mit zunehmender Menge ergeben sich degressiv fallende Stückkosten.

Daraus folgt: Bei einer kleinen Produktionsmenge (z.B. einer exotischen Produktvariante) führt die Prozesskostenkalkulation zu höheren Stückkosten als die Zuschlagskalkulation. Wer also etwas Besonderes haben möchte, muss dafür zahlen. Umgekehrt sind bei einer Rennervariante die Stückkosten vergleichsweise niedriger. Den selben Sachverhalt kann man allerdings auch bei der Zuschlagskalkulation erreichen, und zwar durch den Ansatz von Mengenrabatten.

5. Budgetüberwachung

Vom Beginn des Budgetjahres an kommt es zur **Budgetrealisation**, deren Ergebnisse im Rahmen einer kalenderzeitgesteuerten (etwa monatlichen) Kontrolle gemessen werden.

Hauptaufgabe der Budgetüberwachung ist die Feststellung und Analyse von Abweichungen. Eine **Abweichungsanalyse** ist immer dann durchzuführen, wenn für eine Budgetgröße ein vorgegebener **Toleranzwert** über- oder unterschritten wird.

Weit verbreitet ist die Ermittlung der **Abweichungen von Kostenstellenkosten** mithilfe des Betriebsabrechnungsbogens. Unter der Annahme, dass die Ist-Kosten periodenrichtig erfasst und verursachungsgerecht auf die Kostenstellen verteilt wurden, kann sich bei angenommener **Unterbeschäftigung** ($x_i < x_p$) für eine Kostenstelle das folgende Bild ergeben (umgekehrt wäre bei Überbeschäftigung $x_i > x_p$):

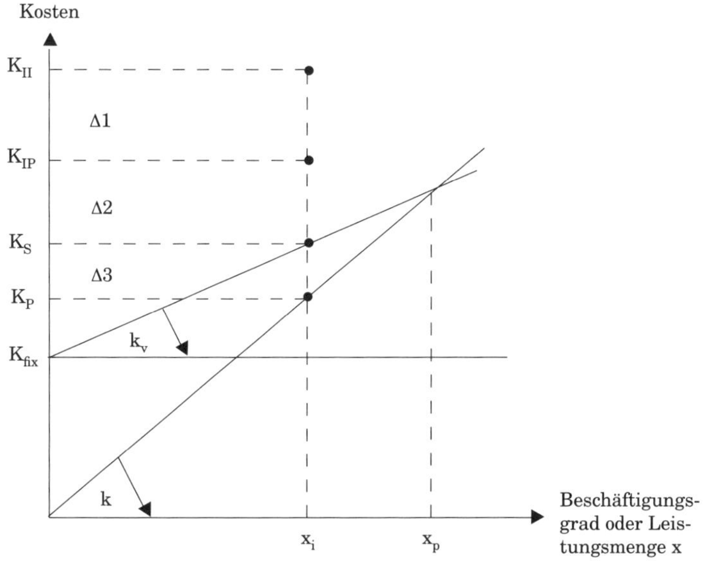

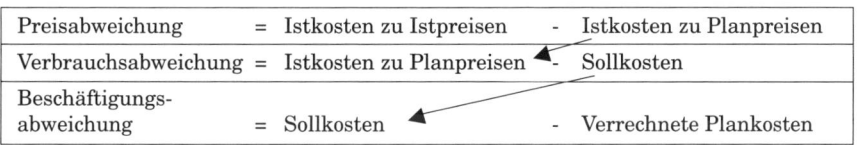

Darin sind:

Δ 1 = Preisabweichung
Δ 2 = Verbrauchsabweichung
Δ 3 = Beschäftigungsabweichung

mit
K_{II} = Istkosten zu Istpreisen
K_{IP} = Istkosten zu Planpreisen
K_S = Sollkosten $(= K_{fix} + k_v \cdot x_i)$
K_P = Verrechnete Plankosten $(= k \cdot x_i)$
K_{fix} = Fixkosten
k = Planverrechnungssatz $(=$ Plankosten$/x_p)$
x_i = Ist-Beschäftigungsgrad
x_p = Plan-Beschäftigungsgrad $(= 100\,\%)$

Unabhängig davon, ob eine Unter- oder Überbeschäftigung vorliegt, lassen sich Abweichungen nach folgendem **Schema** berechnen.

Preisabweichung	= Istkosten zu Istpreisen	-	Istkosten zu Planpreisen
Verbrauchsabweichung	= Istkosten zu Planpreisen	-	Sollkosten
Beschäftigungs-abweichung	= Sollkosten	-	Verrechnete Plankosten

Dabei sind:

❑ **Preisabweichung**, die sich nur für solche Kostenarten feststellen lässt, die ein geplantes Mengen- und Preisgerüst haben, wie beispielsweise die Einzelkosten. Für Preisabweichungen verantwortlich sind Kostenstellenleiter nur dann, wenn sie Einfluss auf die Preise haben.

❑ **Verbrauchsabweichung** als Mengenabweichung, die grundsätzlich von den Kostenstellenleitern zu vertreten ist.

❑ **Beschäftigungsabweichung**, die angibt, welcher Teil der fixen Kosten ungenutzt (leer) bleibt. Für Kostenremanenzen bei Unterbeschäftigung sind die Kostenstellenleiter meistens nicht verantwortlich, weil sie die Höhe der zu viel oder zu wenig verrechneten Fixkosten kaum beeinflussen können.

> Das Unternehmen hat für das erste Quartal des Budgetjahres die Beschichtung von 250 Geräten auf der Grundlage folgender Daten geplant:
>
> | | |
> |---|---|
> | Materialpreis | 5 €/kg |
> | Materialverbrauch | 8 kg/Gerät |
> | Fixkosten | 6.000 €/Quartal |
>
> Die Ist-Beschäftigung im ersten Quartal beträgt nur 200 Geräte. Der Materialpreis ist dabei auf 6,50 €/kg gestiegen und der Materialverbrauch wird mit 9 kg/Gerät festgestellt.
>
> Ermitteln Sie auf der Grundlage der flexiblen Plankostenrechnung die
>
> 1. gesamten Plankosten und die verrechneten Plankosten pro Gerät,
> 2. Preisabweichung,
> 3. Verbrauchsabweichung und
> 4. Beschäftigungsabweichung.

Seite 246

Analysierte Kostenabweichungen lassen sich auf folgende **Ursachen** zurückführen:

❑ Abweichungen mit **zufälligen**, d.h. vom Handlungsträger nicht beeinflussbaren Ursachen (z.B. unerwartete Veränderungen der Umweltbedingungen oder unvorhersehbare Störungen in Unternehmensprozessen).

❑ Abweichungen, die **systematisch** und damit vom Handlungsträger beeinflussbar sind, wenn der Budgetansatz falsch war (etwa Fehler beim Formelaufbau durch Vernachlässigung von Einflussgrößen, bei der Spaltung der Kosten in fixe und variable Bestandteile oder bei der Rechnung), Unstimmigkeiten bei den Durchführungsanweisungen bestanden (z.B. Verfahrensfehler oder fehlende Koordination) und/oder ganz allgemein bei menschlichem Versagen im Vollzug (Ausführungsfehler).

Auch **Erlösabweichungen** sind festzustellen und zu analysieren, sofern die Produkte bzw. Produktgruppen getrennt nach Mengen und Preisen geplant wurden. Dabei lassen sich unterscheiden:

❑ **Preisabweichungen**, wenn andere als die kalkulierten Verkaufspreise auf den Absatzmärkten erzielt wurden (z.B. wegen Preisdifferenzierung oder durch Preisnachlässe).

❑ **Mengenabweichungen**, verursacht durch den Einsatz des Marketing-Mix und/oder externe Faktoren (z.B. Veränderungen des Marktvolumens). Wird bei festgestellten Mengenabweichungen nach Vertriebswegen unterschieden, erhöhen neue Vertriebswege – wie bereits ausgeführt – die Gefahr einer Kannibalisierung der Mengen bisheriger Vertriebswege.

❏ **Strukturabweichungen** durch Veränderung des Produkt-Mix, wobei davon ausgegangen wird, dass zwischen den Produkten innerhalb des Sortiments substitutionale bzw. komplementäre Beziehungen bestehen. Während bei Substitutionalität (Up-/Down-Selling) eine Produktvariante zu Lasten einer anderen Produktvariante mehr verkauft werden kann, erhöht sich bei Komplementarität (Cross-Selling) der Absatz aller voneinander abhängigen Produkte (z.B. Digitalkamera und Fotodrucker).

Erfahrungsgemäß ist die **Erlöskontrolle** um einiges komplizierter als die Kostenkontrolle, weil die Produktverantwortlichen über die Wirkungen der Marketinginstrumente (einschließlich Produktpreis und -qualität) auf die Absatzmengen und die gegenseitigen Produktabhängigkeiten häufig nur ungenaue Vorstellungen haben, was zu Schwierigkeiten bezüglich der Abgrenzung und Interpretation der genannten Abweichungen führt.

6. Vorschaurechnungen

Sind die Ursachen der Budgetabweichungen festgestellt, kann eine **Vorschau** (Forecast) im Sinne einer Hochrechnung der voraussichtlichen Entwicklung bis Jahresende vorgenommen werden. Das bedeutet, dass bei **Soll-Wird-Vergleichen** dieselben Rechenschritte erfolgen müssen wie zuvor bei der Budgeterstellung.

Sofern keine anderen Gründe dagegen sprechen, erfolgen Vorschaurechnungen **quartalsweise** in einer in der nachstehenden Abbildung enthaltenen Weise:

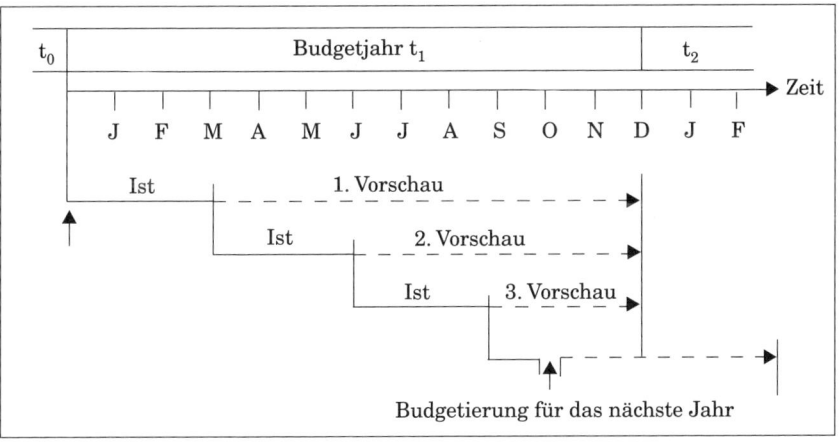

Dieser Sachverhalt lässt sich auch **formularmäßig** wie folgt darstellen:

Budgetkontrolle													
	Monat			Kumuliert seit Jahresanfang			Kumuliert restliche Zeit bis 31.12.		Gesamtjahr				
Posi-tion	Bud-get	Ist	Abweichung abso-lut / %	Bud-get	Ist	Abweichung abso-lut / %	Bud-get	Vor-schau	Budget	Vor-schau	Abweichung abso-lut / %		
1	2	3	4 · 5	6	7	8 · 9	10	11	12=6+10	13=7+11	14 · 15		
	In den Zeilen dieses Formulars sind die Werte (in Tsd € oder Mio €) der relevanten Strom- und Bestandsgrößen enthalten.												

7. Nachsteuerung

In der letzten Phase der Kontrollfunktion geht es darum, dass für den Fall bereits eingetretener und/oder noch erwarteter Abweichungen im Rahmen der Anpassungsmöglichkeiten liegende **Korrekturhandlungen** ausgelöst werden. Dieses sind Aktionen zur Verstärkung ergebnis-*positiver* Abweichungen und zur Beseitigung (Gegensteuerung) ergebnis-*negativer* Abweichungen.

Um korrigierende Aktionen im Bedarfsfall ohne großen Zeitverlust einleiten zu können, sind Abweichungen möglichst früh und schnell festzustellen. Dem Risiko der Verzögerung einer notwendigen Reaktion (etwa wegen Arbeitsüberlastung) steht allerdings die Gefahr eines zu schnellen Reagierens gegenüber, die sich in einer **Übersteuerung der zu korrigierenden Aktionen** äußert.

Da sich die Wirkung einer Nachsteuerung im Unternehmen nur selten auf eine einzelne Betrachtungsgröße beschränkt, sondern vielmehr simultanen **Einfluss auf mehrere Größen** haben wird, erscheint es zweckmäßig, Einzelkorrekturen zu gegebener Zeit nicht nacheinander, sondern komplexe Aktionenbündel parallel oder zumindest zeitlich überlappend zu veranlassen.

Nur in Ausnahmefällen wird das **Controlling** für die Durchführung der Nachsteuerungsmaßnahmen zuständig sein. Sofern die beschlossenen Nachsteuerungen operational formuliert sind, lassen sich aber regelmäßig oder fallweise durch das Controlling sowohl deren Umsetzung als auch die dadurch erreichten Wirkungen überwachen und beurteilen.

Erläutern Sie, was unter folgenden Begriffen zu verstehen ist, die Sie in diesem Kapitel kennen gelernt haben:

○ Budgetierung   ○ Beyond Budgeting
○ Eckwerte   ○ Aktienoptionen
○ Strukturwerte   ○ Bewegungsbilanz
○ Kapazität   ○ Prozesskosten
○ Beschäftigung   ○ Forecast

Seite 246

Lösungen
zu den Übungen

Zielvorstellungen der Stakeholder		
Anspruchsgruppen	Zielgrößen	Ausprägungen
Arbeitnehmer	Einkommen	Hoch
Gläubiger	Zinsen	Hoch
Lieferanten	Materialpreise	Hoch
Kunden	Produktpreise	Niedrig
Staat	Ertragsteuern	Angepasst
Eigentümer	Dividende	Hoch
	Zuführung zu den offenen Rücklagen	Hoch

Ursachen für den Risikoschub von Kollektiventscheidungen:

❑ **Risiko als sozialer Wert**, d.h. schon die Anwesenheit anderer Personen lässt die eigene Risikobereitschaft steigen.

❑ **Höherer Informationsstand**, d.h. die Unsicherheit der Zukunft lässt sich reduzieren, wenn jeder Einzelne sein Wissen in die Gruppendiskussion einbringt.

❑ **Teilung von Verantwortung**, d.h. die Einzelperson hat das Gefühl der Anonymität und fühlt sich deshalb bei einer Fehlentscheidung nicht allein verantwortlich.

❑ **Vertrautheit mit dem Problem**, d.h. früher gemachte positive Erfahrungen für gleiche und ähnliche Probleme machen Mut.

❑ **Führerschaft**, d.h. besonders risikofreudige Gruppenmitglieder beeinflussen den Rest der Gruppe.

Bewertung von Risiken:

Kleine Schäden	=	5 Tsd x	4	=	20.000 €
Mittlere Schäden	=	720 Tsd :	12	=	60.000 €
Große Schäden	=	9,6 Mio :	120	=	80.000 €
Gesamterwartungswert/Monat				=	160.000 €

In Höhe dieses Betrags ist revolvierend eine monatliche Reserve für Wagnisse zu bilden, die durch die Verrechnung mit den tatsächlich eingetretenen Schäden wieder aufgelöst wird!

Einordnung des Controlling in die Unternehmensorganisation:

❑ Um die **Service- und Querschnittsfunktion** über alle Bereiche und Ebenen des Unternehmens wahrnehmen zu können, ist Controlling im oberen Teil der Hierarchie organisatorisch zu verankern.

❑ Als **Linienstelle** ergeben sich für das Controlling die Vorteile der Weisungsbefugnis und der Nähe zu den relevanten Prozessen.

❑ Die Vorteile des Controlling als **Stabstelle** bestehen in der Unabhängigkeit und Neutralität.

Siehe MiniLex (S. 247 ff.)

$$\text{Produktivität} = \frac{1{,}5 \text{ Liter}}{0{,}75 \text{ kg}} = 2 \text{ Liter/kg}$$

$$\text{Wirtschaftlichkeit} = \frac{1{,}5 \times 0{,}7}{0{,}75 \times 0{,}60} = 2{,}3 \text{ (dimensionslos)}$$

Da der Deckungsbeitrag um den Betrag der Fixkosten höher ist als der Gewinn, lautet die Antwort: **Deckungsbeitrag**.

Dazu ein **Beispiel**:

Deckungsbeitrag: 100 Geldeinheiten (GE). Davon 10% = 10 GE

Fixkosten: 70 GE (angenommen)

Gewinn = 100 - 70 = 30 GE. Davon 10 % = 3 GE

$$\text{Break-even-Menge} = \frac{400.000}{10 - 6} = 100.000 \text{ Stück}$$

$$\text{Break-even-Umsatz} = \frac{400.000}{1 - (6 : 10)} = 1.000.000 \text{ €}$$

$$\text{Sicherheitsabstand} = (1 - \frac{400.000}{(10 - 6) \times 150.000}) \times 100 = 33 \ 1/3 \ \%$$

Wertschöpfung:

❑ Im **Industriebetrieb** werden Waren beschafft und zu Produkten verarbeitet, die dann verkauft werden.

❑ Im **Handelsbetrieb** werden ebenfalls Waren beschafft, die allerdings unverändert weiter verkauft werden.

Ergebnis: Da in Handelsbetrieben die Stufe der Be- und Verarbeitung fehlt, ist die Eigenleistung (Wertschöpfung) je € Umsatz *kleiner* als in Industriebetrieben.

Mass Customization als hybride Wettbewerbsstrategie:

❑ Um **Produktvielfalt** im Sinne von Mass Customization realisieren zu können, sind verschiedene Voraussetzungen zu erfüllen: Kunden, die ihre Bedürfnisse und Wünsche als Orientierungspunkte für die Bedarfsdeckung formulieren, werden zum Kernpunkt aller internen Prozesse. Baukastensysteme erlauben eine Modularisierung der Komponenten. Produktion (Eigenfertigung) oder Beschaffung (Fremdbezug) großer Stückzahlen der Komponenten sind ebenso vorgesehen wie die Verlagerung der Produktkonfiguration möglichst nahe zum Kunden hin.

❑ Bei **Produktvarianten** handelt es sich auch um differenzierte Produkte, die aber im Unterschied zum modularen Leistungsangebot vom Anbieter vorkonfiguriert sind. Sonder- oder Zusatzwünsche muss der Kunde in der Regel extra bezahlen.

Wird vereinfachend als Maß für das Kostenstrukturrisiko der **Anteil der Fixkosten** an den Gesamtkosten angesehen, lassen sich im kritischen Fall eines Umsatzrückgangs und der dabei bestehenden Remanenzwirkungen die Gesamtkosten um so langsamer abbauen, je höher der Anteil der Fixkosten ist. Die Behauptung kann somit vertreten werden.

Zur **Verringerung des Kostenstrukturrisikos** kann versucht werden, durch Outsourcing den Anteil der Fixkosten an den Gesamtkosten zu senken.

Siehe MiniLex (S. 247 ff.)

❑ **Ist Planung ohne Kontrolle überflüssig?** Die Realität kann und wird sich meistens anders entwickeln als durch die Planung vorgedacht. Wann und wo das im Unternehmen der Fall ist, muss kontrolliert werden.

❑ **Ist Kontrolle ohne Planung unmöglich?** Durch die Planung werden diejenigen Größen bestimmt, die zu gegebener Zeit zu kontrollieren sind. Fehlen Planvorgaben, können diese auch nicht kontrolliert werden.

Ergebnis: Die Behauptung ist in beiden Fällen zutreffend!

Kriterien	Strategische Kontrolle	Operative Kontrolle
Planbezug	Strategische Planung	Operative Planung
Zeitbezug	Ex-ante	Ex-post
Schwerpunkt	Prämissenkontrolle	Ergebniskontrolle
Art der Kontrolle	Soll-Wird-Vergleich	Soll-Ist-Vergleich
Häufigkeit	Laufend, ad hoc	Periodisch
Abweichungen	Vermeidung	Beseitigung
Auswirkungen auf die Planung	Pläne werden geändert	Pläne (Budgets) werden durch Vorschauen ergänzt

❑ **Vorteile von Selbstkontrollen:** Schnelligkeit in der Durchführung, hohe Motivation und individueller Lernerfolg der Kontrollträger, Entlastung des Controlling von Fremdkontrollen.

❑ **Nachteile von Selbstkontrollen:** Gefahren der Unterlassung und der Manipulation sowie das rechtfertigende Verhalten der Kontrollträger.

Die Nachteile von Selbstkontrollen machen Fremdkontrollen, unter anderem durch das Controlling, notwendig.

Führungsprinzipien

❑ **Management by Objectives:** Es werden Toleranzgrenzen festgelegt, innerhalb derer die Handlungsträger für Abweichungen selbst verantwortlich sind. Überschreiten Abweichungen diese Toleranzgrenzen, sind andere Stellen (Vorgesetzte, Controlling) darüber in Kenntnis zu setzen.

❑ **Management by Exception:** Abweichungen sind festzustellen und durch Analysen sind deren Ursachen zu ermitteln. Bei außergewöhnlichen Ursachen, d.h. nur in Ausnahmesituationen, ist ein Eingreifen von übergeordneten Führungskräften mit entsprechend größeren Handlungsspielräumen (Verantwortung) vorzusehen.

Siehe MiniLex (S. 247 ff.)

Informationsasymmetrien

1. **Begriff:** Die am Unternehmen interessierten Stakeholder haben jeweils einen unterschiedlichen Informationsstand.

2. **Entstehung:** Wegen der Nähe zu den Geschäften hat das Management den höchsten Informationsstand.

3. **Principal Agent-Ansatz:** Das Management (Agent) verfolgt *auch* andere Interessen als die Eigentümer (Principal). So kann der Agent dem Principal gegenüber sowohl Informationen verheimlichen, als auch unterlassene Handlungsmöglichkeiten verschweigen, die für das Management unvorteilhaft wären.

4. **Beseitigung:** Durch breite Streuung von Informationen (Information Sharing) kann das Controlling zu einer besseren Informationsverteilung im Unternehmen beitragen. Das wird aber denjenigen Managern nicht gefallen, die einen Informationsvorsprung als Basis ihrer Machtposition anstreben. Daher kommt Systemen eine zunehmende Bedeutung zu, die monetäre Anreize schaffen, damit sich Manager mehr mit den Interessen der Eigentümer identifizieren. Die Höhe der monetären Anreize kann sich am Übergewinn orientieren.

Gefahren der Manipulation durch

□ **Verdichtung von Informationen:**
Durch Verdichtung gehen Informationen verloren. Das soll am Fall des Return on Investment (ROI) verdeutlicht werden. Der ROI ist eine aus mehreren Einzelkennzahlen verdichtete Spitzenkennzahl. Abweichungen von Einzelkennzahlen, die sich (zufällig) ausgleichen, werden dabei nicht sichtbar. Beispielsweise steigt der ROI, wenn (unter der Annahme, dass sonst alles gleich bleibt) das Sachanlagevermögen nicht gekauft, sondern geleast wird. Das allerdings ist eine rein finanzwirtschaftliche Maßnahme, die mit dem eigentlichen Geschäft, nämlich den Gewinn zu steigern, nur wenig zu tun hat.

□ **Filterung von Informationen:**
Der Vorteil einer Filterung von Informationen ist, dass dem Management nur eine begrenzte Informationsmenge zufließt. Dem steht aber als Nachteil gegenüber, dass relevante Informationen ausgegrenzt werden können. Um den Nachteil einzuschränken, kann jeder Manager aufgefordert werden, seinen individuellen Informationsbedarf zu bestimmen und entsprechend der vorhandenen Informations- und Kommunikationstechnologien selbst zu decken.

□ Wertschöpfung/Gesamtleistung = Fertigungstiefe
□ Umsatz mit neuen Produkten/Gesamtumsatz = Innovationsrate
□ Unternehmensumsatz x 100/Umsatz der Branche = Absoluter Marktanteil
□ Fertigungsmenge x 100/Fertigungskapazität = Beschäftigung
□ Fremdkapital/Cashflow = Entschuldungsfaktor
□ Umsatzgewinnrate x Kapitalumschlag = Return on Investment

Kosten-/Nutzen-Rechnung:

□ **Kosten** betreffen alle Anstrengungen, die der Leser aufwenden muss, um einen Bericht durchzuarbeiten und die darin enthaltenen Informationen aufzunehmen.

□ **Nutzen** ist das Ausmaß der Verwertbarkeit der im Bericht enthaltenen Informationen, sei es für anstehende Planungen und Entscheidungen, oder einfach nur zur Verbesserung des eigenen Wissensstands.

Ergebnis: Ein Bericht ist dann als benutzerfreundlich zu bezeichnen, wenn er leicht zu lesen, gut zu verstehen, einfach zu merken, ohne größere Schwierigkeiten zu analysieren und vor allem für jetzige oder spätere Planungen und Entscheidungen zu verwenden ist.

Siehe MiniLex (S. 247 ff.)

□ **Profit Center:** Organisatorisch abgegrenzter Linienbereich mit Ergebnisverantwortung. Die Koordination geschieht vertikal.

□ **Strategische Geschäftseinheit:** Gremium zur Steuerung von Linienbereichen in Bezug auf den Markt (Kunden, Wettbewerber) sowie die Verantwortung für die Schaffung und Erhaltung von Erfolgspotenzialen. Die Koordination geschieht horizontal.

Zwischenbetriebliche Netzwerke können sein

❏ **Polyzentrischer Art:** Alle Netzwerkpartner sind gleichberechtigt. Häufig vorzufinden bei Kooperationen von Unternehmen der gleichen Wertschöpfungsstufe. Beispiel: Fluglinien.

❏ **Fokaler Art:** Ein Netzwerkpartner dominiert, der meistens auch das fertige Produkt vermarktet. Ein Beispiel dafür sind die Zuliefernetzwerke der Automobilindustrie, in denen der Hersteller des Endprodukts (der fokale Partner) mit einer Vielzahl von Zulieferern zusammenarbeitet.

Peitscheneffekt

❏ **Ursachen:** Mangelhafter Informationsaustausch, Fehlprognosen, hohe Losgrößen und starre Variantenzahl. Nach dem *Push-Prinzip* wird die Ware in die Versorgungskette hinein gedrückt, bis die Lager von hinten nach vorne gefüllt sind. Je weiter vorne man sich in der Versorgungskette befindet, desto stärker wirkt dieser Effekt.

❏ **Lösungsansätze innerhalb des Supply Chain-Management:** Durchgängiger Austausch von Informationen auf der Grundlage einer elektronisch verbundenen Informationstechnologie mit standardisierten Schnittstellen und Protokollen, Konvergenz der Logistikkonzepte und Just-in-time-Fertigung bzw.-Lieferung. Nach dem *Pull-Prinzip* wird in der jeweils vorgelagerten Wertschöpfungsstufe erst dann eine Leistung produziert, wenn sie der Kunde anfordert. Dabei müssen alle Stufen so synchronisiert sein, dass im gleichen Takt genau die nachgefragte Menge geliefert wird. Bei standardisierten Endprodukten (z.B. Lebensmitteln) werden im Idealfall die täglichen Abverkaufszahlen der Scanner-Kassen des Einzelhandels auf Extranet-Plattformen bereitgestellt, die dort von den Lieferanten abgerufen werden können, um die Ware nachzuliefern. Nicht standardisierte Endprodukte, die modular aufgebaut sind und Varianten erst spät zulassen, werden dem Kundenwunsch entsprechend erst nach Auftragseingang gefertigt und über Nacht ausgeliefert. In beiden Fällen reichen die Bestände nicht mehr für Wochen, sondern nur noch für Tage bzw. Stunden.

Ein **virtuelles Unternehmen** entsteht, wenn Arbeiten bei Bedarf nicht selbst, sondern von rechtlich und wirtschaftlich selbstständigen Unternehmen erledigt werden. Entsprechend dieser Aufgabenverteilung erfolgt die Selbstkoordination dezentral.

Zur Sicherstellung einer Gesamtkoordination bedarf es der frühzeitigen Festlegung eines **Rahmens**, innerhalb dessen die Zusammenhänge von Verfahren, Methoden und Prämissen transparent gemacht werden, die Schnittstellen zwischen den verteilten Aufgabenträgern definiert und die Art und Menge der zu erbringenden Leistungen (Output) festgelegt sind. Dieser Rahmen darf einerseits nicht zu eng sein, um Vertrauensbeziehungen zu gefährden oder die Leistungsbereitschaft zu verhindern. Umgekehrt darf der Rahmen aber auch nicht zu weit sein, um Gefahren durch opportunistisches Verhalten und bewusste Manipulationen entstehen zu lassen.

Siehe MiniLex (S. 247 ff.)

Produktqualität von Gebrauchsgütern

❏ **Interne Sicht:** Vorhandensein vor allem technischer Eigenschaften, wie z.B. Form, Festigkeit oder Oberfläche der Produkte.

❏ **Externe Sicht:** Eignung des Produkts zur Erfüllung von Kundenwünschen. Dazu gehört auch die Zuverlässigkeit während der Gebrauchsdauer.

Können Kunden die Produktqualität nicht beurteilen, verwenden sie oft den **Preis** als Indikator für die Produktqualität. Da das nicht unbedingt zutreffen muss, besteht seitens der Anbieter die Gefahr der Manipulation. Einen objektiven Qualitäts-/Preisvergleich führen unabhängige Forschungsinstitute, wie z.B. die Stiftung Warentest, durch.

Betriebsgröße – ein strategischer Erfolgsfaktor?

Die **Antwort ist ambivalent**:

❏ **Einerseits** erfordern die Potenzialfaktoren Mensch und Maschine, die letztendlich die (eigene) Betriebsgröße determinieren, aus Gründen der Fixkostendegression eine kritische Menge.

❏ **Andererseits** lässt sich die Betriebsgröße durch Mitwirkung an virtuellen Unternehmen bzw. strategischen Allianzen zügig erweitern.

Die **Ausfallkurve** eines Gebrauchsgutes (so genannte Badewannenkurve) hat folgendes Aussehen:

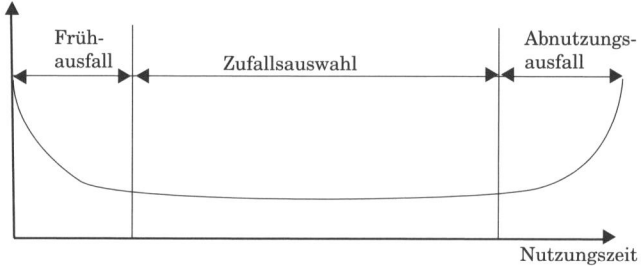

Die Ermittlung **digitaler Kundenprofile** setzt eine Auswertung von Informationen über das Such- und Kaufverhalten von Kunden im Internet voraus. Die Beschaffung solcher Kundeninformationen verursacht Kosten, die vom Controlling zu erfassen und zu bewerten sind.

Als **immaterielle Produkte** können digitale Kundenprofile an das eigene Marketing „verkauft" werden. Umgekehrt lassen sich auch Kundenprofile von Informationsbrokern kaufen.

Multipliziert man den durchschnittlich je Kundenprofil erwarteten Deckungsbeitrag pro Periode mit der Anzahl der (qualifizierten) Kundenprofile, ergibt sich bezüglich des E-Commerce ein **kundenbezogener Deckungsbeitrag**.

Sachverhalt	Strategische Allianz	Unternehmens-akquisition
Basis	Vertrag	Investition
Dauer	Längere Sicht	Unbegrenzt
Koordination	Vereinbarung	Weisungsbefugnis

Siehe MiniLex (S. 247 ff.)

❏ Die **gegenwärtige Situation** sowohl beim Umsatz als auch bei den Finanzen ist relativ gut. Begründung: Das Unternehmen hat mit C und D zwei Cash-Bringer, die den Nachwuchs (A) und den Star (B) finanzieren können.

❏ Was kann das Unternehmen heute für die **Zukunft** tun? Das Unternehmen sollte A und B zügig ausbauen. Es kann ferner daran gedacht werden, weitere Nachwuchsprodukte zu entwickeln oder Lizenzen dafür zu erwerben, die dann zu Stars ausgebaut werden.

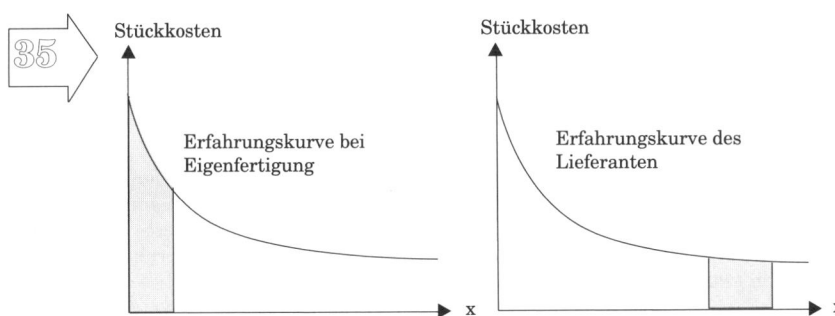

Entwicklung neuer Produkte

❏ Ein **Stand-alone-Produkt** gibt es nur in einer Form, die aber nicht den Wünschen aller Kunden entsprechen muss. Soll ein anderes Produkt neu entwickelt werden, dauert das meistens sehr lange und ist sehr kostenintensiv.

❏ Mit den auf einer **Plattform** entwickelten Produkten hat das Unternehmen die Möglichkeit, diese rasch kundenindividuell anpassen zu können. Oft sind die auf einer Plattform beruhenden Produktvarianten nicht bis ins letzte Detail bestimmt, sondern sie werden als Realoption aufgefasst.

Fall	Eigenkapital	Fremdkapital	Zinsen	Gewinn	Eigenkapital-rendite
a)	800.000	0	0	80.000	10 %
b)	640.000	160.000	12.800	67.200	10,5 %
c)	400.000	400.000	32.000	48.000	12 %
d)	160.000	640.000	51.200	28.800	18 %

Ergebnis: Die Behauptung ist zutreffend! Allerdings wirkt der finanzwirtschaftliche Leverage-Effekt nicht unbegrenzt.

Eigenkapital ist **Risikokapital**, d.h. die erforderliche Eigenkapitalausstattung des Unternehmens ist vom wertmäßigen Risikoumfang (Value at Risk) abhängig, was eine fundierte Risikoanalyse notwendig macht.

Da Eigenkapital in der Regel **teurer als Fremdkapital** ist, sollte unter Rentabilitätsgesichtspunkten ein zu hoher Eigenkapitalanteil vermieden werden.

Das **Wissenskapital** (Intellectual Capital), das mit den immateriellen Vermögenswerten (Intangible Assets) bzw. dem Goodwill des Unternehmens gleichgesetzt werden kann, besteht aus den Gruppen

❏ **Humankapital** als Wert und Basis von Innovation und Erneuerung,

❏ **Beziehungskapital** als Wert der Verbindungen zu den Stakeholdern (einschließlich der Öffentlichkeit) und

❏ **Struktur- und Organisationskapital** als Wert der gesamten Infrastruktur, die Voraussetzung dafür ist, dass die Belegschaft effizient arbeiten kann.

Die **Quantifizierung** dieser und ähnlicher Größen erfolgt anhand von Kennzahlen, deren Veränderungen über die Zeit festgestellt werden. Mittlerweile gibt es auch Ansätze über die Erstellung von Wissensbilanzen.

Diskontierungsfaktoren:

❏ Der **Kalkulationszinsfuß** ist ein Zinssatz, der auch zur Berechnung der kalkulatorischen Zinsen des Unternehmens verwendet wird. Es handelt sich dabei um einen von der Unternehmensleitung autonom vorgegebenen Satz für die geforderte Mindestverzinsung. Dieser Satz lässt außer Acht: Risiko, Steuern, die Kapitalstruktur und den aktuellen Marktzinssatz.

❏ Der **interne Zinsfuß** ist derjenige Zinssatz, der in einer Investition drinsteckt. Er ergibt sich, indem man den positiven Kapitalwert der Investition in einen Zinssatz umrechnet, der dann die Überrendite ausdrückt.

❏ Der als **WACC** bezeichnete Zinsfuß berücksichtigt explizit
   - die *Kapitalstruktur* des Unternehmens (nach dieser richtet sich die durchschnittliche Gewichtung der Kapitalkosten),
   - den derzeit geltenden *Marktzins* einer risikofreien Anleihe (als Basis zur Berechnung der Kostensätze für das Eigen- und Fremdkapital),
   - die *Risiken* (bei den Fremdkapitalkosten ist es der für die Risikoklasse relevante Zuschlag; bei den Eigenkapitalkosten sind es die allgemeine Marktprämie und der spezielle Beta-Faktor),
   - die *Steuern* (als Abschlag auf den Zinssatz für das Fremdkapital).

Balanced Scorecard:

Ausgehend vom **Fachwissen der Mitarbeiter** (Lern- und Wachstumsperspektive) werden die Qualitäten und Durchlaufzeiten der Prozesse verbessert, was zu qualitativ angemessenen und pünktlichen Lieferungen führt (interne Prozessperspektive), die von den Kunden mit Treue belohnt werden (Kundenperspektive), was positive Auswirkungen auf den monetären Erfolg hat (finanzielle Perspektive).

Siehe MiniLex (S. 247 ff.)

Die zur Berechnung der **Planbeschäftigung pro Monat** durchschnittlich ermittelten Personal- bzw. Fertigungsstunden sind:

$5 \times 2 \times 1{,}2 \times 7{,}5 \times (20 - 30/12) \times 0{,}95 = 1.496$ Plan-Stunden/Monat

Versicherungsart	Kostenart	Bilanz-position
Selbstversicherung	Kalk. Wagnisse	Rückstellungen
Fremdversicherung	Fremdleistungs-kosten (Prämien)	Keine Position, da regelmäßiger Geldabfluss

Kalkulatorische Zinsen

Position	Wert	Erläuterungen
Grundstücke	100.000	Einstandpreis
+ Gebäude/Maschinen	250.000	Halber Tageswert
+ Fahrzeuge	25.000	Halber Tageswert
+ Vorräte	104.000	Buchwert, ohne Überbestände
+ Forderungen	60.000	Buchwert
+ Wertpapiere	0	Nicht betriebsnotwendig
+ Flüssige Mittel	15.000	Buchwert
- Abzugskapital	- 20.000	Unverzinsliches Fremdkapital
= Betriebsnotwendiges Kapital	534.000	

davon 10 % = 53.400 € an kalkulatorischen Zinsen/Jahr

Mit einer Trennung in Normal- und Sonderaktionen kann in der traditionellen Budgetierung erreicht werden, dass in den kommenden Budgetjahren die **Normalaktionen** einfach fortgeschrieben werden, während die **Sonderaktionen** in jedem Budgetjahr neu zu begründen sind.

Bewegungsbilanz in t_1			
Kapitalverwendung		Kapitalherkunft	
Sachanlagen	1.800	Forderungen	200
Finanzanlagen	1.000	Pensionsrückstellg.	600
Vorräte	200	Bankdarlehen	1.200
Flüssige Mittel	100	Sonst. Verbindlichk.	700
		Gewinn	400
Summe	3.100	Summe	3.100

Cashflow	
Gewinn	400
Abschreibungen	1.500
Veränderung der Pensionsrückstellungen	600
Gesamt	2.500

Finanzbedarf	
Sachinvestitionen	3.300
Finanzinvestitionen	1.000
Vorräte	200
Flüssige Mittel	100
Gesamt	4.600
abzüglich Forderungen	- 200
abzüglich Cashflow	- 2.500
Von außen zu deckender Finanzbedarf	1.900

Return on Investment

Gewinn		Investiertes Kapital	
Umsatz	11.000	Sachanlagen	1.500
- Einzelkosten	- 4.900	+ Werkstoffe	450
- Gemeinkosten	- 5.690	+ Halbfabrikate	650
+ Neutrales Ergebnis	200	+ Fertigfabrikate	550
= Gewinn	(+) 610	+ Forderungen	310
		+ Flüssige Mittel	85
		- Abzugskapital	- 160
		= Investiertes Kapital	3.385

ROI = (610 x 100/11.000) x (11.000/3.385) = 5,54 x 3,25 = **18 % p.a.**

Ermittlung der

- Gesamt-Plankosten: (250 x 8 x 5) + 6.000 = 16.000 €
- Ist-Plankosten zu Ist-Preisen: ((6,50 x 9) x 200) + 6.000 = 17.700 €
- Beschäftigung: Grad der Ist-Beschäftigung = (200 x 100/250) = 80 %
- Verrechneten Plankosten: 16.000 x 0,8 = 12.800 €
- Sollkosten: (200 x 8 x 5) + 6.000 = 14.000 €
- Preisabweichung: (6,50 - 5,00) x 9 x 200 = + 2.700 €
- Verbrauchsabweichung: (9 - 8) x 5 x 200 = + 1.000 €
- Beschäftigungsabweichung: 14.000 - 12.800 = + 1.200 €
- Gesamtabweichung: 17.700 - 12.800 = + 4.900 € *oder*
                     2.700 + 1.000 + 1.200 = + 4.900 €

Anmerkung: Da alle Abweichungen ein positives Vorzeichen haben, bedeutet das eine Ergebnisverschlechterung gegenüber dem Budget.

Siehe MiniLex (S. 247 ff.)

MiniLex

> Das **MiniLex** enthält die wichtigsten Begriffe, die in diesem Buch behandelt werden. Weitere Begriffe finden sich in:
>
> *Olfert / Rahn, Lexikon der Betriebswirtschaftslehre, Kiehl Verlag*

ABC-Klassifikation	Einteilung von Massen in drei **Klassen**. Die relativ kleine Menge einer Größe (z.B. Materialpositionen, Produkte, Kunden), die einen *großen* Anteil an einer Stromgröße (z.B. Verbrauchswert, Umsatz) hat, wird mit dem Buchstaben A klassifiziert. Umgekehrt wird mit C die große Menge einer Größe klassifiziert, die einen *kleinen* Anteil an derselben Stromgröße hat. Die B-Klasse liegt situativ zwischen A und C.
Absichten	Aussagen über den Betriebszweck, das Geschäftsmodell, die Art und Richtung der angestrebten Unternehmensentwicklung (Visionen), die Einstellungen und generellen Verhaltensweisen gegenüber der Umwelt sowie die Unternehmenskultur.
Abweichungen	Durch Soll-Ist-Vergleiche festgestellte **Differenzen**, die gegebenenfalls analysiert und in vorgelagerte Phasen der Planung bzw. Realisation rückgekoppelt werden.
Aktienoptionen	Mittel zur **monetären Anreizgestaltung**. Um Führungskräfte zu veranlassen, sich im Interesse der Aktionäre zu verhalten, werden sie selbst zu Aktionären gemacht. Das geschieht in der Weise, dass man ihnen jährlich Optionen auf Aktien des Unternehmens zum Kauf anbietet. Diese Optionen erlauben in späteren Jahren den Erwerb der Aktien des Unternehmens zu einem Vorzugskurs, sofern die Aktien bis dahin mindestens oder stärker gestiegen sind als ein vorbestimmter Aktienindex (etwa der DAX oder STOXX).
Balanced Scorecard	Ausgewogene **Sammlung von Kennzahlen** aus mindestens vier Perspektiven: Finanzperspektive, Kundenperspektive, interne Prozessperspektive, Lern- und Wachstumsperspektive. Die Ziele und Maßnahmen dieser Perspektiven werden aus den Visionen und Strategien des Unternehmens abgeleitet. Zwischen den Perspektiven bestehen Ursache-Wirkungs-Beziehungen, die es zu erkennen und zu beachten gilt.
Barwert	Mit einem **Diskontierungsfaktor** auf die Gegenwart abgezinste Einnahmeüberschüsse, die mit einem Bewertungsobjekt verbunden sind und in künftigen Perioden (bis zum Planungshorizont) erwartet werden.
Benchmarking	Vergleich eines Unternehmens mit anderen Unternehmen, um zu lernen, was in Bezug auf die jeweiligen Betrachtungsgrößen (z.B. Bestände, Prozesse) machbar ist. Dabei geht es weniger um den **Vergleich** mit dem Durchschnitt oder der Norm, als vielmehr um den Vergleich mit den Besten (Spitzenleistungsunternehmen).
Beschäftigung	Auslastung der Kapazität (z.B. einer Kostenstelle). Bezogen auf die Planbeschäftigung mit den gängigen Bezugsgrößen Stück/Monat oder Personal- bzw. Maschinenstunden/Monat kann es zur **Über- oder Unterbeschäftigung** kommen, was zu Beschäftigungsabweichungen führt. Im Falle der **Vollbeschäftigung**, d.h. einem Beschäftigungsgrad von 100 %, sind die von der Ausbringung unabhängigen Fixkosten der Betriebsbereitschaft in voller Höhe gedeckt.

Beteiligung	Anteil eines Unternehmens am (Eigen-)Kapital eines anderen Unternehmens. Der Fall einer wechselseitigen Beteiligung liegt dann vor, wenn jedem Unternehmen auch Anteile des anderen Unternehmens gehören. Die Intensität der **kapitalmäßigen Verflechtung** drückt sich in der Höhe der Beteiligungsquote aus.
Bewegungs-bilanz	Differenzrechnung der Vermögens- und Kapitalbestände von zwei zeitlich aufeinander folgenden Bilanzen. Um die Positionen der Bewegungsbilanz nach Herkunft und Verwendung der Finanzmittel aufzeigen zu können, werden die negativen **Beständedifferenzen** der Ursprungsbilanzen auf die jeweils andere Kontenseite der Bewegungsbilanz übertragen.
Beyond Budgeting	Empfehlung zum radikalen **Verzicht der Budgetierung**. Dafür sind viele kleine Profit Center mit dezentralen Handlungsrahmen zu schaffen, das externe Benchmarking zu verstärken sowie die Balanced Scorecard, rollierende Forecasts und wertorientierte Führungsmaßstäbe (monetäre Anreizsysteme) konsequent anzuwenden. Weil aber für Beyond Budgeting bislang noch kein geschlossenes Konzept vorliegt und die als Ersatz genannten Management- und Controllingmaßnahmen nichts Neues bieten, ist der empfohlene Verzicht der Budgetierung mit Vorsicht zu beurteilen.
Break even	Gewinnschwelle des Unternehmens. Der Übergang von der Verlust- in die Gewinnzone einer Periode liegt dort, wo die Summe aller Deckungsbeiträge genau den Fixkostenblock deckt. Die Break-even-Analyse ist ein Instrument der Gewinnplanung und -kontrolle.
Budgetierung	Formaler Prozess der operativen Planung auf der Grundlage eines detaillierten Rechenmodells mit zumeist linearen Gleichungen. Budgetiert werden Mengen- und Wertgrößen des folgenden Geschäftsjahres. Das Ergebnis der Budgetierung sind die für die Teilbereiche des Unternehmens schriftlich fixierten **Budgets**, die sowohl die operative mit der strategischen Planung verbinden als auch differenzierte Vorgaben für die Handlungsträger enthalten.
Cashflow	Maßstab für die **Innenfinanzierungskraft** des Unternehmens, bestehend aus den Stromgrößen EBIT, Abschreibungen und Veränderung der langfristigen Rückstellungen (insbesondere Pensionsrückstellungen). Je nach Zweck lassen sich verschiedene Cashflows, wie etwa der Operating Cashflow oder der Free Cashflow, ermitteln. Während der Cashflow einer abgelaufenen Periode meistens mit den Zahlen des externen Rechnungswesens berechnet wird, verwendet man zur Berechnung der künftig erwarteten Cashflows auch Zahlen des internen Rechnungswesens (z.B. kalkulatorische Abschreibungen und Zinsen).
Center-Konzept	Organisatorisch abgegrenzte **Aufgabenbereiche** des Unternehmens mit geregelter Verantwortung für die Kosten (Cost Center), den Gewinn (Profit Center) oder die Rentabilität (Investment Center).
Controlling-aufgaben	Tätigkeiten zur **Unterstützung und Beratung** des Management insbesondere auf den Gebieten der Planung, Kontrolle, Informationsversorgung und Koordination. Darüber hinaus können Aufgaben situativ und ad hoc festgelegt werden. Träger der Aufgaben des institutionalisierten Controlling ist der oder sind die Controller.

Controlling-organisation	Organisatorische Alternativen für das institutionalisierte Controlling sind die **Linie** und der **Stab**. Es kann aber auch zu einer hybriden Organisationsform kommen.
	Die **Tiefengliederung** eines Controllingbereichs richtet sich nach dem Umfang und der Unterschiedlichkeit der Aufgaben der Zentrale oder des Geschäftsbereichs.
	Die **Anzahl** der Controllingbereiche ist abhängig von der Menge der dezentral zu steuernden Geschäftsbereiche.
Corporate Governance	Ausdruck für die **Verfassung des Unternehmens**, die sich meistens aus der Wahl der Rechtsform ergibt, welche im Außenverhältnis eindeutige rechtliche Bestimmungen vorsieht. Im Innenverhältnis geht es um Regelungen, die sich auf die Kompetenzverteilung und Entscheidungsbefugnisse der Unternehmensbeteiligten beziehen. Dabei dominiert eine asymmetrische Betrachtungsweise, derzufolge einer Stakeholdergruppe, und zwar den Eigentümern (Shareholder), eine Sonderstellung gegenüber den übrigen Stakeholdergruppen eingeräumt wird, für die der Gesetzgeber ein Vertragsmodell geschaffen hat.
Datenbank	Einrichtung zur elektronischen **Speicherung verschiedener Datenbestände**. Die Datenspeicherung erfolgt in einer (zentralen) oder mehreren (verteilten) Datenbanken. Die in Datenbanken verfügbaren Datenbestände können mit Programmen durchsucht (Data Mining) und ausgewählte Daten in Abhängigkeit vom Zweckbezug zu Informationen verdichtet werden.
Deckungs-beitrag	Zentrales Element der Teilkostenrechnung (Direct Costing). Der Deckungsbeitrag pro Leistungseinheit ist die **Differenz** zwischen dem Preis und den variablen Stückkosten eines Produkts. Wird der Deckungsbeitrag pro Stück mit der abgesetzten Stückzahl (des Produkts in einer Periode) multipliziert, ergibt sich der gesamte Deckungsbeitrag. Wird davon der Fixkostenblock abgezogen, ergibt sich als Restgröße der Betriebsgewinn.
Dienstleistung	Immaterielle Leistung zur Bedürfnisbefriedigung Dritter, die physisch nicht greifbar ist und nicht auf Vorrat produziert werden kann. Unterscheiden lassen sich
	○ **Personenbezogene Dienstleistungen** (z.B. Beratung und Schulung),
	○ **Objektbezogene Dienstleistungen** (z.B. Wartung und Instandhaltung),
	○ **Informationsdienstleistungen** (z.B. Rechnungswesen und Controlling),
	○ **Finanzdienstleistungen** (z.B. Versicherungsgeschäfte und Corporate Banking).
Diskontierungs-faktoren	Zur Berechnung des Zeitwerts des Geldes werden damit künftige Einnahmen und Ausgaben bzw. Cashflows auf die Gegenwart abgezinst. Je nach Zweck kommen unterschiedliche Diskontierungsverfahren zur Anwendung, die Risiken, Steuern oder Kapitalmarktsätze enthalten können.
Due Dilligence	Sorgfältige Unternehmensprüfung in einem möglichst frühen Verhandlungsstadium eines M&A-Prozesses. Dabei geht es u.a. um die
	○ **Beschaffung und Überprüfung** relevanter Informationen hinsichtlich der rechtlichen und wirtschaftlichen Gegebenheiten sowie die
	○ **Identifikation und Bewertung** von Risikopositionen des zu erwerbenden Unternehmens.

E-Commerce	Online-Vertrieb auf elektronischen Marktplätzen, wobei es sich um einen *zusätzlichen* Vertriebsweg mit **virtuellen Kunden** handelt. Schwerpunkte sind dabei, abgesehen von der notwendigen Informationstechnologie und dem besonderen Marketing, vor allem die Kompetenz der Neuen Medien bezüglich der Webpräsenz und die schnelle Anpassung der (Geschäfts-)Prozesse, insbesondere beim Service (z.b. interaktive Beratung oder Online-Support zur Verbesserung der Kundenbindung) und der physischen Logistik.
E-Procurement	Elektronische **Beschaffungsvorgänge** können *punktuell* über Auktionen oder Ausschreibungen erfolgen, sie können aber auch mehr oder weniger *regelmäßig* über Börsen oder spezielle Internet-Portale geschehen.
EBIT	Wertgröße, die in einer Periode übrig bleibt, nachdem alle Produktionsfaktoren *entlohnt* wurden, mit Ausnahme des Faktors (Geld-)Kapital. Erhalten aus dieser **Restgröße** die Gläubiger die vertraglich vereinbarten Zinsen (Interest), verbleibt der den Shareholdern zustehende Gewinn, aus dem dann die Ertragsteuern (Taxes) an den Staat zu zahlen sind.
Eckwerte	Größen über die für das Budgetjahr erwarteten bzw. angestrebten Preis- und Mengensteigerungsraten auf den Beschaffungs- und Absatzmärkten, die von der Geschäftsleitung vorgegeben und im Rahmen der Budgetierung zu verwenden sind.
Erfahrungs-kurve	Wenn-Dann-Hypothese über die Möglichkeiten der Senkung von Stückkosten in Abhängigkeit von der aus kumulierten Mengen gewonnenen Erfahrung. Die Ursachen für das Kostensenkungspotenzial sind: Economies of Scale (Größenvorteile), Fixkostendegression, technischer Fortschritt, Rationalisierung und Routinevorteile (Lerneffekte).
Erfolg, *monetär*	Ertrag minus Aufwand (allgemein) oder Leistung minus Kosten (betriebsbezogen). Kennzeichen ist deren kurzer Zeithorizont (Monat, Quartal oder Jahr). Anteile des operativen Erfolgs, d.h. die Zuführungen zu den Gewinn- und Kapitalrücklagen, können zum Aufbau von Erfolgspotenzialen verwendet werden (Investitionen).
Erfolgsfaktoren	Ursachen (Determinanten) für den Erfolg. Ein Erfolgsfaktor gilt als ○ **hart**, wenn er quantifizier- und messbar ist (z.B. Umsatzwachstum oder Marktanteil), ○ **weich**, wenn er nur schwer operationalisiert werden kann (z.B. Zufriedenheit, Stil oder Kultur), ○ **kritisch**, wenn er eine herausgehobene Bedeutung besitzt.
Erfolgspotenzial	Vorsteuerungsgröße für den operativen Erfolg. Durch Strategien sind mittels **Produkt-/Markt-Kombinationen** (Geschäftsmodell) die langfristigen Gewinnmöglichkeiten zu schaffen und zu erhalten. Die Gestaltung der künftigen Gegebenheiten erfordert einen langen Zeithorizont und hohe Freiheitsgrade bei den Entscheidungen.
Ergebnis-kontrolle	Vergleich zwischen den im Zeitablauf tatsächlich eingetretenen Ergebnissen (Ist) mit den geplanten Ergebnissen (Soll). Aus dem Vergleich werden **Abweichungen** sichtbar, die das Ergebnis positiv oder negativ beeinflussen.

	Sind die Abweichungsursachen bekannt, sind die auf das Ergebnis negativ wirkenden Abweichungen (z.B. Kostenüberschreitungen) durch Gegensteuerung zu beseitigen und die auf das Ergebnis positiv wirkenden Abweichungen (z.B. Umsatzüberschreitungen) durch Nachsteuerung zu fördern.
Exposure	Aussage darüber, wie stark der Wert einer Variablen (z.b. Material- bzw. Produktpreis, Wechselkurs, Zinssatz, Cashflow) durch **Risikofaktoren** beeinflusst wird. So kann beispielsweise ein Exposure sämtlicher Risiken ermittelt werden, dessen Höhe den Eigenkapitalbedarf des Unternehmens determiniert (Value at Risk).
Forecast	Vorschau operativer Größen bis Jahresende, die das Budget *ergänzt*. Die Alternative dazu wäre, zu gegebener Zeit das Budget an die Entwicklungen anzupassen, was allerdings die schlimme Folge hätte, dass das Budget seinen ursprünglichen Zweck verlieren würde, nämlich Wegweiser zur Erreichung eines bestimmten Ergebnisses zu sein.
Frühwarnung	Teil des betrieblichen Informationssystems, bei dem es um die **frühzeitige Aufdeckung** von Gefahren (Risiken), in erweiterter Form aber auch um die Früherkennung von Gelegenheiten (Chancen) geht. Überwacht wird die Gültigkeit derjenigen Prämissen, die der strategischen Planung zu Grunde liegen. Es wird Ausschau gehalten nach Auffälligkeiten (Muster), die auf kritische Veränderungen hindeuten. Instrumente dazu sind das Scanning und Monitoring.
Führung (Management)	Zu verstehen als ○ **Institution** im Sinne einer Gruppe von Personen, die in einer Organisation aufgrund ihrer Position Vorgesetztenaufgaben wahrnehmen und über entsprechende Anweisungsbefugnisse verfügen. ○ **Funktion** im Sinne von Aufgaben, die unabhängig vom Bereich oder von der Hierarchieebene des Unternehmens in jeder Leitungsposition (Instanz) zu erledigen sind.
Führungs-Informations-System	Teil des betrieblichen Informationssystems, verstanden als personenbezogene Zusammenstellung und Speicherung von Informationen, die von Bedeutung für die Bewältigung der Aufgaben von Entscheidungsträgern sind. Die Speicherung solcher Informationen erfolgt in jeweils einer spezifischen Datenbank (Data Warehouse) oder seiner Teile (Data Marts).
Funktion, betriebliche	Zusammenfassung gleichartiger Tätigkeiten. Dabei lassen sich unterscheiden: ○ **Sachfunktionen** wie Beschaffung, Produktion, Finanzierung, Personalwesen, Marketing, Vertrieb, Service. ○ **Führungsfunktionen** wie Planung, Organisation, Personalentwicklung, Mitarbeiterführung und Kontrolle. Jede dieser Funktionen beinhaltet eine Vielzahl von Entscheidungen und deren Koordination.
Geschäfts-strategie	Strategie eines Funktionsbereichs innerhalb des Unternehmens oder seiner Teile (Geschäftsbereiche). Während die (marktnahen) **Grundstrategien** den Absatz- und F&E-Bereich betreffen, handelt es sich bei den übrigen Funktionsbereichen der Beschaffung, der Produktion, des Personals und der Finanzen um **abgeleitete Strategien**.

Halbwertzeit	Zeitraum (in Jahren), innerhalb dessen ein zu verbessernder Leistungsparameter, wie z.B. Entwicklungsdauer, Lagerbestand, Lieferverzögerungen oder Beschwerderaten auf die **Hälfte ihres Ausgangswerts** verringert werden können. Je größer die Geschwindigkeit des Lernens ist, desto kleiner sind die Halbwertzeiten der angestrebten Verbesserungen.
Hebeleffekt	Überproportionale Veränderung einer Größe bei Veränderung einer anderen Größe, wobei die Hebelwirkung nicht nur positiv sein kann (Chance) sondern auch negativ (Risiko). Der finanzwirtschaftliche Hebeleffekt dient beispielsweise der Steigerung der Eigenkapitalrentabilität durch den Einsatz von Fremdkapital, sofern der Fremdkapitalzins geringer ist als die Gesamtkapitalrentabilität (interner Zinsfuß).
Hedging	Ausschalten von Risiken durch Gegengeschäfte. Die dazu geeigneten Instrumente sind Futures, Optionen und Swaps. Zur **Absicherung** beispielsweise eines Rohstoff- oder Wechselkursrisikos kann auf Futures-Märkten ein die Vertragsparteien bindendes Termingeschäft abgeschlossen werden.
Hierarchie	Gesamtheit der Elemente einer Organisation, die durch Über- und Unterordnungsbeziehungen miteinander verbunden sind. In der Hierarchie spiegelt sich die vertikale **Arbeitsteilung** im Unternehmen wieder.
Holding	Konzernleitende Einheit, die selbst keine eigenen Geschäfte betreibt. Im Falle einer ○ **operativen** Holding nimmt diese üblicherweise die Sachfunktionen des Unternehmens wahr. ○ **strategischen** Holding liegen deren Aufgabenschwerpunkte beim langfristigen Finanz- und Investitionsmanagement, dem strategischen Controlling, der Bilanzpolitik und -konsolidierung, den Investor Relations usw.
Information	Immaterielle Ressource, verstanden als Teilmenge des vorhandenen Wissens, die für die Erreichung bestimmter Zwecke geeignet ist: ○ Die **Zweckorientierung von Informationen** leitet sich aus den Aufgaben zur Zielerreichung ab. ○ **Informationsprozesse** sind Aktivitäten an und mit Informationen. Aktionsträger dieser Prozesse sind Personen. ○ Die nachfrage- und bedarfsgerechte **Informationsversorgung** hat so zu erfolgen, dass alle Ebenen und Bereiche im Unternehmen schnell und genau diejenigen Informationen erhalten, die sie brauchen. ○ Die **Informationstechnik** stellt die zur Informationsgewinnung, -verarbeitung, -übermittlung und -speicherung erforderlichen technischen Hilfsmittel bereit. ○ Das **Informationssystem** besteht aus den Informationen und den vorgenannten Elementen.
Informations-logistik	Vorgänge der Beschaffung und Weitergabe von Informationen. Damit Informationen fließen können, ist eine informationslogistische **Infrastruktur** erforderlich. Durch deren Gestaltung entsteht ein Netzwerk von formellen und informellen Kommunikationsbeziehungen im Unternehmen und zur Umwelt.

Informations- management	Gestaltung und Aufrechterhaltung des betrieblichen Informationssystems sowie der informationslogistischen Infrastruktur. Davon betroffen sind alle Handlungen der Informationsgewinnung, -verarbeitung und -verwendung, die in die Leistungs- und Wertschöpfungsprozesse des Unternehmens zu integrieren sind.
Infrastruktur	Einrichtungen und vielfältige Beziehungen, die für einen ungehinderten Waren-, Geld- und Informationsfluss erforderlich sind.
Intangible Assets	Immaterielles Vermögen (Wissenskapital), das sich in folgende Teile unter-gliedern lässt: **Humankapital** (als Basis für Innovationen und Erneuerung), **Strukturkapital** (als Infrastruktur mit effizienten Prozessen und Techni-ken), **Partnerkapital** (als Wert der Beziehungen zu Geschäftspartnern) und **Kundenkapital** (als Ergebnis der Multiplikation aus Zahl der Kunden mit dem durchschnittlichen Kundenwert). Da selbst geschaffene immaterielle Vermögenswerte im laufenden Geschäft für sich allein keinen Wert haben, sondern einen Mehrwert durch höhere Erlöse oder geringere Kosten erst dann generieren, wenn sie mit anderen (materiellen) Ressourcen kombiniert werden, dürfen sie (noch) nicht in der Bilanz aktiviert werden. Zusammen ergeben das immaterielle Vermögen (als Goodwill oder Firmenwert) und der Bilanzwert den Marktwert des Unternehmens.
Internetdienste	Neben dem integrierenden Dienst des World Wide Web (WWW) gibt es E-Mail, FTP (File Transfer Protocol) für Interaktionen im Netz und Newsgroups.
Internet- Plattform	Elektronischer oder **virtueller Marktplatz** (Portal), der von einem Unter-nehmen, Unternehmensgruppen oder unabhängigen Dritten eingerichtet und betrieben wird und auf dem Geschäfte online abgewickelt werden.
Intranet	Unternehmensinternes Informations- und Kommunikationsnetz auf der Basis der Internet-Technologie. Erhalten auch externe Benutzergruppen einen Zugang zu Teilen des Intranets, entsteht ein Extranet. Über den technischen Zuschnitt und die Zugangsmöglichkeiten für berechtigte Nutzer entscheidet das Unternehmen.
Investition	Eine Kapitalanlage in der Gegenwart mit dem Ziel, daraus später Einnah-men zu erhalten. Während Investitionen mit einer Ausgabe beginnen, sind die damit verbundenen Einnahmen (Rückflüsse) in Abhängigkeit von der Investitionsart unterschiedlich: Bei **Sach- oder Realinvestitionen** ergeben sich Einnahmen durch (verdiente) Abschreibungen oder den Verkauf der Sachanlagegüter. Die aus **Finanzinvestitionen** resultierenden Einnahmen sind die Dividenden aus Beteiligungen, die Zinsen aus festverzinslichen Wertpapieren und die Erlöse aus dem Verkauf der Finanzanlagegüter. Nur schwer quantifizierbar und damit schlecht zurechenbar sind die aus **im-materiellen Investitionen** resultierenden Einnahmen. Das soll an einem Beispiel gezeigt werden: Starke Produktmarken lassen zwar einen höheren Preis (Preispremium) erwarten, allerdings darf nicht jede Preiserhöhung der Marke zugerechnet werden. Grundsätzlich sind selbst geschaffene In-tangible Assets dazu geeignet, den Marktwert des Unternehmens langfristig über den Buchwert hinaus zu steigern. Richtig einschätzen lässt sich dieser Differenzbetrag (Goodwill) allerdings erst dann, wenn das Unternehmen verkauft wird.

Kapazität	Leistungsvermögen von Kostenstellen oder einzelner Potenzialfaktoren in einer Periode, wie z.b. Betriebsmittel oder Personal. Die **Betriebsbereitschaft** verursacht die von der Auslastung unabhängigen Fixkosten pro Periode.
Kapitalstruktur	Verhältnis von Eigen- zu Fremdkapital auf der Passivseite der Bilanz. Die absolute Höhe des Eigenkapitals wird durch den Value at Risk bestimmt. Ersatzweise wird auch gefordert, dass das Fremdkapital durch Eigenkapital zu unterlegen ist, sodass die Kapitalstruktur 1:1 sein sollte, was in der Realität aber nur ausnahmsweise der Fall ist. Die Kapitalstruktur verbessert sich, wenn zum Eigenkapital der Wert des immateriellen Vermögens addiert wird, der sich dadurch ergibt, dass der Marktwert des Vermögens größer ist als sein Buchwert.
	Von der (vertikalen) Kapitalstruktur abzugrenzen ist die (horizontale) **Finanzstruktur**. Diese bezieht sich auf die Fristenkongruenz von struktureller Mittelverwendung auf der Aktivseite und Mittelherkunft auf der Passivseite der Bilanz. Beispielsweise kann gefordert werden, dass langfristig gebundenes (Anlage-)Vermögen durch Eigenkapital und langfristiges Fremdkapital finanziert werden sollte (goldene Finanzierungsregel).
Kennzahlen	Quantitative Größen absoluter oder relativer Art, die über Sachverhalte, insbesondere die Vermögens-, Finanz- und Ertragslage informieren.
Kennzahlen-system	Menge sinnvoll miteinander verknüpfter Einzelkennzahlen: ○ Ein **Ordnungssystem** entsteht durch die hierarchische Gruppierung von Kennzahlen, die in einem sachlogischen Zusammenhang stehen. ○ Ein **Rechensystem** entsteht, wenn Ursache-Wirkungs-Zusammenhänge verschiedener Einzelkennzahlen berücksichtigt werden.
Kern-kompetenzen	Schlüsselfähigkeiten, die einem Unternehmen einzigartige Wettbewerbsvorteile verschaffen. Durch gezielte **Bündelung von Ressourcen** und konsequente Weiterentwicklung eigener Stärken ergibt sich ein nach außen hin sichtbarer Kundennutzen.
Kommunikation	Informationsaufnahme und -abgabe durch Personen oder Maschinen. Ein Kommunikationssystem ist derjenige Teil des Informationssystems, der die **Übermittlung von Informationen** betrifft.
Konglomerat	Diversifiziertes Unternehmen, das im Gegensatz zum fokussierten Unternehmen aus mehreren SGEs besteht, die **in unterschiedlichen Märkten** tätig sind und/oder mehrere Stufen der Wertschöpfung abdecken. Es handelt sich um ein organisatorisches Gebilde, dessen Portfolio sich durch den angestrebten Risikoausgleich mittels Diversifikation laufend verändert.
Kontrolle	Informationsverarbeitender Prozess, der in Ergänzung der Planung der **Ermittlung von Abweichungen** dient. Gegenstand von Kontrollen sind Zwischen- oder Endergebnisse, Verfahren (Methoden), Verhalten von Personen und Prämissen.
Kontrollträger	In Abhängigkeit davon, wer Kontrollträger ist, lassen sich unterscheiden: ○ **Selbstkontrollen** durch die Handlungsträger. Den Vorteilen einer hohen Sachkenntnis, der Identifikation mit den Aufgaben und der Motivation

	steht als Nachteil die Gefahr der bewussten Manipulation von Kontroll-informationen gegenüber.
	○ **Fremdkontrollen** als Überwachung des plankonformen Verhaltens von Handlungsträgern durch direkte Vorgesetzte oder das Controlling. Dabei stehen dem Nachteil einer in der Regel geringeren Sachkenntnis die Vorteile einer höheren Sichtweise und größeren Objektivität gegenüber.
Kontrollumfang	Festlegungen, welche Kontrollgrößen insgesamt (Vollkontrolle) oder teilweise (Stichprobenkontrolle) überwacht werden sollen, und zwar regelmäßig oder nur gelegentlich.
Kontroll-zeitpunkte	Kontrollvorgänge können zeitlich vor (ex ante), während oder nach (ex post) der Realisation von Plangrößen durchgeführt werden.
Konzern	Zusammenfassung mindestens zwei rechtlich selbstständiger Unternehmen unter **einheitlicher Leitung**. Konzernobergesellschaft kann eines der Unternehmen (Stammhaus) oder eine konzernleitende Holding sein.
Kooperation	Freiwillige Zusammenarbeit rechtlich und wirtschaftlich selbstständiger Unternehmen mit dem Ziel der gemeinsamen Erfüllung bestimmter Teilaufgaben. Ist die Zusammenarbeit der Möglichkeit nach vorhanden, mehr operativ, eher spontan und sind die Beziehungen locker und mehr informell, wird von einem **virtuellen Unternehmen** gesprochen. Ist demgegenüber die Zusammenarbeit ein struktureller Teil der eigenen Geschäftsstrategien und -prozesse, liegt der Fall einer **strategischen Allianz** vor.
Koordination	Zielorientierte Abstimmung interdependenter Handlungen. Koordinationsbedarf ergibt sich aus der Arbeitsteilung innerhalb des Unternehmens (interne Koordination) und zwischen Unternehmen (unternehmensübergreifende Koordination). Instrumente zur **Deckung des Koordinationsbedarfs** sind Pläne, Programme, Absprachen, Standards, Kommunikationsbeziehungen zwischen den Organisationseinheiten (einschließlich Selbstabstimmung) und spezielle Organisationseinheiten zur Wahrnehmung der Koordinationsaufgaben (institutionalisiertes Controlling).
Lebenszyklus-kosten	Methode zur Berücksichtigung zeitlicher Abhängigkeit vom **Produktlebenszyklus**. Unterschieden werden folgende Kostengruppen:
	○ **Vorlaufkosten** im Zusammenhang der Produktentwicklung, der Investitionen in Potenzialfaktoren und dem Markteintritt.
	○ **Begleitende Kosten** für Produktion, Vertrieb und Verwaltung.
	○ **Nachsorgekosten** für Produkthaftung, Service und Entsorgung.
Leistung	Wert aller in einer Periode und im Rahmen der eigentlichen (absichtsvollen) Tätigkeit erstellten Güter und erbrachten Dienstleistungen. Das Rechnungswesen unterscheidet dabei: Umsatz, Bestandsveränderungen, andere aktivierte Eigenleistungen und übrige Betriebserlöse.
Lernen, *organisationales*	Prozesse, durch die Organisationen individuelles und kollektives **Wissen** (z.B. Ursache-Wirkungs-Beziehungen, Regeln, Rezepte, Routinen) erwerben, in ihrer Wissensbasis speichern und dort für künftige Problemlösungen verfügbar halten.

Management Cockpit	Gleichzeitige und bei Bedarf wechselnde **Anzeigeinstrumente** auf dem Bildschirm des stationären oder mobilen Arbeitsplatzrechners einer Führungskraft, um mittels Kennzahlen die Zielerfüllung und deren Abweichungen zu überwachen. Um welche Anzeigeinstrumente es sich im Einzelnen handelt, bestimmt die jeweilige Führungskraft.
Markt	Ort des Zusammentreffens von Angebot und Nachfrage sowie der **Abwicklung von Markttransaktionen**. In Abhängigkeit von den Objekten unterscheidet man Beschaffungs-, Personal-, Absatz- und Kapitalmärkte. Instrument für den Ausgleich zwischen Angebot und Nachfrage ist bei ähnlicher Qualität der Preis. Das Verhalten der Anbieter untereinander bildet den Wettbewerb.
Marktanteil	Mengen- oder Wertanteil des Unternehmens, gemessen am räumlich/zeitlich definierten Gesamtmarkt einer Branche oder eines Marktausschnitts, dem bedienten Markt. Unterschieden werden der ○ **absolute** Marktanteil, verstanden als Prozentsatz einer Gesamtheit. ○ **relative** Marktanteil, berechnet aus dem eigenen Prozentsatz im Verhältnis zu den Prozentsätzen der drei mächtigsten Wettbewerber. Betrifft der Vergleich nur *den* stärksten Wettbewerber, ist das Unternehmen bei einer Zahl von größer eins der Marktführer.
Marktwachstum	Reale **Vergrößerung** des mengen- oder wertmäßigen Marktvolumens in einem Jahr. Mit steigender Wachstumsrate wird der Zugewinn von Marktanteilen immer einfacher. Wächst das Unternehmen langsamer als der Markt, ergeben sich Verluste von Marktanteilen. Wachstumsbeschleuniger sind Kooperationen und Akquisitionen.
Mergers&Acquisitions	**Kauf oder Verkauf** von Unternehmen, Unternehmensteilen, Beteiligungen oder die Fusion. Grundlage dafür ist die Due Diligence.
Messung	Quantitative Bestimmung des Werts einer Messgröße (Messwert). Ist eine Messgröße nicht quantifizierbar, kann ersatzweise ein Indikator gewählt werden, der maßgeblichen Einfluss auf die eigentlich zu messende Größe hat. Eine Messung wird dann als objektiv bezeichnet, wenn eine andere Person zum selben Ergebnis kommt (z. B. das Zählen eines Materialbestandes bei der Inventur). Da aber viele Messungen (insbesondere Bewertungen) subjektiv erfolgen, wird ein Resultat als annähernd objektiv angesehen, wenn eine andere sachverständige Person den Lösungsweg (Bewertungsvorgang) nachvollziehen kann. Beziehen sich Messungen auf sachliche und finanzielle Leistungen, wird von **Performance Measurement** gesprochen.
Methoden	Systematische Verfahren zur Lösung von Problemen. Werden komplexe Problemstellungen so lange zerlegt, bis sich (annähernd) wohl strukturierte Probleme ergeben, können **quantitative Methoden** zur Anwendung kommen. Auf der Grundlage von Versuch und Irrtum beruhende Methoden werden als **Heuristiken** bezeichnet.
Modelle	Formulierung vereinfachter Abbilder von **Ausschnitten** der komplexen Realität in abstrakter (z.B. sprachlicher) Form. Grundlage von Modellen sind Aussagen über Ursache-Wirkungs-Beziehungen, die es ermöglichen, Vorgänge der Realität zu beschreiben, zu erklären und zu prognostizieren. Aus der Kombination von Erklärungsmodell, Zielfunktion und Lösungsalgorithmus ergibt sich ein Entscheidungsmodell.

Netzeffekte	Während der Aufbau von Netzwerken in der Regel mit hohen **Fixkosten** verbunden ist, sind die variablen Kosten der Nutzung dieser Netzwerke meistens eher gering. Mit der Zahl der Teilnehmer erhöhen sich die Netzeffekte (und damit der Nutzen des Netzwerks), und zwar überproportional.
Netzwerk	Es kann sich handeln um ein ○ **Leitungsnetz:** Hardware von Kommunikationsnetzen, einschließlich Datenbanken. ○ **Beziehungsnetz:** Interorganisationale Verbindung mehrerer Unternehmenseinheiten bzw. rechtlich selbstständiger Unternehmen. Durch abgestimmtes Verhalten sollen die jeweils angestrebten Ziele erreicht bzw. übertroffen werden.
OLAP	Multidimensionale Strukturierung der den Informationen zu Grunde liegenden Bezugsobjekte durch **On-Line Analytical Processing**. Bei zweidimensionaler Betrachtung ergibt sich eine Tabelle (Relation) und bei dreidimensionaler Betrachtung ein Würfel. Ab der vierten Dimension kann ein Modell zur Anwendung kommen, das so aussieht, als ob mehrere Rechenschieber für jeweils eine Betrachtungsgröße untereinander gelegt sind, deren Schieber mit der Maus auf jeweils interessierende Positionen bewegt werden.
Organisation	Gesamtheit von Regelungen über das arbeitsteilige Zusammenwirken verschiedener Personen und Einheiten. Geht es um die Festlegung von Strukturen, wird von **Aufbauorganisation** gesprochen. Demgegenüber dominieren bei der **Ablauforganisation** die Prozesse.
Outsourcing	Sachverhalt, der aus den Begriffen „Outside Resource Using" abgeleitet wurde und eine langfristig ausgerichtete Entscheidung zu Gunsten des **Fremdbezugs** bedeutet. Vom Outsourcing an Fremde abzugrenzen ist die Ausgliederung von Routineprozessen an unternehmenseigene Shared Service Center. Die Umkehrung von Outsourcing ist Backsourcing.
Planung	Informationsverarbeitender **Prozess der Willensbildung** im Sinne einer gedanklichen Vorwegnahme zukünftigen Handelns. Die Resultate dieses arbeitsteiligen Prozesses sind Pläne, die nach ihrer Genehmigung umzusetzen und auf ihre Ergebnisse hin zu überwachen sind.
Planungs-horizonte	Zeiträume, auf die sich die Planung bezieht. Während die strategische Planung häufig einen Horizont von fünf Jahren hat (weil beispielsweise die Entwicklung, die Produktionsplanung und der Markteintritt so lange dauern), ist der Horizont der operativen Planung üblicherweise ein Jahr.
Planungs-richtungen	Bei der **Planung von oben** steht die ganzheitliche, für wünschenswert gehaltene Zielformulierung im Vordergrund, aus der die erforderlichen strategischen und operativen Maßnahmen abgeleitet werden. Die **Planung von unten** stellt die Durchführbarkeit von Teilplänen in den Vordergrund. Aus beiden Vorgehen kann als hybride Form das **Gegenstromverfahren** praktiziert werden.

Portfolio	Instrument der strategischen Planung zur **Darstellung** einer Vielzahl zusammengehörender Elemente, wie z.B. SGEs, Produkte, Kunden oder Beteiligungen, in einer Matrix. Die ausgefüllte Matrix erlaubt eine Gesamtschau, die Berücksichtigung von Interdependenzen, die Festlegung der Soll-Situation, die Beurteilung der Ist-Situation und die Ableitung von Normstrategien.
Prämissen	Einflussfaktoren einer einzelnen Entscheidung, der Planung oder eines abstrakten Modells, über die **Annahmen** getroffen werden, um die Komplexität des relevanten Umfeldes zu reduzieren.
Prämissen-kontrolle	Weil in der strategischen Planung durch Prämissen eine Vielzahl möglicher Zustände ausgeblendet wird, ergibt sich ein hohes kontrollbedürftiges Risiko. Deshalb sind im Rahmen der Frühwarnung die Prämissen im Zeitablauf daraufhin zu überwachen, ob sie weiterhin Gültigkeit haben.
Principal Agent-Ansatz	Bei Trennung von Eigentum und Verfügungsmacht beauftragt der Principal (Gruppe der Anteilseigner) durch Vertrag den Agent (Vorstand der Gesellschaft) mit der Führung des Unternehmens. Dabei wird damit gerechnet, dass der Agent auch andere (eigene) **Interessen** verfolgt als der Principal. Damit der Agent aber verstärkt die Interessen des Principals vertritt, werden ihm monetäre Anreize in Aussicht gestellt.
Produkt	Zur Bedürfnisbefriedigung Dritter geeignete **materielle Leistung**. Üblich ist die Unterscheidung von Gebrauchs- und Verbrauchsgütern bzw. Konsum- und Investitionsgütern.
Produktivität	Auf **Mengengrößen** beruhende Input-Output-Relation (Beziehungszahl), die Auskunft darüber gibt, mit welcher Faktoreinsatzmenge in der Periode eine bestimmte Ausbringungsmenge erreicht wurde bzw. erreicht werden soll.
Produktlebens-zyklus	Lebensdauer eines Produkts, die mit dem erstmaligen Anbieten des Produkts am Markt beginnt und mit dem Herausnehmen des Produkts aus dem Sortiment endet. In einer erweiterten Fassung können dem Produktlebenszyklus noch die Phasen der Entwicklung, der Vorbereitung der Produktion und des Markteintritts vorgeschaltet bzw. die Phase der Nachsorge angehängt werden (integrierter Produktlebenszyklus).
Produkt-Plattform	Konzept, das aus einer Menge von Bauteilen, Komponenten und Modulen nach dem **Baukastenprinzip** die Herstellung einer Vielzahl von Erzeugnissen erlaubt, die aus Anbietersicht eine Produktfamilie bilden und aus Nachfragersicht für jeweils einen bestimmten Zweck in Betracht kommen.
Produktqualität	Grad der **Eignung eines Produkts** zur Lösung von Kundenproblemen. Da der Kunde die Qualität der Produkte bestimmt, sind durch Anwendung des Total Quality-Management und Null Fehler-Programme sicherzustellen, dass der Kunde mindest oder mehr an Sachleistungen, Image und Service erhält als Normen und Standards vorsehen.
Prognose	Aussagen über künftige Entwicklungen und Zustände. Voraussetzungen dafür sind Kenntnisse der Ausgangs- oder Randbedingungen (Datenkonstellationen) sowie Prämissen (Annahmen) über zukünftiges Geschehen. Im Unterschied zur Planung fehlt Prognosen das absichtsvolle Element.

Projekt	Zeitlich befristetes, neuartiges und komplexes **Vorhaben** mit klar definierter Aufgabenstellung und Zielsetzung sowie hohen Risiken. Projektarbeit ist überwiegend Teamarbeit. Innerhalb eines Projektteams hat das Projektcontrolling zu sorgen für die interne Koordination der im Rahmen des Projekts anfallenden Teilaufgaben und die Einhaltung der zuvor geplanten Ressourcen-, Kosten- bzw. Zeitbudgets.
Projektstruktur	Systematische Zerlegung eines komplexen Vorhabens in Teilaufgaben, Arbeitspakete und Vorgänge sowie deren abgestimmte Bearbeitung. Durch die Strukturierung, deren Ergebnis der **Projektstrukturplan** ist, wird ein Projekt transparent, überschaubar sowie sachlich und zeitlich steuerbar.
Prozess	Tätigkeit (Vorgang, Aktivität), durch die Ressourcen und Zeit verbraucht werden. Sachlich zusammengehörige Einzelprozesse lassen sich zu Prozessketten (Hauptprozesse) verknüpfen. Steht am Ende einer Prozesskette der Endkunde, handelt es sich um einen **Geschäftsprozess**.
Prozesskosten	Kosten, die bei Prozessen der Leistungserstellung und -verwertung anfallen. Den Produkten werden **Kostensätze** derjenigen Teil- und Hauptprozesse zugerechnet, die auf dem Prozessweg tatsächlich entstehen. Der Kostensatz eines Vorgangs in der Periode ergibt sich aus der Division der gesamten primären (mengenabhängigen) und sekundären (mengenunabhängigen) Prozesskosten durch die Prozessmenge.
Prozessqualität	Maßstab für die Güte von Tätigkeiten. Merkmale dafür sind die Eignung und Zuverlässigkeit der Potenzialfaktoren, Einhaltung von Zeitvorgaben und Möglichkeiten der Erkennung und Beseitigung von Störungen und Fehlern durch die Beteiligten selbst. Die **Qualitätsanforderungen** sollten mindestens den ISO-Normen und Null Fehler-Programmen entsprechen.
Punktbewertung	Schrittweise ablaufendes **Scoringverfahren** für Probleme, zu deren Lösung nicht nur harte (quantitative), sondern auch weiche (qualitative) Überlegungen geeignet sind. Durchgerechnet werden mit einem solchen Modell die Auswirkungen auch subjektiver Wertvorstellungen.
Qualitätskosten	Kosten, die verursacht werden, um die Qualitätseigenschaften von Produkten zu gewährleisten: ○ Aus **interner Sicht** handelt es sich um Kosten, die im Zusammenhang mit der Verhütung, der Entdeckung und Beseitigung von Fehlern anfallen, *bevor* die Produkte das Unternehmen verlassen. ○ Aus **externer Sicht** sind es diejenigen Fehlerkosten, die anfallen, *nachdem* die Produkte an die Kunden ausgeliefert wurden.
Qualitätssicherung	Maßnahmen, die der Eignung von Produkten zur Erfüllung bestimmter Verwendungszwecke dienen. Qualitätssicherung als **Teil des Qualitätsmanagement** soll dazu führen, dass Produkte ohne Mängel sind und damit auch nicht zu Reklamationen von Kunden führen.
Regelkreis	Denkschema der Kybernetik als interdisziplinäre Wissenschaft für die Steuerung von Systemen auf der Grundlage von **Rückkopplungseffekten**. Nach dem Prinzip der Rückkopplung kehren offene Systeme bei Feststellung einer Abweichung durch das Einleiten von Korrekturmaßnahmen (Nachsteuerung) wieder in ihren Gleichgewichtszustand zurück.

Rentabilität	Kennzahl, die sich ergibt aus der Gegenüberstellung einer Stromgröße (EBIT, Gewinn) und einer anderen Stromgröße (z.B. Umsatz) bzw. einer Bestandsgröße (z.B. Vermögen oder das in diesem gebundene Geldkapital).
Reporting	Teil des betrieblichen Informationssystems mit der Aufgabe der Versorgung des Management mit entscheidungsrelevanten Informationen in Form von **Berichten** (Reports).
Ressourcen	Knappe Mittel, wie z.B. Personal, Maschinen, Material und Finanzmittel, die beschafft und kombiniert werden, um Leistungen zu erstellen.
Return on Investment	Kennzahl über die **Rentabilität** des Unternehmens, ermittelt auf der Basis bilanzieller Buchwerte durch Multiplikation aus der Umsatzrendite (EBIT x 100)/Umsatz) und dem Kapitalumschlag (Umsatz/Investiertes Kapital).
Risiko	Gefahr der negativen Abweichung von Zielen. Das Gegenstück zum Risiko ist bei positiven Abweichungen die Chance.
	Nach einer anderen Definition resultiert das Risiko aus der **Volatilität** (Schwankung) von Zufallsvariablen, wobei die Schwankungsbreite durch die Standardabweichung ausgedrückt wird. Ist eine Größe volatiler als der Durchschnitt, lässt sich das durch den Beta-Faktor ausdrücken.
Risiko- management	Handhabung aller Arten von Risiken, indem die Wahrscheinlichkeitsverteilungen innerhalb des Zielsystems des Unternehmens planmäßig eingeengt und die Streuungen auf ein durch die **Risikopolitik** bestimmtes Niveau reduziert werden. Risikopolitische Instrumente dienen der Verhütung von Schäden. Restrisiken sind vom Unternehmen selbst zu tragen.
Risikoneigung	Subjektive Einstellungen als Grundlagen für das Verhalten der einzelnen oder kollektiven Träger von Entscheidungen unter Unsicherheit. Dabei liegen vor:
	○ **Risikoneutralität**, wenn sich Entscheidungsträger bei der Wahl ihrer Handlungsalternativen nur am Erwartungswert orientieren.
	○ **Risikofreude**, wenn von jeweils zwei Handlungsalternativen mit etwa gleichem Erwartungswert diejenige Alternative mit der *größeren* Standardabweichung gewählt wird.
	○ **Risikoaversion**, wenn von jeweils zwei Handlungsalternativen mit etwa gleichem Erwartungswert diejenige Alternative mit der *kleineren* Standardabweichung gewählt wird.
Risikoparameter	Um Risiken und Chancen von Handlungsalternativen quantifizieren zu können, werden Wahrscheinlichkeitsverteilungen ermittelt. Deren statistische Parameter sind im Falle der (symmetrischen) Normalverteilung:
	○ **Erwartungswert** μ als Lageparameter.
	○ **Standardabweichung** σ als Streuungsparameter.
Shareholder	Gruppe der Eigentümer (Aktionäre), die das unternehmerische Risiko trägt und dafür **Residualansprüche** geltend macht. Diesen Residualansprüchen kann allerdings erst dann entsprochen werden, nachdem die vertragsbedingten oder gesetzlichen Ansprüche der übrigen Interessengruppen erfüllt

	sind. Die Erwartungen der Shareholder an das Unternehmen betreffen die regelmäßigen Gewinnausschüttungen und die langfristige Steigerung des Unternehmenswerts durch profitable Verwendung einbehaltener Gewinnanteile.
Shareholder Value	Wert eines Anteils für den Anteilseigner, der mit dem Bilanz- oder Börsenkurs nicht übereinstimmen muss. Der gesamte **Shareholder Value** ergibt sich, wenn vom Marktwert des Unternehmens das Fremdkapital abgezogen wird.
Sparte	Geschäftsbereich (Division) in einem **diversifizierten Unternehmen**. Dem Vorteil dieser Organisationsform, und zwar der marktnahen Flexibilität, steht als Nachteil der mögliche Spartenegoismus gegenüber.
Stakeholder	Interessen- oder Anspruchsgruppen, die für ihre Beiträge vom Unternehmen eine **Gegenleistung** erwarten. Konkret handelt es sich um die Gruppen der Beschäftigten, Kunden, Lieferanten (einschließlich Dienstleister), Gläubiger und Eigentümer. Hinzu kommt der Staat, der Abgaben (Steuern) ohne direkte Gegenleistung erwartet.
Strategische Geschäftseinheit	Durch linienübergreifende **Innensegmentierung** entstehendes Gebilde, für das sich Strategien zur Schaffung oder Erhaltung von Erfolgspotenzialen planen und realisieren lassen. Bezüglich des Geschäftsinhalts kann sich eine SGE auf ein SGF oder auf Teile mehrerer SGFs beziehen.
Strategisches Geschäftsfeld	Durch **Außensegmentierung** des absatzseitigen Unternehmensumfeldes entstehendes Gebilde, für das sich eigenständige, d.h. von anderen SGFs unabhängige Marktaufgaben (Produkt-/Markt-Konzepte) festlegen lassen.
Strategisches Kostenmanagement	Verbindung strategischer Entscheidungen mit Kostengrößen. Aus Sicht der **Disposition über Kosten** interessieren vor allem die Bewertung von Kostengrößen in den frühen Phasen der Produktentstehung und die Beeinflussbarkeit des Fixkostenblocks.
Strukturwerte	Aus strategischen Entscheidungen resultierende **Standards**, die weniger im Detail, als vielmehr in ihrer Größenordnung, zu Prämissen der operativen Planung (Budgetierung) werden. Beeinflussen die im ersten Jahr der strategischen Planung vorgesehenen Maßnahmen (wie etwa die Auslagerung bzw. -gliederung bestimmter Randaktivitäten) die Strukturwerte, hat das unmittelbare Auswirkungen auf die Budgetierung. Beispiele für Strukturwerte sind: Materialanteil aus Eigenfertigung am Umsatz, Fertigungslöhne in % der Herstellkosten, Herstellkosten je Produkteinheit in % des Verkaufspreises oder Wertberichtigungen in % der Vorräte.
Supply Chain	Integration sämtlicher Aktivitäten der Beschaffungs-, Produktions- und Distributionslogistik in einer Lieferkette. Im Unterschied zur Wertkette des Unternehmens umfasst die Supply Chain als **Wertschöpfungsverbund** auch die Wertketten von Partnern, d.h. der Lieferanten, der Zwischen- und Endverbraucher sowie der eingeschalteten Dienstleister. Voraussetzung zur Überwindung von Schnittstellen ist ein gemeinsam nutzbarer Datenbestand.

Szenarien	Prognosetechnik zur Ableitung alternativer **Zukunftsbilder**, d.h. Aussagen zu langfristigen Entwicklungen. Unter Zugrundelegung möglicher bzw. denkbarer Veränderungen vernetzter Einflussgrößen und unter Verwendung geschätzter Eintrittswahrscheinlichkeiten lassen sich modellhaft verschiedene Umweltzustände ableiten.
Toleranzgrenzen	Bandbreite für absolute oder relative **Planabweichungen**. Kleinere Abweichungen, die sich in der Zeit ausgleichen können, sollen von den Handlungsträgern selbst verantwortet werden. Durchbrechen die Abweichungen jedoch den Toleranzbereich nach oben oder unten, sind übergeordnete Stellen dafür verantwortlich. Die Breite der Toleranzgrenzen wird festgelegt nach statistischen Gesichtspunkten (z.B. ± 1 oder 2 σ, bezogen auf den Mittelwert einer Zufallsvariable) oder in Abhängigkeit der bisherigen Erfahrungen mit der jeweiligen Plangröße.
Übergewinn	Positive **Differenz** zwischen dem geplanten bzw. tatsächlich realisierten Gewinn und den von den Eigentümern *erwarteten* Eigenkapitalkosten. In Höhe dieses Betrags können den Beschäftigten des Unternehmens monetäre Anreize (z.B. Aktienoptionen, Mitarbeiteraktien oder Gewinnbeteiligungen) für überragende Leistungen in Aussicht gestellt werden. Wird der absolute Übergewinn zum investierten Kapital in Beziehung gesetzt, ergibt sich die Überrendite.
Unternehmens-wert	Bei statischer Betrachtungsweise handelt es sich um den **Substanzwert** (Buchwert, z.B. die Bilanzsumme), **Reproduktionswert** (Investitionssumme zur gedanklichen Neuerrichtung desselben Unternehmens) oder **Liquidationswert** (Erlös bei Stilllegung des Unternehmens). Geeigneter ist jedoch wegen ihres Zukunftsbezugs eine dynamische Betrachtungsweise, bei der der **Marktwert** des Unternehmens aus dem Barwert der bis zum Betrachtungshorizont erwarteten Free Cashflows, dem Barwert des am Betrachtungshorizont vorhandenen (geschätzten) Rest- bzw. Fortführungswerts und dem aktuellen Wert des nicht betriebsnotwendigen Vermögens ermittelt wird. Wegen der Unvollkommenheit der Kapitalmärkte wird bei börsennotierten Unternehmen der um das Fremdkapital verminderte Marktwert, also der Shareholder Value kaum oder allenfalls zufällig mit dem vergleichbaren Börsenwert (Kurs der Aktie x Anzahl der Aktien) übereinstimmen.
Value at Risk	Der Value at Risk ist die für einen Betrachtungszeitraum berechnete Kennzahl, aus der hervorgeht, wie hoch unter sonst üblichen Bedingungen der mit einer vorgegebenen Wahrscheinlichkeit errechnete Maximalverlust (Höchstschaden) aller Risikopositionen sein wird. Der Value at Risk bestimmt die Mindesthöhe des Eigenkapitals.
Verrechnungs-preise	Instrument zur Steuerung *interner* Lieferungen und Leistungen. Dabei werden unterschieden: ○ **Marktorientierte** Verrechnungspreise für Leistungen, für die ein Markt und damit auch ein Marktpreis existiert. ○ **Kostenorientierte** Verrechnungspreise für Leistungen, für die kein Markt existiert (z.B. Halbfabrikate) oder für die aufgrund zentraler Anweisungen ein Bezugs- bzw. Lieferzwang besteht. Es handelt sich hierbei um Teil- oder Vollkosten mit Aufschlägen für Deckungsbeiträge bzw. Gewinn.

Versicherung	Absicherung von Schadensfällen durch Fremde oder das Unternehmen. Bei der ○ **Fremdversicherung** verpflichtet sich ein Versicherer bei Eintritt des Versicherungsfalls zur Zahlung der Versicherungssumme. Im Gegenzug verpflichtet sich der Versicherungsnehmer zur wahrheitsgemäßen Angabe der Daten bei Versicherungsabschluss und zur fristgemäßen Zahlung der Prämien. ○ **Selbstversicherung** bildet das Unternehmen Deckungssummen durch den Ansatz von Rückstellungen (Fremdkapital) oder Zuführungen zu offenen Rücklagen (Eigenkapital).
Vertrauen	Subjektive Hoffnung oder Überzeugung der Richtigkeit des Verhaltens einer anderen Person bzw. von sich selbst (Selbstvertrauen). Das Vertrauen, das jemand einer anderen Person entgegen bringt, bedarf einer Vertrauensbasis, wie z.B. früher gemachte positive Erfahrungen. Gegenseitiges Vertrauen kann man vergrößern, indem man Informationen austauscht, die der Verringerung von Komplexität und Unsicherheit dienen. Das Gegenteil von Vertrauen ist Misstrauen.
Volatilität	Schwankungsbreite einer Zufallsgröße, wobei die positiven *und* negativen Abweichungen von Interesse sind. Betrachtet man die Volatilität als Synonym für Risiko, kann als Risikoparameter (Maß für die Streuung um den Erwartungswert herum) im Falle einer (symmetrischen) Normalverteilung die Standardabweichung gewählt werden.
WACC	Gewichteter durchschnittlicher **Kapitalkostensatz** als Diskontierungsfaktor für die zur Berechnung des Unternehmenswerts bzw. von Großinvestitionen verwendeten Cashflows. Gewichtet werden die Kostensätze nach den Anteilen des Eigen- und Fremdkapitals an der Kapitalstruktur des Unternehmens. Anstelle von Buchwerten wird mit Marktwerten gearbeitet, wenn diese (wie beim Eigenkapital börsennotierter Unternehmen) deutlich über den Buchwerten liegen.
Wertkette	Zusammenhang zwischen **primären Aktivitäten**, die sich aus dem Geschäftsmodell ergeben und mit den kritischen Erfolgsfaktoren des Unternehmens in Verbindung stehen. Unterstützt werden die primären Aktivitäten durch **sekundäre Aktivitäten**. Werden die Wert(schöpfungs)ketten mehrerer Unternehmen miteinander verbunden, entsteht eine Supply Chain.
Wertschöpfung	Differenz zwischen Leistungen und Vorleistungen einer Periode. Empfänger der Wertschöpfung sind das Personal (Einkommen), die Gläubiger (Zinsen), die Eigentümer (Dividende), das Unternehmen (Gewinneinbehaltungen) und der Staat (Steuern).
Wettbewerbs-strategie	Aus den Absichten des Unternehmens für die einzelnen Geschäftbereiche abgeleitete **generische Basisstrategien** in den reinen Ausprägungen der Strategie der Kostenführerschaft (mit großen Stückzahlen in Massenmärkten) und der Strategie der Segmentführerschaft (mit speziellen und differenzierten Produkten in Marktsegmenten oder -nischen). Enthält eine dieser beiden Basisstrategien gleichzeitig auch Elemente der jeweils anderen Strategie, liegt der Fall einer **hybriden Wettbewerbsstrategie** vor.

Wirtschaftlich-keit	Auf **Wertgrößen** beruhende Input-Output-Relation (Beziehungszahl), die z.B. Auskunft darüber gibt, mit welchen Kosten in der Periode eine bestimmte Leistung erreicht wurde bzw. erreicht werden kann.
Wissensbasis	Gesamtheit des relevanten Wissens einer Organisation, auf das zur Lösung von Aufgaben zurückgegriffen werden kann. Die in einer Wissensbasis gespeicherten individuellen und kollektiven **Wissensbestände** sind Erkenntnisse über Ursache-Wirkungs-Zusammenhänge, praktische Alltagsregeln und konkrete Handlungsanweisungen. Grundlage für die Veränderung der Wissensbasis in Richtung einer verbesserten Problemlösungs- und Handlungskompetenz ist **organisationales Lernen**.
Wissens-controlling	Teilbereich des Wissensmanagement, das sich mit dem Aufbau, der Organisation und der Sicherung der Wissensbasis des Unternehmens beschäftigt. Wissenscontrolling ist damit zuständig für die Beschaffung, Bewertung, Speicherung und Verteilung verfügbaren Wissens zur Erreichung angestrebter Ziele.
Ziele	Vorstellungen der Stakeholder über erwünschte Zustände oder Verhaltensweisen der Organisation. Die Vorstellungen können **finanzielle oder nicht finanzielle Größen** betreffen. Bei der Formulierung von Zielen für die Organisation sind jeweils deren Inhalt, das angestrebte Ausmaß und der zeitliche Bezug der Ziele zu berücksichtigen.
Zielkosten-rechnung	Instrument des strategischen Kostenmanagement zur frühzeitigen Feststellung erlaubter Marktpreise und daraus abgeleiteter **Zielkosten** (Life-Cycle-Costing) von Produktinnovationen. Nur wenn sich zeigt, dass die Zielkosten eingehalten werden können, wird das Produkt entwickelt.
Zufallsvariable	Größe, die ihre Werte in Abhängigkeit vom Zufall, d.h. nach einer für unterschiedliche Umweltzustände abgeleiteten **Wahrscheinlichkeitsverteilung** annimmt. Um Aussagen über eine zufällige Größe vornehmen zu können, muss man deren Wahrscheinlichkeitsverteilung bestimmen.

Literaturverzeichnis

A. Grundlagen

Bartram, S. M.: Finanzwirtschaftliches Risiko, Exposure und Risikomanagement von Industrie- und Handelsunternehmen, in Wirtschaftswissenschaftliches Studium 2000, S. 242 - 249

Daum, J. H.: Intangible Assets Management: Wettbewerbskraft stärken und den Unternehmenswert nachhaltig steigern – Ansätze für das Controlling, in Zeitschrift für Controlling & Management 2005, Sonderheft 3, S. 4 - 18

Ditges, J und Arendt, U.: Kompakt-Training Internationale Rechnungslegung nach IFRS, 2. Auflage, Ludwigshafen (Rhein) 2006

Ehrmann, H.: Kompakt-Training Risikomanagement, Ludwigshafen 2005

Funke, J.: Wie schaffen diversifizierte Unternehmen Wert?, in Zeitschrift für betriebswirtschaftliche Forschung 1999, S. 759 - 772

Gomez, P.: Unternehmensakquisitionen vor dem Hintergrund des Shareholder Value, in Unternehmensakquisitionen - Strategien und Abwehrstrategien, Hrsg. G. Sieben und H.G. Stein, Stuttgart 1992, S. 7 - 20

Hager, P.: Corporate Risk Management – Cash Flow at Risk und Value at Risk, Frankfurt/M. 2004

Hinterhuber, H.H. u.a. (Hrsg.): Die Zukunft der diversifizierten Unternehmung, München 2000

Hommel, U., u.a.: Realoptionen in der Unternehmenspraxis, Berlin u.a. 2001

Kabel, D. u.a.: „Drum prüfe, wer sich enger bindet ...", in io management 2000, Heft 5, S. 24 - 31

Menzies, C. (Hrsg.): Sarbanes-Oxley Act – Professionelles Management interner Kontrollen, Stuttgart 2004

Middelmann, U.: Corporate Governance – Wertmanagement und Controlling, in Die Betriebswirtschaft 2004, S. 101 - 116

Müller, A.: Controlling von Intangible Assets, in Zeitschrift für Controlling & Management 2004, S. 396 - 402

Müller, B.F. und Stolp, P.: Workflow-Management in der industriellen Praxis, Heidelberg 1999

Ringleb, H.-M.: Deutscher Corporate Governance Kodex, München 2005

Simon, H.: Führung: Die neuen Herausforderungen, in das wirtschaftsstudium 2000, S. 1186 - 1188

Teichmann, K. u.a.: Typen und Koordination virtueller Unternehmen, in Zeitschrift Führung + Organisation 2004, H. 2, S. 88 - 96

Ziegenbein, K.: Controlling, 8. Auflage, Ludwigshafen 2004

B. Planungsaufgabe des Controlling

Böcking, H.J. und Nowak, K.: Das Konzept des Economic Value Added, in Finanz Betrieb 1999, S. 281 - 288

Corsten, H.: Grundlagen der Wettbewerbstrategie, Stuttgart/Leipzig 1998

Friedl, B.: Controlling, Stuttgart 2003

Gausemeier, J.u.a.: Szenario-Management, 2. Auflage, München/Wien 1996

Hamel, G. und Prahalad, C.K.: Wettlauf um die Zukunft, 2. Auflage, Wien 1997

Hostettler, S.: Economic Value Added (EVA), 5. Auflage, Bern u.a. 2005

Jenner, T.: Hybride Wettbewerbsstrategien in der deutschen Industrie - Bedeutung, Determinanten und Konsequenzen für die Marktbearbeitung, in Die Betriebswirtschaft 2000, Heft 1, S. 7 - 22

Luhmann, N.: Vertrauen, 4. Auflage, Stuttgart 2000

Porter, M.: Wettbewerbsvorteile - Spitzenleistungen erreichen und behaupten, Frankfurt/M. 2000

Steinle, C. u.a.: Vertrauensorientiertes Management, in Zeitschrift Führung + Organisation 2000, S. 208 - 217

Zahn, E. und Schmid, U.: Produktionswirtschaft im Wandel, in Wirtschaftswissenschaftliches Studium 1997, S. 455 - 460

C. Kontrollaufgabe des Controlling

Becker, W. und Piser, M.: Strategische Kontrolle in der Unternehmenspraxis, in Controlling 2004, S. 445 - 450

Schewe, G. u.a.: Kontrolle in Change Management-Prozessen – Mehr als nur Kontrollroutine, in Trendberichte zum Controlling, Hrsg. F. Bensberg u.a. – Heidelberg 2004, S. 111 - 127

Siegwart, H. und Menzl, I.: Kontrolle als Führungsaufgabe, Bern/Stuttgart 1978

D. Informationsversorgung als Controllingaufgabe

Bea, F.X.: Wissensmanagement, in Wirtschaftswissenschaftliches Studium 2000, S. 362 - 367

Busch, V. und Wernig, B.: Controlling des Implementierungsprozesses von Wissensmanagement-Projekten in öffentlichen Verwaltungen, in Controlling 1999, S. 575 - 582

Corsten, H. und Gössinger, R.: Multiagentensysteme, in das wirtschaftsstudium 1998, S. 428 - 442

Gentsch, P.: Wie aus einem Wust von Daten neues Wissen entsteht, in eco 1999, Heft 5, S. 40 - 45

Hasenkamp, U. und Roßbach, P.: Wissensmanagement, in das wirtschaftsstudium 1999, S. 956 - 964

Kusterer, F.: Online Analytical Processing, in Wirtschaftswissenschaftliches Studium 1998, S. 207 - 209

Müller, B.F. und Stolp, P.: Workflow-Management in der industriellen Praxis, Heidelberg 2000

North, K. u.a.: Wissen messen - Ansätze, Erfahrungen und kritische Fragen, in Zeitschrift Führung + Organisation 1998, S. 158 - 166

Oehler, K.: OLAP: Grundlagen, Modellierung und betriebswirtschaftliche Lösungen, München/Wien 2000

Pfau, W.: Wissenscontrolling in lernenden Organisationen, in Wirtschaftswissenschaftliches Studium 1999, S. 599 - 601

Picot, A. und Neuburger, B.: Controlling von Wissen, in Zeitschrift für Controlling & Management 2005, Sonderheft 3, S. 76 - 84

Wild, J.: Zur Problematik der Nutzenbewertung von Informationen, in Zeitschrift für Betriebswirtschaft 1971, S. 315 - 334

Wirth, T.: Leserorientierte Gestaltung von Managementberichten - Hinweise aus der angewandten Psychologie, in kostenrechnungspraxis 2000, S. 79 - 85

E. Koordinationsaufgabe des Controlling

Brockhoff, K. und Hauschildt, J.: Schnittstellen-Management - Koordination ohne Hierarchie, in Zeitschrift Führung + Organisation 1993, S. 396 - 403

Burr, W.: Koordination durch Regeln in selbstorganisierenden Unternehmensnetzwerken, in Zeitschrift für Betriebswirtschaft 1999, S. 1159 - 1179

Hess, T.: Unternehmensnetzwerke, in Zeitschrift für Planung 1999, S. 225 - 230

Kilimann, J. u.a. (Hrsg.): Efficient Consumer Response, Stuttgart 1998

Perlitz, M.: Internationales Management, 5. Auflage, Stuttgart/Jena 2004

Porter, M.: Wettbewerbsvorteile - Spitzenleistungen erreichen und behaupten, Frankfurt/M. 2000

Schinzer, H.: Supply Chain Management, in das wirtschaftsstudium 1999, S. 857 - 863

Wildemann, H.: Koordination von Unternehmensnetzwerken, in Zeitschrift für Betriebswirtschaft 1997, S. 417 - 439

F. Einsatzgebiete des Controlling

Beck, C. und Lingnau, V.: Marktwertorientierte Kennzahlen für das Beteiligungscontrolling - Ermittlung und Eignung, in kostenrechnungspraxis 2000, S. 7 - 14

Berens, W. und Brauner, H.U. (Hrsg.): Due Diligence bei Unternehmensakquisitionen, 4. Auflage, Stuttgart 2005

Buzzell, R.D. und Gale, B.T.: Die PIMS-Prinzipien - Verbindung von Strategie und Erfolg, Wiesbaden 1988

Czichowsky, A.: Netzeffekte, in Controlling 2003, S. 57 - 58

Gräf, H.: Von der Reichweitenmessung zum Marketing-Audit, in absatzwirtschaft 2000, Heft 11, S. 48 - 54

Hettich, S. u.a.: Customer Relationship Management (CRM), in das wirtschaftsstudium 2000, S. 1346 - 1366

Kusterer, F.: E-Controlling, in Controlling 2000, S. 217 - 221

Peters, T.J. und Waterman, R.J.: Auf der Suche nach Spitzenleistungen, Landsberg 2003

Rappaport, A. und Sirower, M.L.: Unternehmenskäufe mit Aktien oder in bar bezahlen, in HARVARD BUSINESSmanager 2000, Heft 3. S. 33 - 46

Schulze, J. u.a.: Customer Relationship Management, in Praxis der Wirtschaftsinformatik (HMD) 2000, Heft 212, S. 113 - 129

Schwarz, J.: Mass Customization von Prozessen durch Unternehmensportale, in Information Management & Consulting 2000, Heft 2, S. 40 - 45

Schwarze, J.: Projektmanagement mit Netzplantechnik, 8. Auflage, Herne/Berlin 2001

Weismüller, A.: Akquisitionscontrolling bei Mannesmann, in Zeitschrift für betriebswirtschaftliche Forschung 1997, S. 892 - 911

Welge, M. K. und Holtbrügge, D.: Theoretische Erklärungsansätze globaler Unternehmungstätigkeit, in das wirtschaftsstudium 1997, S. 1054 - 1061

Wildemann, H.: Qualitätscontrolling im Industrieunternehmen, in kostenrechnungspraxis 2000, Sonderheft 1, S. 11 - 17

G. Instrumente des strategischen Controlling

Arnaout, A.: Target Costing in der deutschen Unternehmenspraxis, München 2001

Dudenhöffer, F.: Plattform-Effekte in der Fahrzeugindustrie, in Controlling 2000, S. 145 - 151

Ehrmann, H.: Kompakt-Training Balanced Scorecard, 3. Auflage, Ludwigshafen (Rhein) 2003

Ernst, D.: Lösung des Zirkularitätsproblems der DCF-Bewertung durch mathematische Iteration, in Mergers&Acquisitions 2000, S. 193 - 196

Fischer, T. u.a.: Benchmarking, in Die Betriebswirtschaft 2003, S. 684 - 701

Füser, K. und Gleißner, W.: Rating-Lexikon, München 2005

Homburg, D, und Stephan, J.: Risikomanagement unter Nutzung der Balanced Scorecard, in Der Betrieb 2005, S. 1069 - 1075

Kaplan, R.S. und Norton, D.P.: Balanced Scorecard, Stuttgart 1997

Olfert, K. und Reichel, C.: Kompakt-Training Investition, 4. Auflage, Ludwigshafen (Rhein) 2006

Polleit, T.: Der „Degree of Total Leverage" zur Erklärung von Beta-Faktoren, in Wirtschaftswissenschaftliches Studium 1996, S. 423 - 426

Schuh, G. u.a.: Controlling in der Virtuellen Fabrik, in kostenrechnungspraxis 1998, Sonderheft 2, S. 23 - 26

Siebert, G.und Kempf S.: Benchmarking – Leitfaden für die Praxis, 2. Auflage, München 2002

Siegwart, H. und Senti, R.: Product Life Cycle Management, Stuttgart 1995

Teichert, T.: Conjoint-Analyse, in Marktforschung: Methoden - Anwendungen - Praxisbeispiele, Hrsg. A. Herrmann und C. Homburg, 2. Auflage, Wiesbaden 2000, S. 471 - 512

Troßmann, E.: Erfolgsperiodisierung in der Lebenszyklusrechnung, in kostenrechnungspraxis 1999, Sonderheft 3, S. 93 - 105

Volz, T.: Plattformkonzepte, in Zeitschrift für Planung 1999, S. 343 - 349

H. Instrumente des operativen Controlling

Bassen, A. u.a.: Variable Entlohnungssysteme in Deutschland, in Finanz Betrieb 2000, S. 9 - 17

Hope, J. und Fraser, R.: Beyond Budgeting – Wie sich Manager aus der jährlichen Budgetierungs-falle befreien können, Stuttgart 2003

Lorson, P.: Straffes Kostenmanagement und neue Technologien, Herne/Berlin 2002

Mensch, G.: Budgetierung – Gestaltungsanforderungen und -ansätze sowie aktuelle Entwicklungen, in Betrieb und Wirtschaft 2004, S. 441 - 448

Olfert, K. und Reichel, C.: Kompakt-Training Investition, 4. Auflage, Ludwigshafen (Rhein) 2006

Peemöller, V. H.: Controlling, 5. Auflage, Herne/Berlin 2005

Preißner, A.: Aufbau und Probleme der Budgetierung im Unternehmen, in das wirtschaftsstudium 1999, S. 1467 - 1472

Rottke, O.: Budgetierung - Last oder Lust, in kostenrechnungspraxis 2000, S. 265 - 277

Wysocki, K.v. (Hrsg.): Kapitalflußrechnung, Stuttgart 1998

Stichwortverzeichnis

Kompendium der praktischen Betriebswirtschaft

Herausgeber

Klaus Olfert

Vertiefen Sie Ihr Wissen
mit unserer Kompendium-Reihe

Einführung in die Betriebswirtschaftslehre
Olfert/Rahn

Lexikon der Betriebswirtschaftslehre
Olfert/Rahn

Buchführung
Bussiek/Ehrmann

Bilanzen
Ditges/Arendt

Kostenrechnung
Olfert

Finanzierung
Olfert/Reichel

Investition
Olfert/Reichel

Controlling
Ziegenbein

Unternehmenssteuern
Grefe

Marketing
Weis

Personalwirtschaft
Olfert

Organisation
Olfert/Steinbuch

Unternehmensführung
Rahn

Unternehmensplanung
Ehrmann

Außenhandel
Jahrmann

Materialwirtschaft
Oeldorf/Olfert

Produktionswirtschaft
Ebel

Logistik
Ehrmann

Wirtschaftsinformatik
Holey/Welter/Wiedemann

Leseproben und Inhaltsverzeichnis auf www.kiehl.de

Kiehl Verlag GmbH
67021 Ludwigshafen
Tel. 0621 - 63502-0
Fax 0621 - 63502-22
www.kiehl.de